# 先端部材への応用に向けた最新粉体プロセス技術

## Novel Powder Processing Techniques for Innovative Materials and Devices

監修:内藤牧男
Supervisor:Makio Naito

シーエムシー出版

# 巻頭言

　近年のものづくり技術の発展は目覚しく，まさに第四次産業革命期にあると言ってもよいだろう。あらゆる情報をネットでつなぐIoTの発展を基礎として，顧客の要求にマッチした製品を必要なときに必要な量だけ迅速に供給する生産技術の確立が3Dプリンターなどの発展によって現実のものとなっている。これをAIやロボット技術，センサー技術などが支え，極限まで合理化した体制で高品質な製品を提供するのが，今後のものづくりの常識になるものと思われる。

　これらのものづくりには，固体微粒子の集合体である粉体が，様々な形態で使用される。実際に粉体は，現在でもほぼあらゆる産業において，出発原料，微粒子分散液・造粒体・成形体などの中間品，さらには製品として幅広く利用されている。その理由は，粉体が材料として扱う上で極めて高い優位性を持つためである。粒子をナノサイズ化することで通常の固体には見られない付加価値の高い特性を発現することや，固体でありながら適度な力を作用させることで気体・液体・固体のように自在に振舞うこと，さらには粉体単位質量当たりの表面積（比表面積）が膨大であることなど，粉体は材料として使用する上で高い優位性を持つ。しかし，固体微粒子が無限に近い個数で集合した形態である粉体を自在にハンドリングするためには，理論的には無限のパラメータが必要である。したがって，これを工学的に巧みに使いこなすためには，近年開発された最先端の粉体技術を学び，また粉体を用いて最先端の材料開発を実施した事例などを直接学ぶのが，最も近道であると思われる。

　そこで本書は，材料開発を進めている企業の研究者，技術者，また，最先端の製造技術を導入しようとしている生産技術者らを対象として，粉体を自在に使いこなすための最新の情報を提供することを目的とした。本書は三部構成から成る。第1編では，粉体材料を設計するために必要な基礎知識と粉体の作製方法について簡潔にまとめた。第2編では，粉体材料を加工して目的とするデバイスを作製するための最新のプロセスについて取り纏めた。そして第3編では，最新の粉体技術を用いて次世代用途に向けた材料開発を進めた事例を取り纏めた。以上，本書は最新の粉体材料技術についてコンパクトにまとめてあるので，企業の開発現場，製造現場で迅速かつ有効に役立つものと期待している。

2017年2月

大阪大学
内藤牧男

―――― 執筆者一覧（執筆順）――――

| | |
|---|---|
| 内藤 牧男 | 大阪大学　接合科学研究所　教授 |
| 勝山　茂 | 大阪大学　大学院工学研究科　マテリアル生産科学専攻　准教授 |
| 堀田 裕司 | (国研)産業技術総合研究所　構造材料研究部門<br>無機複合プラスチックグループ　研究グループ長 |
| 横井 敦史 | 豊橋技術科学大学　総合教育院　研究員 |
| 武藤 浩行 | 豊橋技術科学大学　総合教育院　教授 |
| 加納 純也 | 東北大学　多元物質科学研究所　教授 |
| 野村 俊之 | 大阪府立大学　大学院工学研究科　化学工学分野　准教授 |
| 佐々木　元 | 広島大学　大学院工学研究院　材料・生産加工部門　教授 |
| 柳沢　平 | 広島大学　名誉教授 |
| 松木 一弘 | 広島大学　大学院工学研究院　材料・生産加工部門　教授 |
| 津守 不二夫 | 九州大学　大学院工学研究院　機械工学部門　准教授 |
| 京極 秀樹 | 近畿大学　工学部　ロボティクス学科　教授 |
| 清水　透 | (国研)産業技術総合研究所　製造技術研究部門<br>機能造形研究グループ　上級主任研究員 |
| 木元 慶久 | (地独)大阪市立工業研究所　加工技術研究部　研究員 |
| 藤井 達生 | 岡山大学　大学院自然科学研究科　応用化学専攻　教授 |
| 金近 幸博 | ㈱トクヤマ　特殊品部門　特殊品開発グループ　主席 |
| 高藤 美泉 | 日本大学　理工学部　精密機械工学科　助手 |
| 齊藤　健 | 日本大学　理工学部　精密機械工学科　助教 |
| 内木場 文男 | 日本大学　理工学部　精密機械工学科　教授 |
| 田中 秀治 | 東北大学　大学院工学研究科　ロボティクス専攻，<br>マイクロシステム融合研究開発センター　教授 |
| 井上 義之 | ホソカワミクロン㈱　企画管理本部　企画統括部　経営企画部<br>営業企画課　課長 |
| 荻原　隆 | 大研化学製造販売㈱　開発部　部長 |
| 仙波　健 | (地独)京都市産業技術研究所　高分子系チーム　研究副主幹 |
| 川森 重弘 | 玉川大学　工学部　エンジニアリングデザイン学科　教授 |

# 目　　次

## 【第1編　粉体の材料・理論と作製】

### 第1章　粉体材料

1　金属粉体 …………… 勝山　茂 … 1
　1.1　金属の特徴 ……………………… 1
　1.2　金属粉体の製造方法 …………… 2
　1.3　金属ナノ粉体粒子の性質 ……… 4
　1.4　金属ナノ粉体粒子の応用 ……… 8
2　セラミックス粉体 ………… 堀田裕司 … 15
　2.1　はじめに ………………………… 15
　2.2　粉体の製造方法 ………………… 16
　2.3　まとめ …………………………… 24
3　複合粒子 …… 横井敦史, 武藤浩行 … 26
　3.1　はじめに ………………………… 26
　3.2　ナノ物質の複合化 ……………… 27
　3.3　集積複合粒子の量産技術 ……… 33
　3.4　おわりに ………………………… 34

### 第2章　粉体作製

1　粉砕技術の基礎 ………… 加納純也 … 36
　1.1　粉砕法（Break down 法） ……… 36
2　ビルドアップ法による粉体作製の基礎
　　　　………………… 野村俊之 … 65
　2.1　はじめに ………………………… 65
　2.2　液相法 …………………………… 65
　2.3　気相法 …………………………… 72

## 【第2編　粉体プロセス技術】

### 第1章　焼結成形プロセス

1　難焼結性を示す粉末の焼結プロセス解析と制御
　　… 佐々木　元, 柳沢　平, 松木一弘 … 79
　1.1　緒　言 …………………………… 79
　1.2　Al-CNF 複合材料 ……………… 79
　1.3　$Al_2O_3$ 粉末の焼結 ……………… 81
　1.4　WC, $Cr_3C_2$, $WS_2$, $MoS_2$ よりなる複合材料 …………………………… 84
　1.5　FeB, $Fe_2B$ よりなる複合材料 … 86
　1.6　結　言 …………………………… 87
2　セラミックスシートへの微細パターニングおよび流路成形 …… 津守不二夫 … 88
　2.1　はじめに ………………………… 88
　2.2　マイクロパウダーインプリントプロセス ………………………………… 88
　2.3　多階層パターニング …………… 90
　2.4　セラミックス薄層の波状パターニング …………………………………… 91
　2.5　多層インプリント ……………… 93
　2.6　微細流路を含むインプリント加工 … 95
　2.7　おわりに ………………………… 97

## 第2章　立体成形プロセス

1　3Dプリンタによる金属粉体の成形技術 ……………… 京極秀樹 … 98
  1.1　はじめに ……………………………… 98
  1.2　AM技術の分類と特徴 ……………… 98
  1.3　金属AMプロセス …………………… 101
  1.4　AM技術における設計指針 ………… 102
  1.5　材料特性と適用例 …………………… 104
  1.6　おわりに ……………………………… 105
2　粉体の焼結プロセスによる3Dプリンティング技術 ……………… 清水　透 … 106
  2.1　はじめに ……………………………… 106
  2.2　ステレオリソグラフによる3Dプリンティング ……………………… 107
  2.3　FDMによる3Dプリンティング …… 108
  2.4　インクジェット法による三次元積層造形 …………………………………… 111
  2.5　仮焼結体，グリーン体のCAMによる三次元造形 …………………………… 112
  2.6　まとめ ………………………………… 117

## 第3章　粉体加工プロセス

1　摩擦撹拌技術の粉体プロセスへの応用 ……………… 木元慶久 … 119
  1.1　はじめに ……………………………… 119
  1.2　摩擦撹拌粉末プロセスの特長と課題 ……………………………………… 120
  1.3　撹拌部に粒子を均一分散させるための条件 ………………………………… 123
  1.4　撹拌部の結晶粒微細化に有利な条件 ……………………………………… 124
  1.5　粒子体積率が制御されたFSPPによる$ZrO_2$ナノ粒子分散超微細粒Mg複合材料の創製 ……………… 126
  1.6　撹拌部の添加粒子体積率を増大させる試み …………………………………… 127
  1.7　反応性粒子の添加を伴う摩擦撹拌粉末プロセス ………………………… 129
  1.8　FSPPによる機械的性質の変化 …… 131
  1.9　FSPPによる機能的性質の変化 …… 133
  1.10　最後に ……………………………… 134
2　フィラー用無機粉体の表面改質 ……………… 藤井達生 … 138
  2.1　はじめに ……………………………… 138
  2.2　フィラーの分散 ……………………… 140
  2.3　粒子の表面改質 ……………………… 142
  2.4　まとめ ………………………………… 149

# 【第3編　次世代的用途に向けた粉体材料の応用開発】

## 第1章　電子機器への応用例

1 高放熱 AlN 基板の開発 …… **金近幸博**…151
  1.1 はじめに ……………………… 151
  1.2 AlN の性質 …………………… 151
  1.3 AlN 粉体の製造方法と特徴 …… 153
  1.4 高熱伝導 AlN 基板の製法と高熱伝導化機構 ……………………… 153
  1.5 高熱伝導 AlN 基板の評価 …… 157
  1.6 おわりに ……………………… 160
2 感光性レジストをもちいたセラミックシートの加工方法
    … **高藤美泉，齊藤　健，内木場文男**…162
  2.1 はじめに ……………………… 162
  2.2 従来技術と加工における課題 …… 163
  2.3 感光性レジストをもちいたセラミックシートの加工方法 ………… 165
  2.4 まとめ ………………………… 173
3 ガラスまたは LTCC の陽極接合によるウェハレベル MEMS パッケージング
    ……………………… **田中秀治**…174
  3.1 はじめに ……………………… 174
  3.2 蓋ウェハの陽極接合 ………… 174
  3.3 真空封止 ……………………… 175
  3.4 フィードスルー ……………… 177
  3.5 プリント基板へのチップ実装 …… 180
  3.6 おわりに ……………………… 182

## 第2章　新奇機能性電池への応用例

1 電池の性能と品質向上を支える粉体プロセスの役割 ……………… **井上義之**…185
  1.1 はじめに ……………………… 185
  1.2 高性能・安全性の高い電極を作製するための微粉砕技術 ………… 185
  1.3 電極の高性能化のための乾式粒子複合化技術 …………………… 190
  1.4 粒子球形化技術 ……………… 197
  1.5 おわりに ……………………… 199
2 粉体を用いた二次電池用高容量正極活物質の開発 ……………… **荻原　隆**…200
  2.1 はじめに ……………………… 200
  2.2 ゾル-ゲル法による正極活物質の合成および電池特性 …………… 200
  2.3 噴霧熱分解法による正極活物質の合成および電池特性 …………… 203
  2.4 ガス燃焼噴霧熱分解法による正極活物質の合成および電池特性 …… 210
  2.5 パルス燃焼噴霧熱分解法による正極活物質ナノ粒子の合成および電池特性 ……………………… 211
  2.6 まとめ ………………………… 213

# 第3章 軽量複合材料への応用例

1　CNF/熱可塑性樹脂 ……… **仙波　健**…216
　1.1　はじめに ………………………… 216
　1.2　CNFと熱可塑性樹脂混合における課題 ……………………………… 217
　1.3　セルロースの化学変性 …………… 218
　1.4　セルロースと熱可塑性プラスチックの複合化手法 …………………… 219
　1.5　変性CNFの耐熱性樹脂への適用 … 220
　1.6　CNF強化樹脂材料のリサイクル特性の評価 ………………………… 222
　1.7　まとめ …………………………… 224
2　粉末冶金法を用いた環境配慮型マグネシウム複合材料の開発 ……**川森重弘**…225
　2.1　マグネシウム複合材料 …………… 225
　2.2　アルミナ粒子分散マグネシウム複合材料の作製 ……………………… 225
　2.3　アルミナ粒子分散マグネシウム複合材料の軽量化 …………………… 232

**【第1編　粉体の材料・理論と作製】**

# 第1章　粉体材料

## 1　金属粉体

勝山　茂*

### 1.1　金属の特徴[1]

　自然界には水素からウランまで92種類の元素が存在するが，そのうち金属に分類される元素は69種類であり，全体の75％である。それ以外の23種類は非金属元素であるが，そのうち6元素は半金属と呼ばれることがある（図1，分類法は諸説ある）。金属元素から構成される金属材料はセラミックス材料や有機材料と比較して，①電気や熱の良導体である，②一般的に不透明で金属光沢がある，③比較的単純な結晶構造を有する，④延展性に富む，などの特徴を示す。これらの特徴は自由電子が存在する金属結合によるものである。自由電子は結晶中を移動することにより電気や熱を運び，また自由電子は光を散乱させる作用を持っている。金属結合の結合力はイオン結合や共有結合に比べて弱いため，比較的小さな力で原子間の結合が切れやすく，力を加えると塑性変形を起こしやすいことになる。

　金属の結晶構造はセラミックス材料に比べるとはるかに単純な構造をしており，ほとんどの金属の結晶格子は体心立方格子（bcc），面心立方格子（fcc），最密六方格子（hcp）に分類される（図

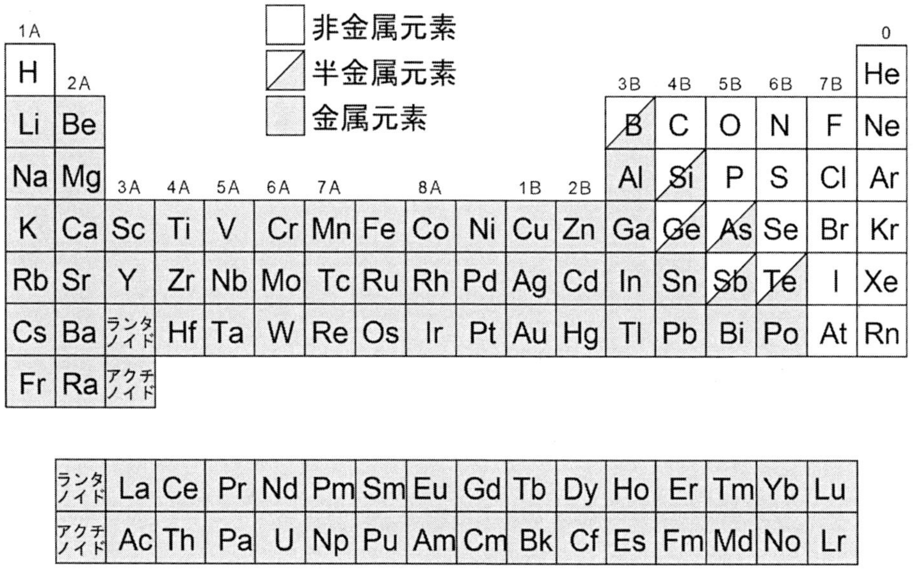

図1　元素の周期律表

---

＊　Shigeru Katsuyama　大阪大学　大学院工学研究科　マテリアル生産科学専攻　准教授

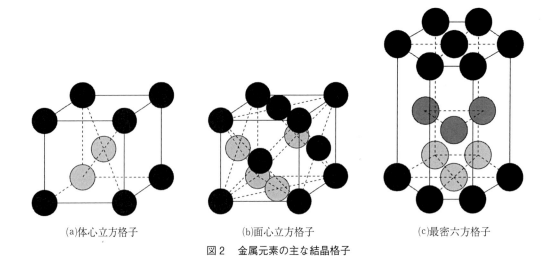

(a)体心立方格子　　(b)面心立方格子　　(c)最密六方格子
図2　金属元素の主な結晶格子

表1　代表的な金属元素の結晶格子

| 結晶格子 | 金属元素 |
|---|---|
| 体心立方格子（bcc） | Li, Na, K, $\beta$-Ti, V, Cr, $\alpha$-Fe, Rb, $\beta$-Zr, Nb, Mo, Cs, Ba, Ta, W |
| 面心立方格子（fcc） | Al, Ca, $\gamma$-Fe, Ni, Cu, Sr, Rh, Pd, Ag, Pt, Au, Pb |
| 最密六方格子（hcp） | Be, Mg, $\alpha$-Ti, Co, Zn, Y, $\alpha$-Zr, Cd, Hf, Re, Os, Tl |

2）。各結晶格子を示す代表的な金属元素を表1に示す。体心立方格子を示す金属材料は比較的強度が高く，塑性加工性の良いものが多い。各原子を球と考えた時の原子の体積充填率は約68％であり，他の結晶系よりは密度が低くなっている。面心立方格子は体積充填率が約74％と高く，この格子を示す金属材料は延展性に優れた柔らかいものが多い。最密六方格子の体積充填率も74％と高いが，この格子を示す金属材料は塑性加工性が極めて低いものが多い。

## 1.2　金属粉体の製造方法[2]

　金属粉体の製造方法には大別して機械的方法と，物理・化学的方法があり，さらに分別すると機械的方法は機械的粉砕による方法，溶湯粉化による方法，物理・化学的方法は電解による方法，物理的反応による方法，化学的反応による方法などがある。

　機械的粉砕に用いられる粉砕機は，被砕物の粒径により粗砕機，中砕機，微粉砕機，超微粉砕機に分類される。粗砕機で数mm以上の粒径に粉砕された粉体は，中砕機，微粉砕機，超微粉砕機により大まかに数mm，100μm，10μm程度以下までに粉砕される。主な粉砕機構としては圧縮，衝撃，せん断，摩擦などが挙げられるが，粉砕機の構造によって主体となる粉砕機構が異なるものの，いずれかの粉砕機構が単独で見られることはまれで，実際はこれらが同時に並行して粉砕が行われる。

第1章　粉体材料

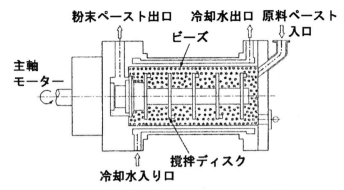

図3　流通管型ビーズミルの粉砕室の模式図[3]

　粗砕機としてはジョークラッシャーやジャイレトリクラッシャーが，中砕機としてはカッターミルやスタンプミルなどがある。微粉砕機・超微粉砕機には構造的あるいは原理的な観点より，機械的な回転，振動などを利用した機械式と，高圧の流体を用いた流体式に大別される。機械式にはロール式，高速回転式，媒体式，圧縮せん断式などがある。このうち媒体式粉砕機は，粉砕媒体としてボールやビーズ，玉石などを用い，これらを粉体粒子に衝突させて材料を粉砕するもので，転動ボールミル，振動ボールミル，遊星ボールミル，ビーズミルなどがある。特にビーズミルは粉砕媒体としておおむね1mm未満の微細なボール（ビーズ）を用いるものである。ビーズミルは図3に示したような粉砕室と呼ばれる容器の中にビーズを充填しておき，粉砕室中の撹拌ディスクを回転させることでビーズに運動を与えるものであり[3]，原料粉末に何も添加しない乾式と，有機溶媒や界面活性剤などを添加して行う湿式がある。ビーズミルはボールミルなどによる衝撃力による体積粉砕とは異なり，媒体ビーズ間のずり応力や剪断力，摩擦力などにより表面粉砕するものであり，ナノ粒子径の粉体を製造することが可能である。

　高圧の流体を用いた超微細粉砕には数気圧程度の高圧空気や窒素ガス，不活性ガスを用いた乾式のジェットミルが多用されている（図4[4]）。ジェットミルはガスジェットを粉体粒子とともに衝突板に当てたり（衝突型ジェットミル），容器内で旋回させながら粉体粒子同士や容器壁との接触により微細化する（旋回流型），あるいは粒子を流動化させた容器内に対向式にジェットを吹き込む（流動層型）ことによって粉砕するものであり，一般的にはジュールトムソン効果などにより粉砕時の発熱を抑えるメリットがあり，弱熱性材料の微粉砕に適しており，多くの材料でシングルミクロン領域までの超微細粉砕が可能である。

　ジェットミルによる機能性材料の性能向上の達成例としてNd-Fe-B焼結磁石を取り上げる。Nd-Fe-B焼結磁石の保持力をDyなどの重希土類を添加せずに増大させるためには焼結体の結晶粒を微細化することが有効である。一般にNd-Fe-B磁石原料の粉砕では酸化防止のために窒素ガスを用いて粒径約5μmの原料粉末を作製する。しかし，窒素ガスを用いてジェットミルによりさらに2μm以下にするには長時間の処理が必要である。長時間の処理はジェットミル中の微量酸素との反応により粉末の酸素量が増加して磁石の性能が低下する恐れがある。流体として

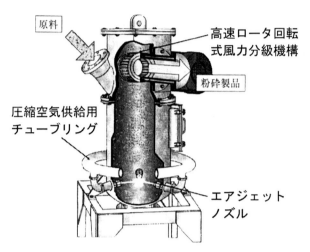

図4　分級機構内蔵の対向式流動層型ジェットミル[4]

ヘリウムガスを用いれば窒素ガスに比べて約3倍の高速気流が得られるため，より短時間で微細に粉砕することが可能となる。ヘリウム循環式ジェットミルを用いることにより Nd-Fe-B 原料粉体の粒径を $1.1\mu m$ まで微細化し，本粉体を焼結することにより $1.59\,MA/m$（$20\,kOe$）の高い保持力を持った Dy フリーの Nd-Fe-B 焼結磁石が得られている[5]。

金属材料の水素脆化は，構造材料にとってはきわめて厄介な現象であるが，粉砕の立場からすれば柔らかく延性を示す金属の粉砕に利用することができる[6]。柔らかく延性を示す金属の粉砕は，硬く脆性を示す金属の粉砕に比べて難しく，スタンプミルのように長時間繰り返し荷重を加えて塑性変形させることにより金属を加工硬化させ，脆くして粉砕を促進するなどの方法がとられている。加工硬化を利用する粉砕法は粉砕に長時間を要するが，金属の水素脆化を利用した粉砕は短時間で完了する利点がある。

水素を固溶したり，大量に吸蔵して脆い金属水素化物を作る金属は多い。金属が水素化すると体積が膨張するが，加熱して脱水素すると体積は収縮する。水素化—脱水素化を繰り返すと水素化前よりも微細な粉体を得ることができる。Nd-Fe-B 磁石の製造に用いられている HDDR 法（Hydrogenation-Disproportionation-Desorption-Recombination Method：水素化—相分離—脱水素—再結合法）はこの原理を用いて材料の結晶粒微細化をはかる方法である[7]（図5[8]）。

水素脆化を利用する金属の粉砕法としてチタンの粉砕が商業化されている。スポンジチタン，チタンのビレット，スクラップ，切削くずなどを水素中で加熱して水素化し，破砕・粉砕後，脱水素してチタン粉末が得られている[9]。

### 1.3　金属ナノ粉体粒子の性質

粉体粒子の表面にある原子は粒子の外側に結合を持っていないため不安定であり，粉体粒子内部の状態とは明らかに異なる挙動を示す。表2は原子を並べて立方体粒子を作製した時，立方体

第1章　粉体材料

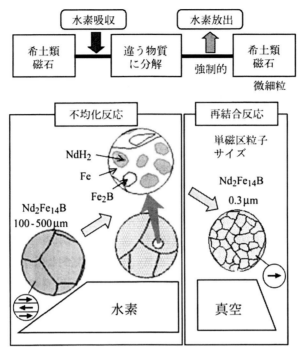

図5　Nd-Fe-B系磁石におけるHDDRの模式図[8]

表2　粒子表面の原子数の割合と粒子径[10]

| 一辺の原子数 | 表面の原子数 | 全体の原子数 | 表面の全体に対する割合(%) | 粒子径 |
|---|---|---|---|---|
| 2 | 8 | 8 | 100 | — |
| 3 | 26 | 27 | 97 | — |
| 4 | 56 | 64 | 87.5 | — |
| 5 | 98 | 125 | 78.5 | — |
| 10 | 488 | 1,000 | 48.8 | 2 nm |
| 100 | 58,800 | $1 \times 10^6$ | 5.9 | 20 nm |
| 1,000 | $6 \times 10^6$ | $1 \times 10^9$ | 0.6 | 200 nm |
| 10,000 | $6 \times 10^8$ | $1 \times 10^{12}$ | 0.06 | 2 μm |
| 100,000 | $6 \times 10^{10}$ | $1 \times 10^{15}$ | 0.006 | 20 μm |

の一辺の原子数に対して，立方体粒子表面に存在する原子数の割合が立方体粒子全体の原子数に対してどの程度を占めるのか計算して示した結果である[10]。粒径20μm（抹茶や胡粉の粒子径に相当する）の粒子においては立方体一辺の原子数は100,000個になるが，この時粒子表面を占める原子の割合は全体の原子数に対して0.006％程度となる。粒子表面に存在する原子は粒子内部に存在する原子とは異なり，粒子の外側に結合を持っていないため不安定であり，外部の物質と

容易に結合し,粒子内部の原子とは明らかに異なる挙動をすることが予測できる。しかしながら,粒子表面に存在する原子の割合がこの程度に小さい場合はその影響をほとんど無視して良いと考えられる。

一方,ナノ粒子と呼ばれる大きさが1～100 nmの粒子では状況は異なってくる。粒子の大きさが20 nmになれば表面を占める原子の割合は5.9%,2 nmまで小さくなると半分近くまでに増加することになる。このような状態になると,粉体粒子表面に存在する原子の影響が粒子全体の性質に対して無視できなくなるようになる。

金属粉体粒子が小さくなることで生じる物理現象に量子効果がある。非常に多くの原子から成るミクロンオーダーの粉体粒子では電子のエネルギー準位は連続的(バンド構造)であるが,100～10,000個程度の原子から成るナノ粒子ではエネルギー準位は離散的になる(図6)。ミクロンオーダーの金属粒子では電子のエネルギー準位が連続的であるため,1個の電子を出し入れするのに必要なエネルギーは小さくて済むが,ナノ粒子ではエネルギー準位が離散的であるため,1個の電子を出し入れするには非常に大きなエネルギーが必要となる。従って金属ナノ粒子の光学的性質や電気的性質,磁気的性質は通常の粉体粒子とは異なるものとなる。

ナノ粒子の特異な相平衡の例として融点降下(固-液相転移温度の低下)を挙げることができる。図7はAuナノ粒子の融点の粒子サイズ依存性を示したものである[11]。粒子サイズが10 nm以上の場合はほぼバルクAuの融点を示すが,粒子サイズが5 nm以下になると急激に融点が降下するのが観察される。

融点降下については図8に示すようなモデルにより熱力学的に説明することができる[12]。半径

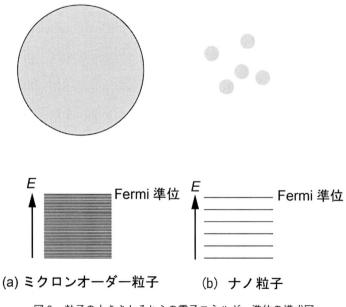

(a) ミクロンオーダー粒子　　(b) ナノ粒子

図6　粒子の大きさとそれらの電子エネルギー準位の模式図

第1章　粉体材料

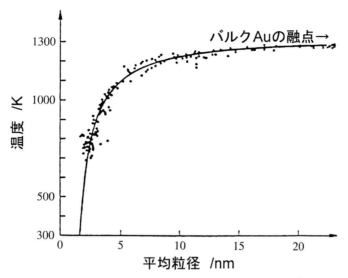

図7　Auナノ粒子における融点の粒子サイズ依存性[11]

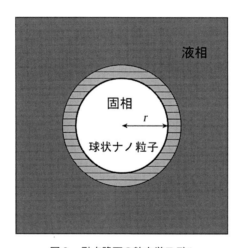

図8　融点降下の熱力学モデル

$r$の固相の球状のナノ粒子が周囲の液相と温度 $T$ で熱平衡状態にあるとする。ここで，図中横線で示した質量 $dw$ のナノ粒子の表面の一部が融解すると，固-液界面の面積が $dA$ だけ減少する。この時の系の内部エネルギーの変化は，$\Delta U dw - \gamma dA$ となる。ここで，$\Delta U$ は融解熱，$\gamma$ は単位体積当たりの表面（界面）エネルギーである。融解のエントロピー変化 $\Delta S$ が温度に依存しないとすると，

$$\Delta U dw - \gamma dA - T \Delta S dw = 0 \tag{1}$$

となる。融点 $T_0$ のバルクにおいては，融解による表面エネルギーが無視できるため，

$$\Delta U dw - T_0 \Delta S dw = 0 \tag{2}$$

が成り立つ.以上の2つの式から

$$T - T_0 = T_0 \frac{\gamma}{\Delta U} \frac{dA}{dw} \tag{3}$$

が求められる.密度を$\rho$とすると,$w = \frac{4}{3}\pi r^3 \rho$,$A = 4\pi r^2$であるから,$\frac{dA}{dw} = \frac{2}{\rho r}$となるので,

$$T - T_0 = T_0 \frac{2\gamma}{\Delta U \rho r} \tag{4}$$

が得られる.つまり,融点降下 $T_0-T$ は粉体粒子径に反比例し,表面エネルギーに比例するので,表面エネルギーが大きく粒径サイズが小さいナノ粒子の融点降下は大きくなる.

また,ナノ粒子化は合金における相平衡にも影響を与え,合金ナノ粒子の平衡状態図は通常のバルクとは異なるものとなることが予測される[13].合金系の全自由エネルギーは,原子間の化学的相互作用エネルギー,原子サイズの差に起因する格子歪エネルギーおよび異相界面の存在による界面エネルギーの和で表される.このうち,ナノ粒子においては構成原子に対して自由表面を占める原子の割合が大きいため格子歪は開放されやすく,固溶に伴う格子歪エネルギーは小さくなるため固溶域が広がることが予測できる.また,ナノ粒子内部の異相界面では,界面を占める原子の割合が大きくなって界面エネルギーを増加させるため,異相界面の形成,すなわち相の形成は抑制される.以上のことからナノ粒子においては融点の降下,固溶域の拡大および多相域の消失が起こり平衡状態図は変化する(図9).

## 1.4 金属ナノ粉体粒子の応用
### 1.4.1 電子,バイオ・医療への応用[14]

前項で述べたように,ナノ粒子の電子のエネルギー準位は離散的であるため,ナノ粒子が電子を出し入れする際には非常に大きなエネルギーが必要である.そのため,ナノ粒子は非常に小さなコンデンサとして作用する可能性がある.この原理を利用した光電変換デバイスが提案されている.図10に示したのは光合成システムⅠ(Photosystem Ⅰ,PSI)を用いたフォトン検知用デバイスの模式図である[15].光合成タンパクがAuナノ粒子を通して電界効果トランジスタ(FET)に繋がっている.光を検知すると光合成タンパクからAuナノ粒子に電子が渡されるが,Auナノ粒子中では電子の移動時に大きなエネルギー変化が生じる.これがFETによって増幅されるため,ごく弱い光を検知することが可能となる.

金属ナノ粒子では融点降下の現象が見られるが,このことは低温において表面同士が金属結合を持つことを意味する.金属ナノ粒子のこのような性質を用いたものとして,ナノ粒子インク・ナノ粒子ペーストが期待されている.近年発展が著しいインクジェットテクノロジーを用いてナノインクやナノペーストをインクジェットで配線形成することができれば,めっき法による配線形成の代替となる可能性がある.

第1章　粉体材料

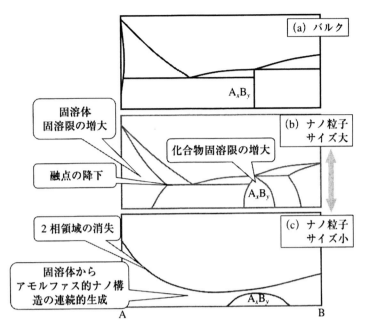

図9　バルク（ミクロンオーダー）からナノ粒子へと粒子サイズが変化した時に予想される平衡状態図[13]

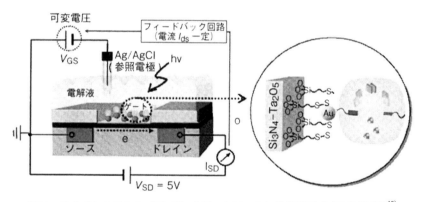

図10　光合成システムI（PS I）を用いたフォトン検知用デバイスの模式図[15]

　金属ナノ粒子のバイオ・医療への応用例としては，その特異な発色を利用したマーカーを挙げることができる。特に金ナノ粒子は科学的にも非常に安定であり，金・チオール結合を介した表面修飾が容易であることから幅広く実用に用いられている。抗原抗体反応を利用した免疫検出法の一種であるイムノアフィニティクロマトグラフはその代表的な実用例である。この方法では抗原の存在を金ナノ粒子の発色によって確認することができる。

### 1.4.2　熱電変換材料への応用
　最後に金属ナノ粉体粒子が有効な役割を果たす機能性材料の例として，熱電変換材料の研究例

を示す。

　近年，エネルギー・環境問題への関心の高まりと相まって熱電変換材料が注目されている。熱電変換材料とは，ゼーベック効果やペルチェ効果を利用して熱エネルギーと電気エネルギーを相互に直接変換できる材料であり，これを利用したエネルギー変換システムは，①機械的動作部分がないため運転時に騒音がない，②小型軽量である，③メンテナンスフリーで使用できる，④クリーンである（動作時に排気ガスなどが排出されない）などの特長を持っているが，現在のところ実用化されている他のエネルギーシステムに比べてエネルギー変換効率および出力が低いのが現状である。

　動作温度 $T$ における熱電変換材料の性能は無次元性能指数 $ZT$（$=S^2\sigma T/\kappa$）で示される。ここで $S$ は材料のゼーベック係数，$\sigma$ は電気伝導率，$\kappa$ は熱伝導率である。$ZT$ が大きいほど熱電変換材料の性能は高くなり，$ZT \geqq 1$ が実用化レベルとされている。$ZT$ が大きくなるためには $S$ および $\sigma$ が大きく，$\kappa$ が小さいことが必要である。これらのパラメータは材料のキャリア密度と密接な関係がある。キャリア密度の大きい材料は一般に $\sigma$ が大きいが，$S$ の絶対値は小さくなる。また熱伝導率 $\kappa$ はキャリアが熱を運ぶ成分 $\kappa_{car}$ と格子振動（フォノン）が熱を運ぶ成分 $\kappa_{ph}$ から成っているが，このうち $\kappa_{car}$ はキャリア密度の影響を受け，キャリア密度の大きい物質では一般に $\kappa_{car}$ は大きくなる。それに対し，$\kappa_{ph}$ はキャリア密度の影響を直接受けない。そこで，熱電変換材料の性能を向上させるには，キャリア密度を最適な状態にすることにより適度な $S$ と $\sigma$ を保ちつつ，熱伝導率の格子成分 $\kappa_{ph}$ をいかにして小さくするかが必要となる。

　焼結体材料の場合，結晶粒界や材料中の析出物などは熱を運ぶフォノンの散乱中心となり，熱の伝導を妨げる働きがある。またその効果は一般に材料中における散乱中心の密度が高いほど高くなる。従って，材料中に添加物を微細分散させることにより熱伝導率を低減させ，性能向上を図る研究がこれまで行われてきた。分散させる添加物としてはセラミックスについての研究結果が多く報告されている。これは，セラミックスは一般に熱伝導率の小さなものが多く，複合体化させることにより熱伝導率を効果的に低減させることが期待できるためである。熱伝導率が一般に大きい金属の場合は Ag 粉体添加の研究報告が多い。

　熱電変換材料と Ag との複合体化についてはこれまで $\beta$-FeSi$_2$ 系，(Bi,Sb)$_2$Te$_3$ 系，Na$_x$Co$_2$O$_4$ 系，Ca$_3$Co$_4$O$_9$ 系などについて研究報告がある[16~19]。通常，材料中に微細分散された添加物はフォノンだけでなく電子などのキャリアの散乱中心ともなるため，複合体材料の電気伝導率を低下させることが予測されるが，Ag 添加の場合は電気伝導率が上昇することが多く報告されている。これは Ag の良電気伝導性に依るところであると考えられる。一方で多くの系において Ag 添加によるゼーベック係数の減少が確認されるが，電気伝導率上昇の効果が大きいため結果として材料の出力因子（$=S^2\sigma$）は増加することが報告されている（図11[19]）。

　一方で Ag は熱の良導体でもあるため，添加により材料の熱伝導率が増大することが懸念されるが，$\beta$-FeSi$_2$ 系や (Bi,Sb)$_2$Te$_3$ 系の場合は添加により熱伝導率は減少する[16,17]。これは図12に示したようにこれらの材料では Ag 粒子が数十～100 nm 程度のナノ粒子として微細分散してお

第 1 章 粉体材料

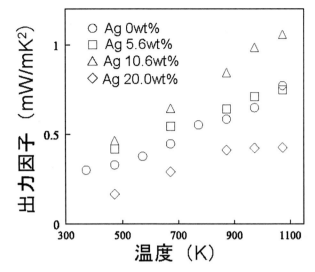

図11 Ag ナノ粒子を添加した $Ca_3Co_4O_9$ の出力因子の温度依存性[19]

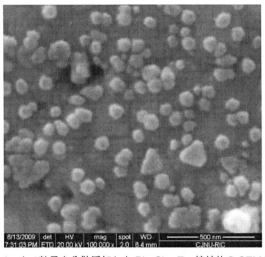

図12 Ag ナノ粒子を分散添加した $Bi_{0.5}Sb_{1.5}Te_3$ 焼結体の SEM 写真[17]

り,フォノンがこれらナノ粒子により効率的に散乱された結果であると考えられる。結果として図13に示すように Ag 添加により $ZT$ は向上することが報告されている[17]。

また,Ag 添加により材料の機械的特性が改善されるという報告もある[20]。$CaMnO_3$ 系は高温大気中において優れた熱電特性を示すことが知られているが,Ag を電極として $CaMnO_3$ と接合した熱電変換モジュールでは,モジュールに熱履歴を加えた際に破損する傾向が多いことが報告されている。これは Ag と $CaMnO_3$ の熱膨張係数の差が大きいことが原因であると考えられる。$CaMnO_3$ に粒径数 $\mu$m の Ag 粒子を 10 wt% 程度加えて分散させたところ,電気的特性にはほと

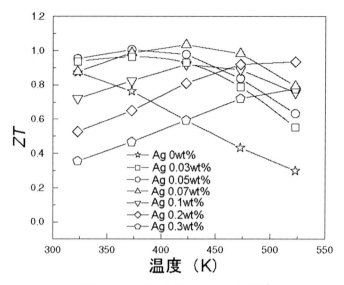

図13 Ag を分散した $Bi_{0.5}Sb_{1.5}Te_3$ の $ZT$[17]

んど影響を与えることなくモジュールの機械的特性が改善されることが見出された。

これまで熱電変換材料の研究は合金，金属間化合物，セラミックスなど無機材料系についての研究が主流であったが，最近，資源が豊富で，一般に加工性に優れている有機系熱電変換材料についての研究が進められている。有機材料では導電性高分子であるポリアニリンやポリプロールなどが熱電変換材料として応用できる可能性のあることが報告されている。しかしながら，これら導電性高分子の $ZT$ は $10^{-1}$～$10^{-3}$ 程度と低いのが現状である。そこで，導電性高分子と，熱電性能指数の点で優れ，熱安定性にも優れている無機材料をハイブリッド化することで，良加工性で高い熱電性能を有する有機—無機ハイブリッド熱電変換材料の作製が試みられている[21,22]。

平均粒径 10.5 nm の Au ナノ粒子および 4.3 nm の Pt ナノ粒子をポリアニリン（PANi）の塩酸水溶液中に分散させ，酸化剤であるペルオキソニ硫酸アンモニウムを滴下することにより，ポリアニリン・金属ナノ粒子ハイブリッドが得られ（図14[22]），これを m-クレゾールに溶かし，ドーパントとしてカンファースルホン酸を用いることによって PANi-Au および PANi-Pt ハイ

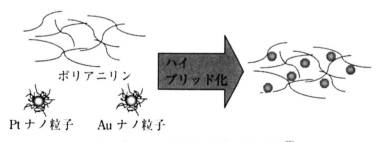

図14 高導電性ポリアニリン創製の概念図[22]

ブリッド膜が作製された。図15は得られたハイブリッド膜の電気伝導率 $\sigma$ およびゼーベック係数 $S$ の Au 含有量依存性を示したものである[22]。ゼーベック係数は金属含有量を増加させてもほとんど変化は見られないが，電気伝導率はハイブリッド化によって向上し，Au 含有量 1 wt% の時に最大値 342S cm$^{-1}$ を示した。同様の結果は Pt ナノ粒子の場合にも得られている。一般に導電性高分子化合物の電気伝導はホッピング機構で進むと提案されているが，金属ナノ粒子がポリアニリンとハイブリッド化するとキャリアが金属ナノ粒子上を経由して跳ぶことができるようになるため，導電性が向上すると考えられる。この PANi/Au ハイブリッド膜の $ZT$ は室温において $10^{-1} \sim 10^{-2}$ の間であり，実用化レベルにはまだ達していないが，今後の研究の進展が期待される。

　熱電変換材料の幅広い普及には身近な熱源から効率よく熱エネルギーを得られることが不可欠である。身近な熱源としては太陽熱が挙げられるが，熱電変換材料にとって必要な大きな温度差をつけることは容易ではない。従来法としては，鏡やレンズを用いて熱電変換材料の高温部に太陽光を集光し，集熱する方法があるが，鏡やレンズのほか，太陽を追尾するシステムなどが必要で大規模で高コストなものとなる。このような問題を解決するものとして金属ナノ粒子を用いた「光熱変換フィルム」が提案されている[23]。これは有機分子を介して数百〜数千個の金属ナノ粒子を固定したマイクロナノビーズの分散液を，透明で柔軟性に富んだポリマー（ポリエチレンナフタレート）でできたフィルム上に塗布・乾燥したものである（図16）。Au ナノ粒子固定化ビーズを用いた光熱変換フィルムに対して，ソーラーシミュレーターと呼ばれる疑似太陽による照射実験を行った結果，100秒間照射により初期温度25℃から約70℃まで昇温できることが確認された。このような短時間における急激な温度上昇は，金属ナノ粒子表面に束縛された電子状態，局在表面プラズモンがナノ粒子の高密度化により強く電磁気的な相互作用をした結果，光学的スペクトルが増強・広帯域化したことに起因するものと考えられる。Au ナノ粒子固定化ビーズを塗布した光熱変換フィルムを熱電変換モジュールに実装して発電実験を行った結果，実装無しの場合に比べて発電効率が1桁以上向上することが確認されている。

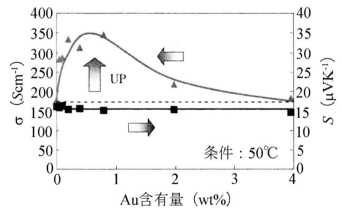

図15　PANi/Au ハイブリッド膜の電気伝導率 $\sigma$ およびゼーベック係数 $S$ の含有金属量依存性[22]

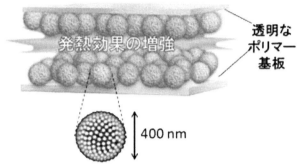

図16　金属ナノ粒子をポリマービーズに固定した光熱変換フィルムのイメージ図[23]

## 文　　献

1) 本保元次郎，山口達明，金属材料，p.24，三共出版（2010）
2) 粉体工学会編，粉体工学ハンドブック，p.341，朝倉書店（2014）
3) 中山勉，コンバーテック，p44，加工技術研究会（2005）
4) 粉体工学会編，粉体工学ハンドブック，p.345，朝倉書店（2014）
5) 宇根康裕，佐川眞人，日本金属学会誌，**76**(1), 12（2012）
6) 粉体工学会編，粉体工学ハンドブック，p.348，朝倉書店（2014）
7) S. Sugimoto et al., *J. Alloys and Compounds*, **892**, 330-332（2002）
8) 杉本諭，永久磁石―材料と応用―，p.130，アグネ技術センター（2007）
9) J. M. Capus, *Metal Powder Report*, **60**, 22（2005）
10) 内藤牧男ほか，粉体の科学，p.91，日刊工業新聞社（2014）
11) Ph. Bufflat, *J-P. Borel, Phys. Rev.*, **A13**, 2287（1976）
12) 林真至編，ナノ粒子　物性の基礎と応用，p.50，近代科学社（2013）
13) 林真至編，ナノ粒子　物性の基礎と応用，p.54，近代科学社（2013）
14) 高分子学会編，微粒子・ナノ粒子，p.6，共立出版（2012）
15) N. Terasaki et al., *Biochim Biophys. Acta*, **1767**, 635（2007）
16) M. Ito, K. Takemoto, *Mater. Trans.*, **49**(8), 1714（2008）
17) Il-Ho. Kim et al., *J. Nanoscience and Nanotechnology*, **13**, 3660（2013）
18) M. Ito, J. Sumiyoshi, *J. Sol-Gel Sci. Technol.*, **55**, 354（2010）
19) M. Mikami et al., *J. Solid State Chem.*, **178**, 2186（2005）
20) A. Kosuga et al., *Jpn. J. Appl. Phys.*, **47**(8), 6399（2008）
21) N. Toshima et al., *J. Electronic Mater.*, **41**(6), 1735（2012）
22) 梶川武信編，熱電変換技術ハンドブック，p.322，NTS（2008）
23) A. Kosuga et al., *Nanoscale*, **7**, 7580（2015）

## 2 セラミックス粉体

堀田裕司*

### 2.1 はじめに

セラミックスは，無機粉体を加熱処理によって焼き固めた焼結体を指す。しかし，現在では単に焼結体だけでなく，超微粒子，異種材料との複合体，例えば樹脂との複合化によるナノコンポジットのフィラーなどの形で広範囲の分野に使用され，セラミックス粉体を用いた多種多様な材料の研究開発が行われている。

セラミックス粉体は大別して，陶磁器原料の粘土鉱物に代表される天然セラミックス粉体，より高度な機能要求に対して研究開発されているファインセラミックス粉体がある。セラミックス焼結体の研究から，原料粉体の必要要件として①粒子の化学的組成が均一，②安定な結晶構造，③凝集しておらず分散・解砕状態，④サブミクロンサイズ以下の粒径で粒度分布が狭いことが重要とされている。特に，粉体が凝集しておらず分散・解砕状態の形態をとることは，セラミックス成形体の成形体密度を向上[1]させ焼成において比較的均一に焼結が進行するため，強度などの機械特性や種々の機能特性に影響を与える[2]。また，セラミックス粉体の分散・凝集は，樹脂との複合化によるナノコンポジット材料の作製において，プロセス工程での気泡の除去や機能特性，機械特性など材料物性の向上にも影響を及ぼすことが知られている[3]。図1に，粉体の粒径と粉体の性質および操作性の関係を示す。サブミクロンサイズ以下の超微粒子では，粉体は凝集形態で存在するため，その処理操作プロセスは難しさを増す。

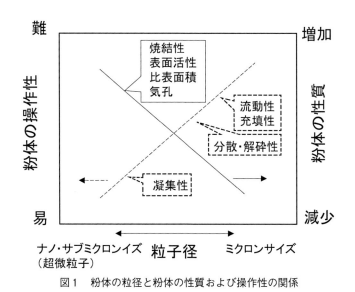

図1　粉体の粒径と粉体の性質および操作性の関係

---

*　Yuji Hotta　（国研）産業技術総合研究所　構造材料研究部門
　　　　　　　無機複合プラスチックグループ　研究グループ長

そこで，本稿においてはセラミックス粉体の多岐にわたる合成・製造方法に関して，気相法，液相法，固相法などの特徴を解説する。さらに，微粒子の粉体製造において粉体の凝集が問題となるため，凝集粉体の分散・解砕に関する考え方を紹介する。

## 2.2 粉体の製造方法

図2に粉体の合成方法の大まかな分類を示す。粉体の合成・製造方法は，ビルドアップ法とブレイクダウン法の2つに大別される。ビルドアップ法は，気相法，共沈法，加水分解法，ゾルゲル法などの液相法や，蒸発成分の凝縮や気体成分の化学反応によって固体粉体を合成する方法である。一方，ブレイクダウン法は，固相法，ミルを用いた粉砕法，凝集粉体から分散・解砕粉体を得る粉体生成法である。簡単であるが，主な合成・製造法，その特徴について紹介する。

### 2.2.1 気相法

気相法は気体からの合成方法であり，物理的方法（物理気相蒸着法，PVD法[4]）と化学的方法（気相化学反応法，CVD法[5]）がある。いずれにしても物質を構成している原子，分子，イオンなどの化学種を気体状態にして，目的とする組成の粉体を合成する。詳細は，学術書や報告論文を参考頂くとして，この合成法の特徴は，①気相での物質濃度が小さく均一反応となるため，合成粒子の凝集は少ない，②合成反応条件（温度，圧力，気相組成など）の調整によって粒径制御が可能で且つその粒度分布の狭い粒子が得られる，③液体からでは合成困難な非酸化物粉体（炭化物，窒化物）が得られる，④高純度の粉体を得られることが挙げられる。

### 2.2.2 液相法

高純度のファインセラミックス粉体の要求が強くなるにつれ，液体から粉体を合成する液相法の研究開発が盛んに行われている[6,7]。溶液から粉体を合成するためには，①セラミックスを溶融して反応させる方法や，融液を冷却し固化した粉体を得る方法，②溶液中のイオン，分子を溶媒に対して過飽和状態にして固相析出（沈殿物）によって粉体を得る方法がある。液体から粉体を合成する主な方法を図3にまとめる。沈殿物による合成は，アルミナ，ジルコニアなどの単一の金属元素からなる酸化物セラミックスの合成に使われる方法である。例えば，$ZrOCl_2$などのジルコニア塩と安定化剤のイットリウム塩を溶解した水溶液を加熱して加水分解反応を行うことで，ゾルが析出する。その析出したゾルを焼成することによって，$Y_2O_3$で安定化した$ZrO_2$を合

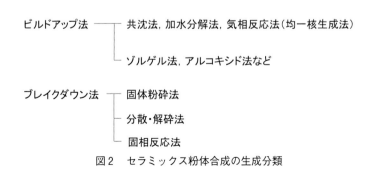

図2　セラミックス粉体合成の生成分類

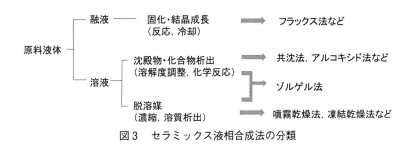

図3 セラミックス液相合成法の分類

成できることが知られている。また，チタン酸バリウム（$BaTiO_3$）は，バリウムとチタンのアルコキシド（$Ba(OR)_2$，$Ti(OR)_4$）を溶媒中に溶解させ，水を加えることで加水分解し，その析出物を焼成して粉体の $BaTiO_3$ を得ることが可能である。これらの方法は，溶液中の化学反応により溶媒に対して過飽和状態になるような生成物を得る化学的方法であるが，液相法でも噴霧法[8]の様な物理的な粉体製造方法がある。

### 2.2.3 固相法

固相法による粉体作製は，粉砕法，固相反応法，分散・解砕法が挙げられる。粉砕法[9]は，固体状態のまま機械的に粉砕すなわち微粒子化する方法である。この方法では，粉体の粒径を小さくすることだけでなく，目的にあった粉体に改質すること，粉体の性質を均一化することを考慮して条件を決めなくてはならない。また，粉砕機からの不純物混入を防ぐことは極めて困難であるため，粉砕条件（粉砕時間，粉砕機材質など）と不純物混入量との関係を検討する必要がある。さらに，製造された微粒子の表面活性は非常に高いため，一次粒子は凝集体を形成する。このため，凝集体の解砕，分散などが重要となる。

固相反応法[10]は，固相における化合物合成法である。一般的には，2種類以上の粉体を混合し加熱することによって反応させて，粉体間の反応によって目的とする粉体を合成する。固相反応は，粒子間で接触している部分から引き起こされ，イオンの拡散によって反応が進行する。反応条件として高温且つ長時間では合成粉体の粒子の大きさは大きくなり凝集形態を形成してしまう。そのため，固相反応による粉体合成においては，次のことが重要となることが指摘されている。

① 反応に用いる原料粉体の粒径は小さく，凝集粒子は分散・解砕し均一に混合する。
② 反応物は再粉砕し，混合，粉砕を繰り返して反応促進を行う。
③ 反応におけるイオン拡散が遅い原料の場合，反応速度を向上させるために粒度の細かな粉体を用いる。

例えば，$BaTiO_3$ の固相反応の例として，$BaCO_3$ と $TiO_2$ の粉体を用いて，

$$BaCO_3 + TiO_2 \rightarrow BaTiO_3 + CO_2$$

の合成が可能である。しかし，Ti の拡散は遅いために $TiO_2$ の粒径・粒度が反応速度に影響を与える。そのため，微粒且つ粒度を考慮した $TiO_2$ 粉体を用いて固相反応を行う。

### 2.2.4 球状粉体に対する分散・解砕法

上記までに概説した粉体合成法においては，目的とする物性のセラミックスや樹脂との複合化によるナノコンポジットを形成させるために，化合物の合成と微粒化という2つの側面が必要となる。サブミクロンサイズ以下の微粒化が進むと，粉体は凝集状態を形成する。そのため，分散工程や解砕工程を経て粉体を得る必要がある。また，粉体には球状，ロッド状，板状粒子がある。球状，ロッド状の粒子は，一次粒子が接触点をもった粒子集合体の二次粒子として凝集形態をとるが，六方晶窒化ホウ素（h-BN）やマイカなどの板状粒子は van derWaals 力で積層した形態をとっており，その積層体の解砕すなわち剥離によって高アスペクト比の粉体を得ることができる。この高アスペクト比の板状粉体は，ナノコンポジットにおいて熱的，電気的な機能特性や機械特性の向上などに期待が大きく，分散・解砕技術の開発が望まれている。

凝集粒子を分散・解砕した粉体の形成は，セラミックスやナノコンポジットの機能物性を向上させる上で重要となる。球状粒子の場合，凝集した粉体における粒子構造体の解砕強度（$\sigma$）は，Rumpf[11] と Derjaguin[12] によって次式で報告されている。

$$\sigma = 2(1-\varepsilon)\kappa\gamma / d \tag{1}$$

(1)式の $\varepsilon$ は粒子構造体中の空隙率，$\kappa$ は $\varepsilon$ の関数として表される粒子の配位数，$\gamma$ は粒子の表面エネルギー，d は粒子径である。空隙率，粒子の配位数，粒子の表面エネルギーが同じ凝集体の場合，粒子径が小さければ解砕強度は大きくなり，分散・解砕は難しくなる傾向になることが分かる。また，空隙率，粒子の配位数が同じ凝集形態をとり，且つ構造体において粒子径が同じならば，その凝集体の解砕強度は粒子の表面エネルギーに依存することになる。つまり，解砕強度は，粒子の表面状態によって影響されることになる。堀田らは，サブミクロンサイズのアルミナ粉体に対して，ボールミル処理と湿式ジェットミル処理を行い，図4に示す様な粒子表面状態の異なる粉体を準備して，粉体の解砕状態，スラリー特性について報告している[13,14]。湿式ジェットミルの簡単な模式図を図5に示す。用いる原料は，スラリーなどの液状のものであることが前提条件である。原料スラリーはタンクより，増圧器へ送られる。加圧されたスラリーは，高速に衝突ユニットへ送られ，高速下でのせん断力で解砕・分散が引き起こされる仕様になっている。

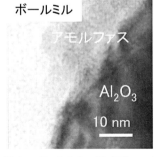 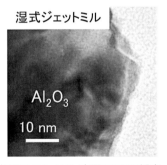

図4　ボールミル，湿式ジェットミル処理による $Al_2O_3$ 表面の TEM 観察

第 1 章　粉体材料

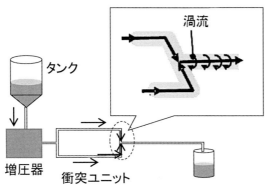

図 5　湿式ジェットミルの模式図

このプロセスで作製された粉体の粒子表面は，図 4 の様にボールミル処理と比較して損傷していないことが分かる。(1)式から空隙率，粒子の配位数が同じ凝集形態をとると仮定するならば，凝集粉体において粒子径が同じ時，その凝集体の解砕強度は粒子の表面エネルギーに依存することになる。そのため，表面損傷の少ない湿式ジェットミルで分散・解砕処理した粉体の方が，ボールミル処理した粉体よりも，その凝集体の解砕強度は低くなり，解砕と分散した粉体が得られやすくなることが予測される。実際，ボールミル，湿式ジェットミルにて分散・解砕処理したアルミナ（$Al_2O_3$）および酸化亜鉛（ZnO）粉体を再凝集させ，その凝集粉体の解砕強度を検討するために微小圧縮試験を実施した様子を図 6 に示す。球状の凝集粉体に対して図 6 の様に圧縮すると，圧縮方向に対して引張りが垂直方向に働き，その粉体は崩壊することになる。崩壊時の強度を凝集粉体の解砕強度と仮定するならば，下記の(2)式で解砕強度は表される。

$$\sigma = 2.8F / \pi D \tag{2}$$

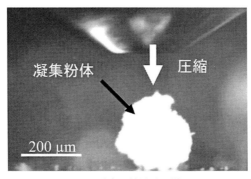

図 6　微小圧縮試験の様子

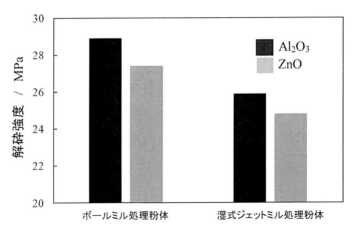

図7 ボールミル，湿式ジェットミルにて分散・解砕処理した表面状態が異なるアルミナ（$Al_2O_3$）および酸化亜鉛（ZnO）の凝集粉体の解砕強度

(2)式の $\sigma$ は解砕強度，F は試験圧，D は凝集粉体の粒径である。図7は，ボールミル，湿式ジェットミルにて分散・解砕処理した表面状態が異なるアルミナ（$Al_2O_3$）および酸化亜鉛（ZnO）の凝集粉体に対して微小圧縮試験から計測した解砕強度である。粉体表面が荒れているボールミル処理した粉体の方が，粉体表面の損傷が少ない湿式ジェットミル処理した粉体よりも凝集粉体の解砕強度は大きいことが分かり，(1)式の表面エネルギー（$\gamma$）に解砕強度は影響されることと合致する。つまり，表面が荒れていない粉体において解砕工程によって分散粉体を得るためには，低い処理エネルギーでよいことになる。実際，ボールミルおよび湿式ジョットミル処理によって作製した表面状態が異なる粉体に関して，乾燥後の粉体の様子を観察すると，表面が荒れていない $Al_2O_3$ 粉体（湿式ジェットミル処理）は，図8の様にボールミル処理粉体と比較して凝集形態が少ないことが分かる。この様に，分散・解砕法にて粉体を作製する場合，分散・解砕プロセスによるセラミックス粉体表面の状態変化を考慮して，目的とする粉体を得ることが重要である。

### 2.2.5 積層した板状粉体に対する分散・解砕法

スメクタイト，カオリナイトやマイカなどの粘土鉱物，グラファイト，六方晶窒化ホウ素

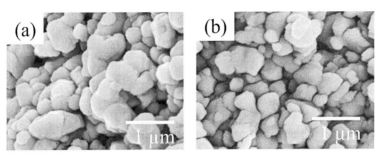

図8 ボールミル，湿式ジェットミルにて分散・解砕処理した表面状態が異なるアルミナ（$Al_2O_3$）の乾燥粉体の様子
(a)ボールミル処理，(b)湿式ジェットミル処理

# 第1章 粉体材料

(h-BN) などの板状粒子は，アスペクト比を有する層状化合物の積層粉体として存在している。積層粉体から粉体を剥離することによって高アスペクト化し，樹脂と複合化したナノコンポジットの熱伝導特性や電気特性の向上，ガス透過性の抑制並びに機械特性の向上などの機能化が期待されている。スメクタイト系粘土鉱物は膨潤性の特徴をもつため，剥離粉体を得ることは比較的容易で，その粉体はナノコンポジットのガスバリア性の向上などの応用に用いられている[15]。一方，h-BN やマイカは，六方晶構造の面 (0001) の平坦面を有する板状粒子が van der Waals 力などの比較的弱い結合によって積層した粉体である（図9）。その (0001) 面は化学結合のための官能基を有していないこと，非膨潤性のためにスメクタイト系の粘土鉱物の様に効率的な剥離が困難であることが知られている。しかしながら，h-BN 粉体は，高熱伝導率，電気的絶縁性，低比重，低硬度の特徴を持つため，絶縁系高熱伝導用ナノコンポジット材料のフィラーとして注目[16]されており，その剥離するための解砕法の開発と高アスペクト比の h-BN 粉体の作製は重要な課題である。ここでは，積層粉体である h-BN の剥離すなわち解砕法の例について紹介する。

h-BN の様な積層板状フィラーの剥離技術として，スコッチテープ法が報告されている[17]。積層体の層間は van der Waals 力などの比較的弱い結合によって形成されているため，スコッチテープで剥離を繰り返すことで，単層に近いナノシートを得ることが可能である。しかしながら，この方法ではスケールアップが困難であるため，工業的な粉体の製造方法としては適さない。工業的にフィラーを取り扱う上では，処理量や処理速度のスケールアップが可能な機械的なブレイクダウン型の剥離・解砕法の検討が必要となる。機械的な剥離・解砕法は，キャビテーション効果を利用した超音波法[18]が挙げられるが，キャビテーションによるエネルギーが様々な方向から液中の粉体に付与されるため，剥離した板状フィラーの粉砕，すなわち長手方向での破砕が引き起こされること，長時間の操作を必要とすることなどの問題がある。そのため，効率よく且つ粉砕を抑制しながら板状粒子の剥離・解砕をするためには，積層粉体の積層面に向かって強いせん断力を付与できる，湿式ジェットミルや回転円盤型せん断装置の様な流体のせん断流を活用した機械的剥離・解砕プロセスが1つの候補となる。湿式ジェットミルは図5の様な装置であり，渦流が発生する。形状異方性の高い h-BN は，流体の流れに沿って配向するため，h-BN の端面

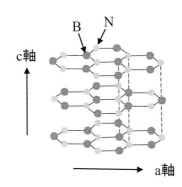 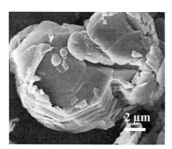

図9　六方晶窒化ホウ素 (h-BN) の結晶構造と SEM 像

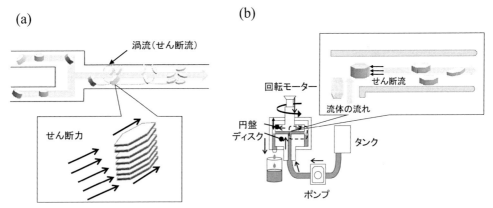

図10 機械的せん断装置((a)湿式ジェットミル,(b)回転円盤型せん断装置)とh-BNの流体内での配向の模式図

に向かって強いせん断力が加わり(図10(a)),h-BNの積層体からアスペクト比の高い粉体の作製が期待できる[19]。また。回転円盤型せん断装置は,図10(b)に示す様に2枚の円盤が平行に配置され,その円盤間にスラリーが導入される仕組みになっている。高速に円盤が回転すること,円盤間の隙間すなわちクリアランスを調整できることで,粉体に付与するせん断流のエネルギーを変えることが可能である。さらに,円盤間の隙間に強いせん断力がかかるため,異方性の大きなh-BNの様な粉体は円盤間の流体の流れに沿って配向する。そのため,h-BNの端面に向かって強いせん断力が加わることになり,剥離・解砕した粉体を得ることが期待できる[20](図10(b))。図11は,超音波処理,湿式ジェットミル処理,回転円盤型せん断処理によって作製した粉体および原料h-BNにおける,レーザー回折散乱法を用いて液中で測定した粒度分布である。超音波法ではメジアン径($D_{50}$)が機械的処理を実施していない原料h-BNの70%以下であったのに対し,せん断流を利用した湿式ジェットミルおよび回転円盤型せん断処理では,原料h-BNとほぼ同じメジアン径($D_{50}$)である。この現象は,超音波処理では粉体の粉砕が引き起こされ,せん断流を発生させる湿式ジェットミルや回転円盤型せん断処理では,h-BNの粒子径の低下は抑制されることが示唆される。図12に,超音波処理,湿式ジェットミル処理,回転円盤型せん断処理したh-BNの厚さ分布を示す。湿式ジェットミルや回転円盤型せん断処理の様なせん断流を用いた機械的処理では,その粉体の厚さ($T_{50}$)は原料粉体と比較して小さくなっている。つまり,せん断流を利用した機械的処理によって,積層粉体であるh-BNは,粉砕を抑制しながら剥離・解砕が進行し,高アスペクト比のh-BN粉体を作製することが可能である。実際,せん断流を発生させる機械的プロセス(湿式ジェットミル,回転円盤型せん断)で処理したh-BN粉体と原料h-BN粉体の電子顕微鏡写真を図13に示す。原料と比較して,機械的にせん断流で処理したh-BN粉体の厚さは薄くなっていることが観察され,剥離・解砕が引き起こされていることが分かる。表1にせん断流を利用した機械的処理方法によるh-BN粉体の粒子径,厚さ,アスペクト比をまとめる。処理プロセス装置の違いによって剥離・解砕粉体の粒子径および厚さは異なるが,この現象はせん断エネルギーの違いであり,剥離メカニズムについては冨永らの報告論

第1章　粉体材料

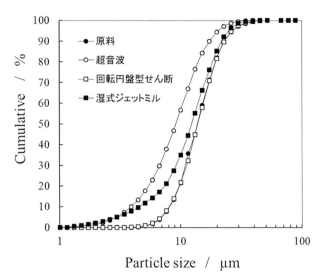

図11　超音波処理, 湿式ジェットミル処理, 回転円盤型せん断処理したh-BNの粒度分布

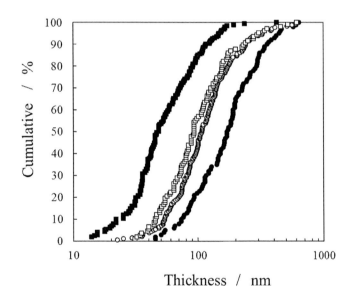

図12　超音波処理, 湿式ジェットミル処理, 回転円盤型せん断処理したh-BNの厚さ分布

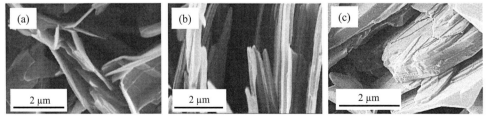

図13　機械的せん断装置((a)湿式ジェットミル, (b)回転円盤型せん断装置)で処理したh-BN粉体と(c)原料h-BN粉体の電子顕微鏡写真

表1 せん断流を利用した機械的処理方法(湿式ジェットミル,回転円盤型せん断),超音波処理によるh-BN粉体の粒子径,厚さ,アスペクト比

|  | 原料h-BN | 超音波処理 | 湿式ジェットミル処理 | 回転円盤せん断処理 |
| --- | --- | --- | --- | --- |
| 粒子径 ($D_{50}$, μm) | 13.7 | 9.2 | 12.4 | 13.5 |
| 平均厚さ ($T_{50}$, nm) | 162 | 107 | 47 | 93 |
| アスペクト比 ($D_{50}/T_{50}$) | 85 | 86 | 264 | 145 |

文[19,20]を参照いただきたい。いずれにしても,高せん断力を積層板状セラミックス粉体の積層面に付与できれば,せん断流を用いた機械的処理によってブレイクダウン的に効率よく高アスペクト比の板状セラミックス粉体を作製することが可能である。

## 2.3 まとめ

セラミックス粉体は,セラミックス焼結体,樹脂との複合化によるナノコンポジット材料などに応用され,その合成と作製はビルドアップ法,ブレイクダウン法の観点から研究開発が行われている。粉体の製造は,気相法,液相法,固相法などによる合成や,凝集粉体の分散・解砕法を用いて行われ,目的要求に応じたセラミックス粉体を得る方法は多岐にわたる。本稿では,粉体製造における気相法,液相法,固相法についての概略を簡単に述べた。様々な合成スキームは多岐にわたり検討・研究されているため,詳細は専門の報告論文などを参照いただきたい。しかし,一方では,粉体製造工程には凝集の問題がつきまとい,その原料となる粉体が,成形性や焼結性,しいてはセラミックスやナノコンポジットの材料物性に影響を与える。そのため,粉体製造の1つであるブレイクダウン法としての機械的な分散・解砕処理技術と,粉体状態と解砕との関係について紹介させて頂いた。

## 文　献

1) N. Omura *et al.*, *J. Am. Ceram. Soc.*, **89**, 2738 (2006)
2) T. Isobe *et al.*, *J. Ceram. Soc. Jpn.*, **115**, 738 (2007)
3) Y. Tominaga *et al.*, *J. Ceram. Soc. Jpn.*, **124**, 808 (2016)
4) T. J. Geyer *et al.*, *Appl. Phys. Lett.*, **54**, 469 (1989)
5) Y. Shi *al et.*, *Nano Lett.*, **10**, 4134 (2010)
6) Y. Hotta *et al.*, *Mater. Sci. and Eng. A*, **475**, 57 (2008)
7) M. Salavati-Niasari *et al.*, *Adv. Powder Tech.*, **27**, 2066 (2016)
8) D. S. Jung *et al.*, *Adv. Powder Tech.*, **25**, 18 (2014)
9) K. Yokota *et al.*, *J. Ceram. Soc. Jpn.*, **103**, 1167 (1995)
10) H. Gao *et al.*, *Adv. Powder Tech.*, **25**, 817 (2014)

11) H. Rumpf, *Chem. Ing. Tech.*, **42**, 538 (1970)
12) B. V. Derjaguin, *Kolloid-Z.*, **69**, 155 (1934)
13) Y. Hotta *et al.*, *J. Am. Ceram. Soc.*, **91**, 1095 (2008)
14) Y. Hotta *et al.*, *J. Am. Ceram. Soc.*, **92**, 1198 (2009)
15) 渡辺政嘉, 素形材, **53**, 45 (2012)
16) K. Sato *et al.*, *J. Mater. Chem.*, **20**, 2749 (2010)
17) D. Pacile *et al.*, *Appl. Phys. Lett*, **92**, 133107 (2008)
18) Y. Hernandez *et al.*, *Nat. Nanotechnol.*, **3**, 563 (2008)
19) Y. Tominaga *et al.*, *Ceram. Inter.*, **41**, 10512 (2015)
20) Y. Tominaga *et al.*, *J. Cerm. Soc. Jpn.*,, **123**, 512 (2015)

# 3 複合粒子

横井敦史[*1], 武藤浩行[*2]

## 3.1 はじめに

近年，Industry4.0をはじめとしたモノづくりを含む新たな産業スタイルが提案され，次世代の製造業のあり方にも多様化・高度化を見据えた改革が迫られている。しかしながら，これらの新たな「うねり」においても，やはり出発原料としての「粉体」が果たす役割は重要である。一例を挙げれば，付加製造技術（Additive Manufacturing：AM）による高付加価値製造法が盛んに研究されているが[1,2]，粉末床溶融結合法（powder bed fusion），結合剤噴射（binder jetting）に見られるよう，原料としての主役は依然として粉体であることに違いはない。当然ながら，原料としての粉体の進化も急速に進んでおり，高純度化，多品種化，更に，ナノサイズ化など先端技術に対応し得る開発が行われている。本節では，これらの高性能粉末をより高付加価値化するための複合化技術に関して我々の研究室で進めている成果の一端を紹介する。

材料の高機能化，高付加価値化を目指した材料開発において，単一の材料で目的の物性を実現することは困難となり，この場合，他の材料との「複合化」が行われる。母材となる材料への所望の特性を発現させるために，機能性添加物を導入した複合材料を作製することで様々な次世代材料を開発できる。添加物質として多様な「ナノ物質」が検討されているが，ナノサイズの物質を用いる場合，従来の機械混合法が適用できなくなる。すなわち，ナノ物質を取り扱う際に生じる問題として，表面エネルギーが高いことに起因した「凝集」が深刻となる。一般に，粉末を出発原料とした複合材料の作製過程では，マトリックス原料粉末と添加物粉末の混合が重要なプロセスとなるが，両者の粒径（サイズ）が大きく異なることから，均一に混合することは困難となる。特に乾式での混合では顕著になるが，たとえ湿式であっても，良好な混合状態を達成するには，多くの経験を必要とする。混合状態が不十分であれば，当然ながら，添加物としてのナノ物質は凝集したままマトリックス内に残存することになり「不均一」な微構造の複合材料となってしまい，期待した特性・機能の発現は望めない。

そこで我々の研究室では，取り扱いが比較的容易なサイズの粒子（マトリックス粒子）にナノ物質（ナノ添加粒子）を吸着させて固定化する複合化手法を提案している[3,4]。このような形態（複合粒子）に粉体を処理することで，ナノ物質は再凝集することなく，また，一次粒子レベルで良好に混合された状態を実現することができる。これにより，過剰な混合プロセスを用いることなくナノ添加物の分散性を向上できるばかりか，微構造をデザインすることも容易となる。

本稿では，内閣府，SIP革新的設計生産技術（H.26～H.30）において推進している，複合粒子を用いた新規な材料開発の概念，および，複合粒子の連続製造技術に関する最近のトピックスを簡単に紹介する。

---

[*1] Atsushi Yokoi　豊橋技術科学大学　総合教育院　研究員
[*2] Hiroyuki Muto　豊橋技術科学大学　総合教育院　教授

第1章 粉体材料

## 3.2 ナノ物質の複合化
### 3.2.1 ナノ物質による材料設計コンセプト

　ナノ物質を添加物とした複合材料の機能性発現，特性向上のためには，添加したナノ物質を有効に活用できるような「配置」で材料内に導入することが重要である。従来法の多くは，マトリックス原料とナノサイズの添加物を機械的に混合し，「混合物」を得ることで出発原料を調整するが，このような従来法では，ナノレベルでの十分な混合状態を得ることが困難である。ナノ添加物の多くは強い表面エネルギーに由来した凝集状態となっていることが多く，これを分散させるためには極めて大きな機械的エネルギーと処理時間を必要とする。前述した通り，混合状態が理想混合でない場合，凝集状態のままマトリックス内に取り残されるために，物性値は添加量に対する予想値とは異なり，期待される特性の向上が望まれない。

　例えば，従来の機械的混合法により作製した複合材料の微構造を模式的に図1(a)に示す。粉末原料の調製段階で十分な混合状態が得られない場合，ナノ物質がマトリックス内に局所化（凝集）して存在するため，見かけ上，ナノ粒子が凝集して，あたかも大きなサイズの粒子が存在するように見える。また，当然のことながら，分散性が悪く，「ナノ」サイズの添加物を用いた意味を失う。また，添加物粒子の分散度がある程度制御できたとしても，「配置」を制御（空間デザイン）することは困難である。ナノサイズの添加物を用いた機能性複合材料を開発するためには，マトリックス内に機能を発現させるために必要な「適切な物質」を選択し，「適切な量」で，機能を最大限に発揮できる構造となるような「適切な位置」に配置することが重要であり，これらの問題点を解決するための技術が要求されている。

　これらの現状を踏まえて，我々はこれまでに目的とする微構造を有する複合材料を作製するための新規なナノアセンブリ技術を提案している。例えば，ナノ粒子がマトリックス内に高分散し

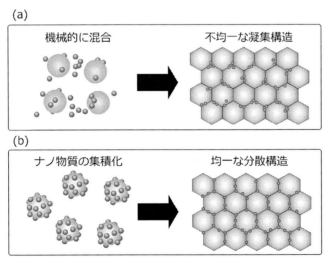

図1　複合材料の微構造の比較
(a)機械的混合，(b)集積複合粒子

# 先端部材への応用に向けた最新粉体プロセス技術

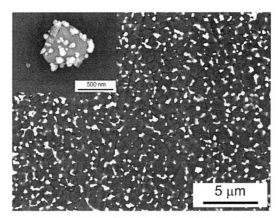

図2 ZrO$_2$-Al$_2$O$_3$複合粒子および複合粒子用いて焼結させた場合のSEM画像

た構造を導入するために，図1(b)に示すような，マイクロサイズのマトリックス粒子にナノ添加物を吸着（固定化）させた複合粒子を作製しておき，原料の段階で分散性を改善させる。これを用いることで，特別な工夫をすることなく従来の粉末冶金的な手法で分散性を改善することができる。一例としてこれまでに，ジルコニア添加アルミナ複合材料を作製した結果を図2に示す。図2左上に示すような，アルミナ粒子表面に添加物であるジルコニアナノ粒子を吸着させた複合粒子を用いて，プレス成形，焼結させた結果，アルミナマトリックス内にジルコニア粒子が均一に分散した複合材料を得ることができており，図1(b)に示す微構造設計の概念を実現することができている。その他，カーボンナノチューブ（ファイバー状）や窒化ホウ素粒子（板状）などの幾何異方性添加物に関しても実績があり，導電性，熱伝導性の改善に関して種々の検討を行っている。

## 3.2.2 静電吸着複合法を用いた複合粒子設計

機械的な混合では，理想的な微構造を導入することは困難であることは上述した通りであり，問題の解決には，複合粒子を出発原料として用いることが有効であることを示した。ここでは，複合粒子の作製原理，粒子設計に関して紹介する。本手法において提案している静電吸着複合法[5~8]は，近年，ナノ薄膜積層技術として普及しつつある交互積層法（Layer-by-Layer：LbL）を基本としている[9~18]。静電吸着複合法の一例として，二種類の粒径の異なる粒子を用いた場合について説明する。原料粒子を水分散した際に，表面の化学的状態に応じて固有の電荷を生じることは知られている。表面電荷の値は，ゼータ電位を測定することにより確認ができる。例えば，マトリックス粒子，ナノ添加粒子両者が同じ表面電荷を有する場合，互いは吸着することなく反発してしまう。そこで，どちらかの粒子表面を正電荷に調整する必要がある。図3に示すように，負に帯電しているナノ添加粒子を正の表面電荷に逆転させるためには，正の電荷を有する高分子電解質溶液（例えばPoly(diallyldimetylammonium chloride)：PDDA）に浸漬する。これにより高分子電解質が負電荷を持つ添加物粒子表面に吸着することで，結果，見かけの表面電荷が正に帯電（反転）することになる。更に，負に帯電させたい場合，負の電荷を有する高分子電

第1章　粉体材料

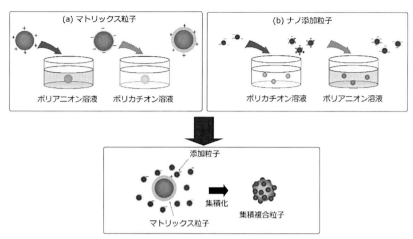

図3　静電相互作用を用いた集積複合粒子のアセンブリ

解質（例えばPoly(sodium 4-styrene sulfonate)：PSS）溶液に浸漬することで高分子電解質の積層膜が粒子表面に形成され，表面電荷は再び負に帯電した添加粒子を調整することができる。表面電荷の反転，電荷密度はゼータ電位を測定する事で確認する必要があり，十分な電荷密度を得るために，粒子表面にあらかじめ複数回交互にPDDA，PSS膜を作製しておく必要がある。PDDAの吸着により正に，PSSの吸着により負に，それぞれ任意に電荷を反転させることができる。マトリックス粒子（図3）にも同様の処理を行い，マトリックス，添加粒子表面の電荷が，それぞれ，正，負となるようにした後，両者を溶液中で混合することで，静電相互作用（静電吸着）により，マトリックス粒子表面に添加粒子が吸着した複合粒子を得ることができる。すなわち，粒子表面の表面電荷を自在に制御する技術を確立することで，種々の複合粒子の作製が可能であり，図4に示すように材料（金属，セラミックス，高分子）に依存せず，どのような幾何形状・形態の物質（球状，ファイバー状，板状）でも，複合化することができる。

### 3.2.3　静電吸着複合法のメリット

機械的な微粒子複合化プロセスであるメカニカルミリング法や溶融混合法と比べ，静電吸着複合法には以下のメリットが挙げられる。

・複合化の全ての工程が室温，大気中
・特別な装置が不必要
・不純物の混入が低減
・複合化の駆動力が静電相互作用であるため，添加粒子が均一に静電吸着
・乾燥後においても，粒子の複合化が保持
・アスペクト比の高い原材料も複合化可能
・セラミックス，金属，高分子など，材料種を問わず複合化可能
・添加粒子の吸着量を制御することで，複合材料の微構造を任意に制御可能
・複数種の添加粒子を集積化することも可能

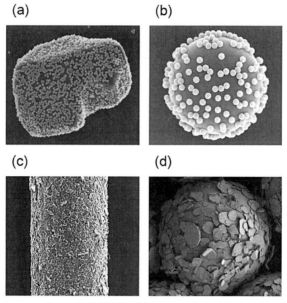

図4　静電吸着複合法を用いた複合材料例
(a) PMMA-Al$_2$O$_3$, (b) SiO$_2$-SiO$_2$, (c) $h$-BN-Nylon, (d) $h$-BN-PMMA

このようなことから，次世代のナノ－ミクロ集積化技術として期待されている。

### 3.2.4　静電吸着複合法の応用展開：エアロゾルデポジション法

これまでに，複合粒子を出発原料とした種々の新規複合材料（バルク体）の開発に取り組んできた。ここでは，機能性膜への応用例を示す。エアロゾルデポジション（Aerosol Deposition：AD）法[19,20]を用いることで緻密なセラミック厚膜を得ることができることが知られている。図5に示すように焼結し難いセラミックス粒子でも基板に吹きつけるだけで緻密（透明）なセラミック膜が得られることから今後更なる展開が期待されている。現時点での報告の多くは単相（モノシリック）膜が主流で，「複合膜」に関する検討は少ない。複合膜を成膜する場合，マトリックス粒子と添加粒子を同時に基板へ吹き付ければ良いが，それぞれの粒子の密度，粒径の違いにより，基板に衝突する際のエネルギーの差が生じ，マトリックスとして用いるサブミクロンサイズの粒子と，添加物として用いるナノ粒子が均一に堆積しにくい状況であることから，均一な厚

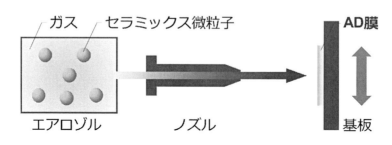

図5　エアロゾルデポジション法概要図

第1章　粉体材料

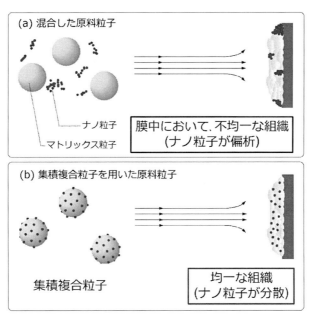

図6　(a)混合した原料粒子および(b)集積複合粒子を用いた原料粒子のAD膜概要図

膜を得ることは困難である（図6(a)）。そこで，静電吸着複合法による複合粒子を原料として用いた成膜実験を行った。マトリックス表面にナノサイズの機能性物質を吸着された複合粒子をAD成膜の原料として用いた結果，ナノサイズの機能性物質が緻密なマトリックス内に均一に取り込まれた複合膜を得ることができている（図6(b)）。

機能性複合膜作製の実例として，近赤外光吸収特性を有するITO（平均粒径：50 nm）および，紫外光吸収特性を有する$CeO_2$（平均粒径：8 nm）をナノ添加物として，単味で可視光透過膜を作製できることが既知である$Al_2O_3$（平均粒子径：270 nm，㈱住友化学製）をマトリックスとしたAD膜を作製した。各ナノ添加粒子はサスペンションのpHを調整することで強い電荷を付与し，$Al_2O_3$粒子にはポリアニオンであるPSS，ポリカチオンであるPDDAを交互に積層し，その表面電荷がナノ添加粒子と相反するように調整した。これらのサスペンションを混合し，ナノ添加粒子が$Al_2O_3$粒子表面に均一に吸着した$ITO$-$Al_2O_3$，$CeO_2$-$Al_2O_3$複合粒子をそれぞれ準備した。得られた複合粒子を原料としてAD法によりスライドガラス上に成膜することでアルミナマトリックス内にナノ添加物が分散した機能性複合膜を作製した。一例として得られた複合粒子（$ITO$-$Al_2O_3$）のSEM像を図7に示す。マトリックス粒子である$Al_2O_3$粒子の表面においてナノ添加粒子であるITOが均一に吸着されている。図8に得られた$ITO$-$Al_2O_3$複合膜の外観写真（左上）と断面SEM画像を示す。外観写真から十分な透過性を示していることが示され，「ナノサイズ」でマトリックス内にITO粒子が分散していると推察できる。また，SEM写真から基板上に均一に厚膜が形成されておりナノ添加粒子の偏析のない緻密な膜が得られたことがわかる。図9に複合膜のXRDパターンを示す。原料である$Al_2O_3$およびITOの回折ピークが認めら

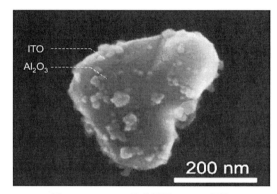

図7　ITO-Al$_2$O$_3$複合粒子のSEM画像

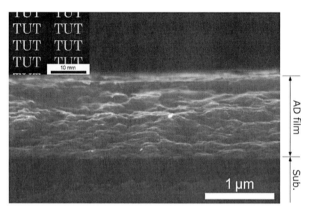

図8　ITO-Al$_2$O$_3$複合膜の外観写真と断面SEM画像

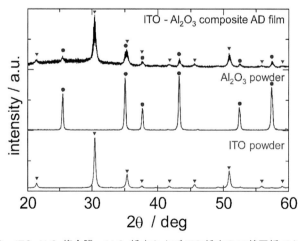

図9　ITO-Al$_2$O$_3$複合膜，Al$_2$O$_3$粉末およびITO粉末のX線回折パターン

れることから，ITOは結晶性を維持したまま膜内に存在していると考えられる。加えて，透過率測定の結果からも近赤外光の選択的な吸収が確認されたことから，目的とした高分散複合膜を作製することができたと結論できる。同様に，紫外光吸収特性を有する$CeO_2$添加物とした機能性膜も，効果的に紫外域を吸収することが認められ，用いるナノ添加物を変えることで必要な特性が自在にデザイン可能であることが示された。

### 3.3 集積複合粒子の量産技術

バルク複合材料に加え，AD法を用いた機能性膜の開発に関して実例を示した。この結果から提案する複合粒子は，次世代の材料開発に大いに貢献できるものと期待できる。一方で，原料となる複合粒子を安価に量産する技術の確立も急務である。量産化技術の確立に向けた一例として，複合化の駆動力となる粒子表面の電荷調整に関する「自動化処理」の概念について簡単に紹介する。これまでに，図10に示すような自動電荷調整装置[21]を提案してきた。複合化には，静電吸着に必要な表面電荷（ζ電位）を付与することが重要となる。分散液中での粒子の表面電荷（ζ電位）と分散液の見かけの粘度の関係を，電荷調整のために添加した高分子電解質の量の関係として図11に模式的に示す。図の例は溶媒中で正に帯電した粒子にポリアニオンを連続的に滴下，吸着させ，次にポリカチオンを吸着させた場合のζ電位と見かけの粘度の変化を示している。初期状態（図11，①）では，原料粒子特有のζ電位を有しているが，表面電荷は不均一であり，ある程度の凝集が存在する。粒子表面に負の電荷を与えるために，ポリアニオンを連続的にサスペンションに添加していくと，高分子電解質の吸着のために，正の表面電荷から，徐々に負の電荷に推移していく。吸着が進むにつれ，等電位点に近づき，ζ電位がゼロ（図11，②）を跨いで電荷が反転し始める。等電位点付近では凝集がおこることから，見かけのスラリーの粘度は極大となる。さらに，撹拌しながらポリアニオンを加えると，ポリアニオンの過剰吸着のためにζ電位

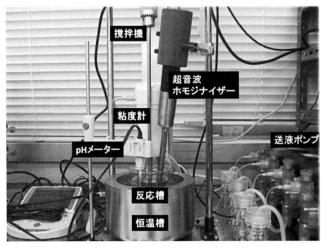

図10　自動電荷調整装置の概要図

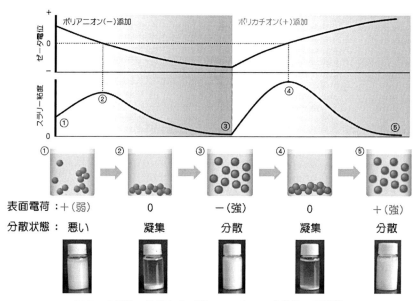

図11 ζ電位，粘度およびサスペンション分散性の相関性

が負に反転し，これに伴い，分散性が改善されることよりスラリーの粘度も再び減少していく。粒子表面にポリアニオンが過不足なく吸着し，ζ電位も安定した高い値となる点で，スラリーの粘度も最も小さくなる極値をとる（図11，③）。この時の粒子分散性は非常に高く，またスラリー中には未吸着の高分子電解質が存在しない状態であるため，静電引力を用いた吸着には最適な電荷状態（負電荷）となっている。もし，最適な「正」電荷の表面が必要であれば，図11，③の状態から高分子電解質をポリカチオンに切り替え，ポリカチオンを加えながら分散操作を行う。ポリアニオン添加時と同様な挙動で，最適な「正」電荷の状態（図11，⑤）を得ることができる。本手法の原理から，粒子表面の電荷を最適に調整すれば，効果的な静電引力により，複合化が可能となるが，一般に表面電荷（ζ電位）の計測には，高価な装置が必要であり，また迅速な計測が不可能である。本提案では，図11に示すような，ζ電位と見かけの粘度の関係をうまく用いることで，計測が面倒なζ電位ではなく，比較的安価な装置を用いても，感度良く短時間で計測できる「粘度」に着目し，これを測定することで「間接的」に，複合化のために最適な電荷状態を調整することができる。現在，この原理を用いることで，提案する複合化技術の中で，最も手間がかかる電荷調整を自動化することに成功しており，さらに，これを応用した連続型に展開しており，安価，迅速な複合粒子の作製が実現しつつある。

## 3.4 おわりに

本稿では，マトリックスとナノ添加粒子の表面電荷をコントロールすることにより，水溶液プロセスを基本としたマイルドな条件下で任意の複合粒子が作製できることを示した。提案する複合化手法は，表面電荷の調整だけで，汎用的に多くの材料へ適用可能であることから，

## 第 1 章 粉体材料

Industry4.0で実現が期待される少量，多品種のモノづくりを実践するための有力な手法となると確信している。複合粒子の次世代モノづくり技術への展開例として，AD法を用いた機能性複合膜について説明した。また，静電相互作用を利用した複合粒子作製に必要となる自動電荷調整装置の原理について簡単に紹介した。

**謝辞**

　本稿で紹介した研究成果は，豊橋技術科学大学　電気・電子情報工学系，松田厚範教授，同，河村剛助教の助言を受けながら，本研究室の多くの学生とともに行ったものである。本研究の一部は，内閣府 SIP 戦略的イノベーション創造プログラム，革新的設計生産技術（ナノ物質の集積複合化技術の確立と戦略的産業利用）の支援により行われたものである。

## 文　　　献

1) M. S. Hossain *et al.*, *Addit. Manuf.*, **10**, 58（2016）
2) M. Myers *et al.*, *Addit. Manuf.*, **5**, 54（2015）
3) 武藤浩行，*Fragrance Journal*, **38**, 52（2010）
4) 武藤浩行，未来材料，**11**, 52（2011）
5) 武藤浩行，羽切教雄，日本画像学会誌，**50**, 313（2011）
6) 武藤浩行，羽切教雄，粉体技術，**5**, 26（2013）
7) 小田進也，横井敦史，武藤浩行，粉体および粉末冶金，**3**, 311（2016）
8) 横井敦史，小田進也，武藤浩行，セラミックス，**51**, 381（2016）
9) J. J. Richardson *et al.*, *Science*, **348**, aaa2491（2015）
10) G. Decher, *Science*, **277**, 1232（1997）
11) H. Ejima *et al.*, *Adv. Mater.*, **25**, 5767（2013）
12) A. L. Becker *et al.*, *Small*, **6**, 1836（2016）
13) F. J. Solis and M. Olvera de la Cruz, *J. Chem. Phys.*, **110**, 11517（1999）
14) Y. Lvov *et al.*, *Colloid Surface A*, **146**, 337（1999）
15) G. Decher, J. D. Hong and J. Schmitt, *Thin Solid Films*, **210-211**, 831（1992）
16) M. Tyagi *et al.*, *Ind. Eng. Chem. Res.*, **53**, 9764（2014）
17) K. Liang *et al.*, *Adv. Mater.*, **26**, 1901（2014）
18) P. Schuetz and F. Caruso, *Colloid Surface A*, **207**, 33（2002）
19) J. Akedo, *J. Am. Ceram. Soc.*, **89**, 1834（2006）
20) 明渡純，セラミックス，**43**, 686（2008）
21) H. Muto *et al.*, PCT 国際出願 PCT JP2012/058453

# 第2章　粉体作製

## 1　粉砕技術の基礎

### 1.1　粉砕法（Break down法）

加納純也[*]

　粉砕は，固体物質に機械的エネルギーを加えて細かくする操作である。その目的は，反応性や溶解性，付着性の向上，流動性や成形性の付与，複数成分の混合，成分分離のための前処理，新機能の発現など多岐にわたる。それらの目的を達成するために多種多様な粉砕機が提案され，現在日本では200種類以上の粉砕機が商品化されている[1]。これらの粉砕機は，鉱山，リサイクル，化粧品，食品，セメント，電子材料など非常に幅広い産業分野で使用されている。粉砕には膨大なエネルギーが使われており，Rumpf[2]の推計によれば，現代生活におけるエネルギーの1/20は粉砕のために費やされているという。

#### 1.1.1　粉砕機構

　粉砕機構は，固体物質に加える力の方向と速さによって，圧縮，衝撃，剪断，摩砕の4つに大別することができる（図1）[3]。圧縮は固体物質に押しつけるような力をかける方法であり（図1(a)），衝撃は壁に高速でぶつけたり，ハンマーなどでたたいたりする方法である（図1(b)）。剪断ははさみで切るような力を与える方法である（図1(c)）。摩砕は固体物質を押しつけたところに擦るような力を加える方法である（図1(d)）。圧縮，衝撃，剪断は固体物質全体をばらばらに破壊する方法であり，これを体積粉砕と呼んでいる。一方，摩砕は固体物質の表面から少しずつ微粉を生じさせる方法であり，これを表面粉砕と呼んでいる。圧縮，衝撃は比較的大きな脆性材料の粉砕に適用されるのに対し，剪断はゴムやプラスチックといった弾性体の粉砕に適用される。また，ゴムやプラスチックは低温で脆化するので，これを利用して衝撃により粉砕することがある。これを深冷粉砕あるいは低温粉砕という。摩砕は，サブミクロンやナノ粒子の生成や分散に適用される場合が多い。

#### 1.1.2　単粒子破砕と強度

(1)　破壊とその分類[4]

変形による破壊の分類：鉄や銅，アルミニウムなどの延性材料に機械的エネルギーが作用すると塑性変形により伸び，その厚さが薄くなり切断する。これを延性破壊という。一方，岩石やコンクリートなど脆性材料に力を加えると小さい伸びでも突然破断し破壊する。これを脆性破壊という。

結晶学的分類：結晶粒を貫通した破壊を粒内破壊といい，粒界面に沿って破壊面が形成される

---

[*]　Junya Kano　東北大学　多元物質科学研究所　教授

# 第2章 粉体作製

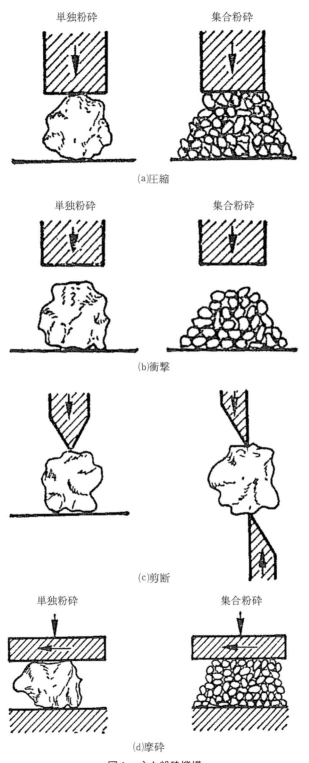

図1 主な粉砕機構

ものを粒界破壊という。
外的条件からの分類：比較的小さい荷重速度での破壊を静的破壊，比較的大きい荷重速度での破壊を衝撃破壊，物質の強度以下の力を繰り返し加えておこる破壊を疲労破壊，一定の伸びを与えた状態で固体を長時間保持することによる破壊をクリープ破壊という。

(2) 単粒子の破砕強度[5]

グリフィス（Griffith）[6]は強度に理想強度と実測強度があることを指摘し，その相違は，材料に存在するクラックによるものであると考えた。図2に示すように，単位厚さの平板中に大きさが $2c$ の極めて小さい扁平楕円形のクラックが存在すると仮定する。この試験片を応力 $\sigma$ で一様に引っ張るとき，クラックの部分では応力が伝搬しないので，弾性ひずみエネルギーはその分減少し，ヤング率を $Y$ とすると，減少分 $U$ は次式のように求められる。

$$U = -\frac{\pi c^2 \sigma^2}{Y} \tag{1}$$

また，大きさが $2c$ なるクラックの単位厚さ当たりの表面エネルギー $W$ は，次式で表される。

$$W = 4\gamma c \tag{2}$$

ここで，$\gamma$ は表面エネルギーである。

クラックがさらに $dc$ 進展するためには，次の条件式を満足する必要がある。

$$\frac{dU}{dc} + \frac{dW}{dc} \leq 0 \tag{3}$$

(1)式，(2)式を(3)式に代入すると，クラックの進展する条件は次式で表される。

$$\frac{\pi c \sigma^2}{Y} \geq 2\gamma \tag{4}$$

材料中に(4)式を満足するクラックが存在すれば，そこを起点としてクラックが進展し破壊に至る。材料の破壊強度は材料中の最大クラックサイズ $2c_{max}$ により決まり，次式で表される。

$$\sigma_m = \sqrt{\frac{2\gamma Y}{\pi c_{max}}} \tag{5}$$

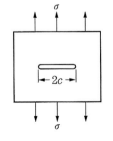

図2　グリフィスクラック

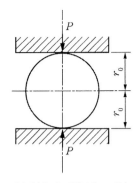 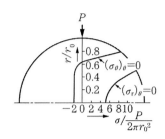

(a) 平板-球-平板系の圧縮　　(b) 弾性体の球に点載荷を行ったときの載荷軸上の主応力の分布
（$r_0$は球の半径，$r$と$\theta$は球座標のパラメータ）

**図3　平行平板間での球の圧縮(a)と弾性体球の載荷軸上の応力分布(b)**

(3) 単粒子の強度[6]

① 球圧壊強度

図3に示す平行平板間での球形単粒子の圧縮を考える。図3(b)に球形単粒子に点載荷したときの荷重軸上での主応力の分布を示す。荷重軸上の載荷点付近では圧縮力が作用するが，それ以外では引張力となっており，球は最終的に引張力によって破壊することになる。平松ら[7]はこの球形単粒子の圧縮試験から引張強度$S_t$を表す次式を導出した。

$$S_t = \frac{0.7P}{\pi r^2} \tag{6}$$

ここで$P$[N]は破壊荷重，$r$[m]は着力点間の距離の1/2（球の半径）を表す。$S_t$は丸棒などの純粋な引張強度とは異なり，球圧壊強度と呼ぶ[8]。(6)式は不規則粒子の引張強度を求める場合にも適用可能である[9]。

② 圧裂強度

圧縮力から引張強度を求める試験法として，図4に示す円板を圧縮する圧裂試験があり，この試験から得られる強度を圧裂強度といい，圧裂強度$S_d$は次式で求められる[10]。

$$S_d = \frac{2P}{\pi Dl} \tag{7}$$

ここで$D$[m]は円板の直径，$l$[m]は円板の厚さである。破壊は材料の最も弱いクラックの進展により起こり，材料の強度はクラック強度に対応している。したがって，材料内の最も弱いクラックを選択する自由度が高い方がより正確な強度となり得る。円板の圧裂試験より球圧壊試験の方が弱いクラックを選択する確率が高いため，圧裂強度より球圧壊強度の方が材料の引張強度に近い値であるといえる。

③ 圧縮強度

材料の圧縮強度$S_c$[Pa]は，図5に示すように円柱形（あるいは角柱形）の圧縮試験から次式

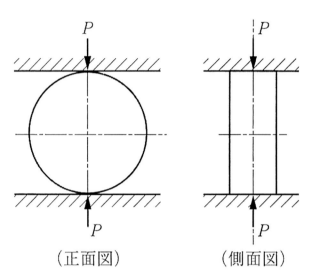

図4　平行平板間での円板の圧縮

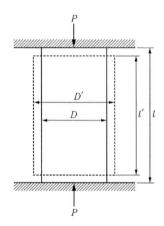

図5　平行平板間での円柱の圧縮

によって求められる。

$$S_c = \frac{P}{A} \tag{8}$$

ここで$A$[m$^2$]は荷重軸に垂直な試験片の断面積である。なお，円柱形試験片の場合，直径$D$と長さ$l$の比が1：2のとき強度値のばらつきが少なくなり，これを形状効果と呼ぶ。

④　剪断強度

剪断強度$S_{sh}$[Pa]は圧縮強度$S_c$と圧裂強度$S_d$から次式により推定することができる[11,12)]。

$$S_{sh} = 0.5\sqrt{S_c S_d} \tag{9}$$

または

$$S_{sh} = \sqrt[3]{3\,S_d} \tag{10}$$

試験片の大きさ，荷重速度，雰囲気などが強度に影響を及ぼすことが確認されており，その測定条件等を明示することが必要である。また，より正確な圧縮強度を得るためには，端面効果（試験片上下面と圧縮試験機との摩擦による端面束縛）の影響を軽減することが重要である。

(4) 単粒子の破砕挙動

球形単粒子を平行平板で圧縮したときの破壊状況を図6[13]に示す。ホウケイ酸ガラスでは載荷点を結ぶ直径を軸とするコアの部分は細かく破砕し，その周辺部分は三日月形の粗い破砕片となる。石英や長石では3～4個の大きな破砕片と少数の小さな破片が得られる。大理石では大円面で真っ二つに破砕する。

### 1.1.3 粉砕エネルギーと粉砕速度論

(1) 粉砕エネルギー[14]

粉砕に使われる仕事量（エネルギー）は，粉砕前後の粒子径あるいは粒子径分布の差，変化に関係づけられる。

① リッチンガー（Rittinger）の法則

固体を破壊したとき，破壊の前後で異なっていることは，新しい表面，すなわち破断面が生成していることである。1867年，リッチンガーは粉砕に消費された砕料単位質量当たりの仕事量 $E$ は，この新しく生成した表面積に比例すると考えた。粉砕エネルギーは次式で表される。

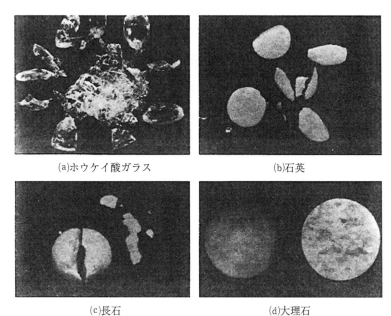

(a)ホウケイ酸ガラス　　(b)石英

(c)長石　　(d)大理石

図6　球形単粒子の破砕状況（公称径2cm）

$$E = C_R(S_p - S_f) \tag{11}$$

ここで，$C_R[\text{J/m}^{-2}]$ は砕料の種類によって決まる定数，$S_f$，$S_p$ はそれぞれ粉砕前後の質量基準の比表面積 $[\text{m}^2 \cdot \text{kg}^{-1}]$ である。$C_R$ の逆数はリッチンガー数といわれ，粉砕効率を表す一つの基準として使われる。

また，(11)式を比表面積径[m]で表すと次式となる。

$$E = C_R'\left(\frac{1}{x_p} - \frac{1}{x_f}\right) \tag{12}$$

ここで，$C_R'[\text{J} \cdot \text{m} \cdot \text{kg}^{-1}]$ は $C_R$ と同様に砕料によって決まる定数であり，$x_p$，$x_f$ は粉砕前後の比表面積径である。

リッチンガーの理論では，粉砕力が粒子を構成している分子間の結合の引き裂いて新しい表面をつくることに消費されるという仮定に基づいている。粉砕の過程を①弾性変形，②破壊段階の2段階に分けて考えると，リッチンガーの理論は後者にあたるとしている。

② キック（Kick）の法則[15]

1885年，キックは，砕料に幾何学的に相似な変形を生じさせるために必要な仕事量は砕料の大きさ，すなわち粒子径に関係なく砕料の体積に比例するとした。粒子の弾性限界内の荷重において，一定のひずみを与えるために必要な力 $F$ はその方向に垂直な粒子の断面積 $A$ に比例する。

$$F \propto A \tag{13}$$

一方，与えられた力 $F$ によるひずみ $d$ は，その方向の粒子の長さ $L$ に比例する。

$$d \propto L \tag{14}$$

弾性限界まで変形させるのに要する仕事量 $W$ は

$$W = Fd \tag{15}$$

である。
以上より，

$$W \propto AL \tag{16}$$

したがって，その粒子の体積を $V$ とすると

$$W \propto V \tag{17}$$

粒子径 x の粒子1t を1段階で粒子径 x/2 まで粉砕するのに必要なエネルギーを K(kWh/t) とし，粒子径 x/n まで粉砕するのに r 段階を要したとすれば，

$$n = 2^r \tag{18}$$

したがって，

$$r = \ln n / \ln 2 \tag{19}$$

各段階で，粒子径は1/2倍，その体積は$(1/2)^3$倍，粒子数は$2^3$倍になる。したがって，全体の粉砕に要するエネルギーEは

$$\begin{aligned}
E &= K + 第1段階\{(粒子数 \times K \times 粒子の体積)\} + 第2段階\{(粒子数 \times K \times 粒子の体積)\} \\
&\quad + \cdot 第3段階\{(粒子数 \times K \times 粒子の体積)\} \cdots + 第r-1段階\{(粒子数 \times K \times 粒子の体積)\} \\
&= K + 2^3 \times K \times (1/2)^3 + (2^3)^2 \times K \times (1/2^2)^3 + (2^3)^3 \times K \times (1/2^3)^3 + (2^3)^3 \times K \times (1/2^3)^3 \\
&\quad + (2^3)^{r-1} \times K \times (1/2^{r-1})^3 \\
&= rK
\end{aligned} \tag{20}$$

(19)式を(20)式に代入すると

$$= (\ln n / \ln 2) K \tag{21}$$

以上は1段階の粉砕比を2にとったが，これは任意の値をとることができる。したがって，粉砕前後の粒子径を$x_f$, $x_p$とすると

$$E = C_k \ln n = C_k ln(x_f / x_p) \tag{22}$$

ここで，$C_K [J \cdot kg^{-1}]$は砕料によって決まる定数である。

③　ボンド（Bond）の法則[14]

前述の2つの考え方を比較すると，リッチンガーは粉砕前後の砕料の変化に注目しているのに対して，キックは砕料の破壊直前に注目し，ともに粉砕を理想的な破壊としてとらえていることがわかる。これら対して，1952年，ボンドは，粉砕を無限に大きい粒子を粒子径がゼロの無限個数の粒子にする途中の現象としてとらえ，リッチンガーとキックの中間的な考え方を示した。粉砕の開始段階では，粒子に加えられたひずみエネルギーは粒子の体積に比例するが，粒子内に亀裂が発生した後には生成した破断面積に比例すると仮定し，砕料単位質量あたりの粉砕仕事量として次式を提案した。

$$E = C_B \left( \frac{1}{\sqrt{x_p}} - \frac{1}{\sqrt{x_f}} \right) \tag{23}$$

ここで，$C_B [J \cdot m^{1/2} \cdot kg^{-1}]$は砕料によって決まる定数である。

(12), (22), (23)式は，次のルイス（Lewis）式から導出される。

$$dE = -Cx^{-n}dx \tag{24}$$

ここで，Cは定数で上式をn=1, 1.5, 2でそれぞれ積分すると，キック，ボンド，リッチンガーの式を得る。

ボンドは(23)式の実用性を高めて，粉砕に要する仕事量を$W[kW \cdot h \cdot t^{-1}]$で表した次式を提案している。

$$W = W_i \left( \sqrt{\frac{100}{x_{p0.8}}} - \sqrt{\frac{100}{x_{f0.8}}} \right) \tag{25}$$

ここで，$x_{f0.8}[\mu m]$，$x_{p0.8}[\mu m]$は図7に示す粉砕前後の80％通過粒子径である。ボンドは(25)式の$W_i[kW \cdot h \cdot t^{-1}]$を，1トンの砕料を無限の大きさ（$x_{f0.8} = \infty$）から$100\mu m$（$x_{p0.8} = 100\mu m$）まで粉砕するのに必要な仕事量と定義し，これをワークインデックス（Work Index），粉砕仕事指数と定義している。粉砕に要する仕事量の予測に，(25)式が広く使われているのは，この$W_i$値を得ることにより粉砕仕事量の予測を可能にしたためである。

④　ホルメス（Holmes）の法則[16]

ボンドが提案した(25)式では粒子径のべき数が0.5であるのに対して，ホルメスは，べき数は砕料の種類に依存するとして，砕料単位質量あたりの仕事量$W[kW \cdot h \cdot t^{-1}]$が次式になることを提案した。

$$W = W_{iH} \left( 1 - \left( \frac{x_{f0.8}}{x_{p0.8}} \right)^{-n} \right) \left( \frac{100}{x_{p0.8}} \right)^n \tag{26}$$

ここで，$W_{iH}$はホルメスの粉砕仕事指数を表し，$n[-]$は"キックの法則からの偏り"と呼ばれ，砕料の種類によって0.25〜0.73の値が測定されている。

(2)　**粉砕速度論**[14]

粉砕に要する仕事量は粉砕時間に比例すると見なすことができ，粉砕プロセスにおいても他の産業と同様に時間は重要な操作因子である。粉砕速度論の形がはっきりしたのは1950年代に入ってからと言われている[17]。粉砕機に供給した原料粒子とそれが粉砕されて生じた微粒子の中間的な大きさの粒子と，微粒子の質量の，粉砕時間に対する変化を示すと，図8のようになる。粉砕

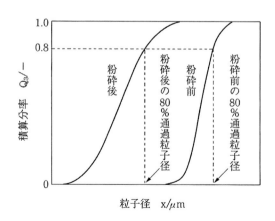

図7　粉砕仕事量を粉砕前後の80通過粒子径の差で定義

第2章　粉体作製

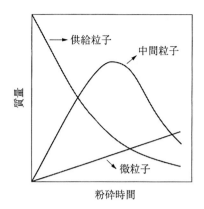

図8　回分粉砕における任意粒子径の質量変化

速度は着目する粒子の大きさによって大きく異なる。そのため粉砕速度論は，任意の粒子径の質量変化に着目した速度論と，粉砕機に供給した砕料が全体的に細分化されていくことに着目した速度論に大きく分けられる。

① 粒子径を基準とした粉砕速度論

この速度論は特に粉砕初期について次の2つが検討されている。

供給粒子質量の減少過程：図8に示したように粉砕機内へ供給した原料粒子は粉砕時間とともに粉砕されて減少していく。

図9に石灰石をボールミルで粉砕したときの供給粒子の質量分率 R[-]を示す[18]。この速度は，次式のように一次の減少速度式で表すことができる。

$$-\frac{dR}{dt} = K_1 R \tag{27}$$

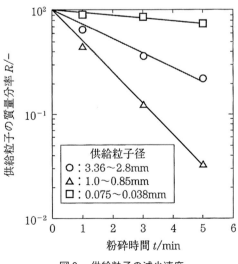

図9　供給粒子の減少速度

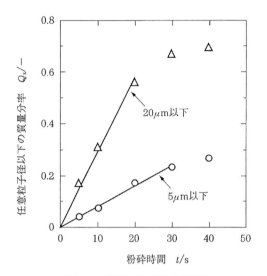

図10 任意粒子径以下の増加速度

ここで，$K_1[\min^{-1}]$は粉砕速度定数である。

微粒子の生成過程：図10に石灰石をボールミルで粉砕した結果を示す[19]。この粉砕過程は次式の0次の生成速度式で表すことができる。

$$\frac{dQ_x}{dt}=K_x \tag{28}$$

ここで，$Q_x[-]$は粒子径xより小さい粒子の質量分率，$K_x[\min^{-1}]$は粉砕速度定数である。

粒子径分布を代表する粒子径の減少過程：分布を代表する粒子径としては，比表面積径，80%通過粒子径，メディアン径などがある。図11に石英ガラスのボールミル粉砕時における，メディアン径の粉砕時間に対する減少過程を示す[20]。粉砕初期では直線的に減少していくが，粉砕時間を長くしてもメディアン径は一定値より小さくならない。また，この限界値は粉砕条件を変えて

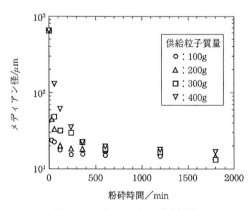

図11 メディアン径の減少過程

## 第2章 粉体作製

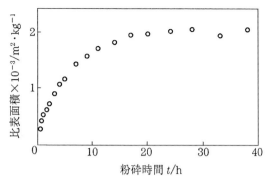

図12 比表面積の増加過程

もあまり差がないこともわかる。

比表面積の増加過程：砕成物全体の粉砕の進行を表す代表的な方法に比表面積の増加速度がある。図12に石灰石のボールミル粉砕結果を示す。粉砕初期では比表面積$[m^2 \cdot kg^{-1}]$は直線的に増加していくが粉砕時間の増加とともに速度は低下し一定値（限界値），$S_\infty$に近づいていく。この速度過程は次式で表されている[21]。

$$\frac{dS_w}{dt} = k_1(S_\infty - S_w) \tag{29}$$

ここで，$S_W$は時間$t$における比表面積である。$k_1$は速度定数である。

② 物質収支に基づく粉砕速度論[22,23]

物質収支に基づく粉砕速度論：粉砕の速度理論に統計的な手法を持ち込んだ研究で，1950年頃から行われている。これは，単位時間に粒子が粉砕される確率を表す選択関数と，粉砕によって生じた粒子群の粒子径分布を表す破砕関数という，2つの分離した関数で粉砕過程を表す方法である。

粉砕時間がtから$\Delta$tに増加した間に，ある着目した粒子径範囲x～x+$\Delta$x間にある粒子の変化量は，以下の収支式で表すことができる（図13）。

変化量＝－（粉砕されて着目粒子径範囲から出ていく量）＋（着目粒子より大きな粒子が粉砕されて着目粒子径範囲に入ってくる量）

この物質収支を式表示すると次式となる[24]。

$$\frac{\partial^2 D(x,t)}{\partial t \partial x} = -\frac{\partial D(x,t)}{\partial x}S(x,t) + \int_x^{x_{\max}} \frac{\partial D(\gamma,t)}{\partial \gamma}S(\gamma,t)\frac{\partial B(\gamma,t)}{\partial x}d\gamma \tag{30}$$

ここで，x，$\gamma$はともに粒子径であるが，$\gamma$は粒子が着目粒子径より大きいことを表す。D(x,t)[－]およびD($\gamma$,t)[－]は，粉砕時間tにおける粒子径積算分布，S(x,t)[$s^{-1}$]およびS($\gamma$,t)[$s^{-1}$]は粉砕時刻tに粒子径x，$\gamma$の粒子が粉砕される確率を表す選択関数である。また，B(r, x)[－]

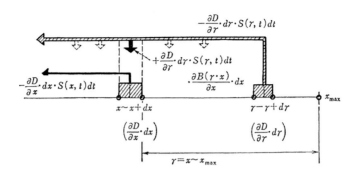

図13 粒子径の範囲

は粒子径がxより大きい粒子γが粉砕されて，粒子径x以下になる質量割合，すなわちγが最大粒子径となる粒子径積算分布を表し，これが破砕関数である。選択関数と破砕関数が定義できれば，㉚式により粉砕の進行過程を数値的に計算することができる[25,26]。

### 1.1.4 粉砕の雰囲気

固体の強度は雰囲気によって変化する。これは固体表面のクラックが関与するためであり，水分子等の吸着によって表面エネルギーが変化することによる。水の代わりに界面活性剤を添加すると固体表面に活性剤分子が吸着し，その表面エネルギーが変化して固体の強度やヤング率に影響する。これをレビンダー（Rehbinder）効果という。一般に固体の破壊応力 $\sigma$ と表面エネルギー $\gamma$ との間には次式が成り立つ[27]。

$$\sigma \propto \sqrt{\frac{Y\gamma_e}{C}}, \quad \gamma_e = \gamma + \rho \tag{31}$$

$C$ はクラックの長さ，$Y$ はヤング率，$\gamma_e$ は有効表面エネルギー，$\rho$ は表面塑性仕事である。

表1[28]に，水分が球圧壊強度におよぼす影響を示す。減圧下（真空）では水分が極めて少なく，空気中では湿度が50～70％である。また，水中では粒子表面が完全に水で覆われている。水中では他の雰囲気に比較して強度が最も小さく，水分が強度の低下に寄与していることがわかる。

粉砕には，空気，窒素などのガス雰囲気で行う乾式粉砕と，水やアルコール，油中などで行う湿式粉砕があり，砕料の種類やその前後のプロセスなどによって使い分けがされている。それぞれの特徴は以下の通りである。

<u>湿式粉砕</u>
- より微細な粒子が得られる。
- 粉砕速度が大きい。
- 粒子の飛散がない。
- 原料の供給をコントロールしやすい。
- 摩耗粉の発生がより多い。

第2章　粉体作製

表1　減圧下，空気中，水中における平均球圧壊強度

| 試料 | 球圧壊強度 $S_t$ [Pa][a] | | | 強度比 真空中：空気中：水中 | | | 試験片公称直径 $D_p$ [m] |
|---|---|---|---|---|---|---|---|
| | 真空中 | 空気中 | 水中 | | | | |
| 石英ガラス | $3.53×10^7$ (23.3) | $2.70×10^7$ (22.2) | $1.52×10^7$ (47.9) | 1.31 | 1 | 0.56 | |
| ホウケイ酸ガラス | $4.52×10^7$ (26.4) | $4.51×10^7$ (30.9) | $3.36×10^7$ (33.1) | 1.00 | 1 | 0.75 | |
| ソーダガラス | $4.30×10^7$ (28.0) | $3.15×10^7$ (25.7) | — | 1.37 | 1 | — | |
| 石英 | — | $1.14×10^7$ (20.0) | $1.0×10^7$ (26.3) | — | 1 | 0.88 | $2.0×10^{-2}$ [b] |
| 長石 | — | $9.75×10^6$ (41.5) | $7.02×10^6$ (43.5) | — | 1 | 0.72 | |
| 石灰石 | $4.91×10^6$ (21.7) | $4.15×10^6$ (26.7) | $3.96×10^6$ (25.9) | 1.18 | 1 | 0.96 | |
| 大理石 | $3.10×10^6$ (20.1) | $2.48×10^6$ (23.5) | $2.40×10^6$ (22.9) | 1.25 | 1 | 0.97 | |
| ガラス | — | $1.16×10^7$ (2.4) | $1.09×10^7$ (3.2) | — | 1 | 0.94 | $3.8×10^{-5}$ [c] |
| | — | $8.53×10^6$ (3.7) | $8.09×10^6$ (4.5) | — | 1 | 0.95 | $9.5×10^{-5}$ [c] |
| | — | $5.25×10^6$ (8.8) | $5.28×10^6$ (10.9) | — | 1 | 1.01 | $2.7×10^{-4}$ [c] |

a）（ ）内の数字は変動係数［％］．
b）著者らの測定値，測定個数約100〜200/1条件．
c）Schönertらの測定値，測定個数11〜20/1条件．

乾式粉砕

　・乾燥工程を必要としない．

　・廃液処理を必要としない．

(1)　粉砕速度の比較

　図14に石英ガラスをボールミルで乾式・湿式粉砕したときの砕成物の粒子径分布を示す[29]．粉砕時間10分で比較すると，湿式粉砕の方が乾式粉砕よりも微細化が進んでいる．さらに粉砕時間

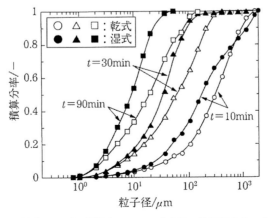

図14　乾式および湿式粉砕における砕成物の粒子径分布の変化

が増加してもこの関係は変わらず，この理由としては以下の二つが考えられる．
a） 湿式粉砕では溶媒中に微粒子が分散するため，ボールの衝突時にボール間に存在する砕料粒子の数が少なく，効果的にボールのエネルギーが受けられる．
b） 乾式粉砕では微粒子の凝集が起こり，さらなる微細化が阻害される．

### 1.1.5 摩耗現象

粉砕操作において，粉砕装置からの摩耗粉の混入は避けることができない．摩耗のメカニズムには，大きく分けて研削摩耗と凝着摩耗の二つがある．研削摩耗は，運動する硬い物質が固体表面を削り取られることによって摩耗する現象であり，凝着摩耗は，2固体間の接触する凝着部分が擦れることにより摩耗する現象である．

図15にジルコニアボールを粉砕媒体として媒体撹拌ミルにて湿式粉砕したときの，鉄とジルコニアの摩耗量を示す[30]．鉄は，ミル容器壁由来であり，ジルコニアはボール由来である．いずれの摩耗量も時間とともに増加する．

図16にボール径が摩耗量に与える影響を示す[30]．ボール径が大きいほど，摩耗量が増加する．摩耗量は，ボールの衝撃力と衝突頻度と関係しており，ボールを大きくすると衝突頻度は減少す

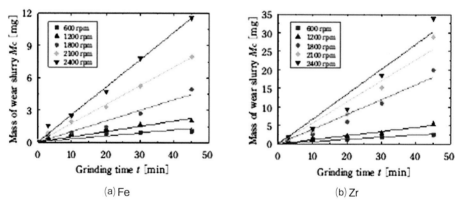

図15　媒体撹拌ミルにおける摩耗粉発生量

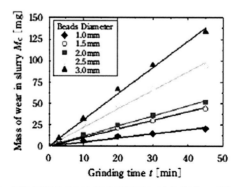

図16　媒体撹拌ミルにおける摩耗量に対するビーズ径の影響

るが，一回あたりの衝撃力が大きくなる。この一回当たりの衝撃力が摩耗量の増加に起因していると考えられる。

### 1.1.6 粉砕装置

(1) 粉砕装置の種類[31,32]

粉砕装置は，対象とする粒子の大きさにより表2のように4つに分類することができる。たとえば，粉砕対象が大きな塊であり，それをサブミクロンまで粉砕する場合には，一般的に粗粉砕→中粉砕→微粉砕→超微粉砕の順に行い徐々に粒子を細かくする。これを段階粉砕という。実際に炭酸カルシウムの工場では，鉱山から切り出してきた大きな塊を粗粉砕機（ジャイレトリークラッシャーあるいはジョークラッシャー）で10 cm程度に小さくし，その後，所望の粒子径になるように中粉砕機（ローラーミル）あるいは微粉砕機（ボールミル）で調整している。さらに超微粉砕機（ビーズミル）を使用すれば，サブミクロン粒子が得られる。以下に，粗粉砕機，中粉砕機，微粉砕機，超微粉砕機の特徴と代表的な装置を紹介する。

① 粗粉砕機

粗粉砕機は，直径1～1.5 m程度の粒子を10 cm程度まで粉砕する装置であり，代表的なものとして，ジョークラッシャー（図17）とジャイレトリークラッシャーがある。ジョークラッシャーは，固定板と可動板との間に砕料を挟み込み圧縮して粉砕し，ジャイレトリークラッシャーは，逆円錐形の粉砕室の中に偏心旋回運動するロッド（円柱状の機械要素）があり，ロッドと粉砕室との間に挟まれた砕料を圧縮して粉砕する。

② 中粉砕機

中粉砕機は，10 cm程度の粒子を1 cm程度まで粉砕する装置であり，代表的なものとして，ハンマーミル（図18）やロールミルがある。ハンマーミルは，粉砕室の中で高速に回転するローターにハンマーが取り付けられており，そのハンマーによる衝撃や剪断で粉砕する。ロールミル

表2 対象粒子径と粉砕機

| | 対象粒子径 | 粉砕機と主な粉砕機構 |
|---|---|---|
| 粗粉砕 | 150～100 cm<br>↓<br>10 cm | ジョークラッシャー（圧縮）<br>ジャイレトリークラッシャー（圧縮） |
| 中粉砕 | 10 cm<br>↓<br>1 cm | ハンマーミル（衝撃，剪断）<br>ロールミル（圧縮） |
| 微粉砕 | 1 cm<br>↓<br>10 μm | ボールミル（圧縮，衝撃，摩砕）<br>ジェットミル（衝撃，摩砕） |
| 超微粉砕 | 10 μm<br>↓<br>1 μm 以下 | 媒体撹拌ミル（圧縮，衝撃，摩砕） |

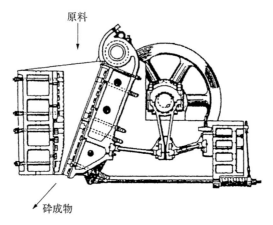

図17 ジョークラッシャー

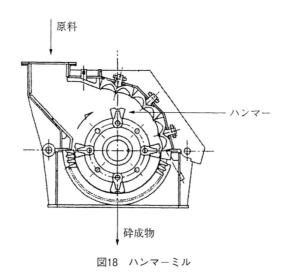

図18 ハンマーミル

は，回転するロール間に供給された砕料を噛み込み圧縮して粉砕する。

③ 微粉砕機

　微粉砕機は，1cm程度の粒子を10μm程度まで粉砕する装置であり，代表的なものとして，ジェットミル（図19）やボールミルがある。ジェットミルは，高速気流に砕料を乗せ，砕料同士あるいは粉砕室の壁面に衝突させ，衝撃や摩砕で粉砕する。ボールミルは，粉砕容器にボールと砕料を入れ，ボールとボールの衝突あるいはボールと容器壁の衝突によって粉砕する。ボールミルには，粉砕容器が自転する転動ミル，粉砕容器が公転する振動ミル，粉砕容器が公転しながら自転運動する遊星ミル（図20）の3種類がある。転動ミルは大量処理が可能であり，遊星ミルは一般的には粉砕容器が小さいことから少量処理に向いている。振動ミルや遊星ミルは遠心加速度をコントロールすることができるので，短時間で粉砕処理が可能である。また，ボールミルは粉

第 2 章　粉体作製

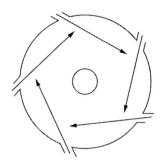

図19　ジェットミル

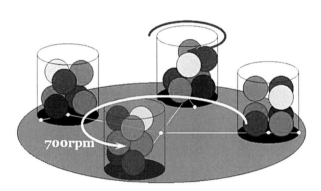

図20　遊星ボールミル

砕装置としてだけではなく，メカノケミカル反応装置としても使われる[33]）。

　転動ミルと遊星ミルにおいては臨界回転速度 $N_c$ が存在し，一般には臨界回転速度の70〜80％で運転されている。これ以上の速度で運転すると共回り現象（図21[34]，22[35]）が生じ，粉砕が進まなくなる。

　　　転動ミル：$N_c = \dfrac{42.3}{\sqrt{D_M - d_b}}$ 　　　　　　　　　　　　　　　　(32)

$D_M$ はミルの直径，$d_b$ はボール径である。

　　　遊星ミル：$N_C = (R/l_C - 1)^{1/2}$ 　　　　　　　　　　　　　　　　　　(33)

$R$ は公転半径，$l_c$ はミルの半径である。

④　超微粉砕機

　超微粉砕機は，10 μm 程度の粒子を 1 μm 以下に粉砕する装置であり，代表的なものとして媒体撹拌ミル（図23[36]）がある。このミルは，ナノサイズまで粉砕・分散が可能であることから最近，特に注目されている粉砕機の一つである。その他，遊星ミルや振動ミルでも 1 μm 以下に粉砕することが可能である。媒体撹拌ミルは，固定された粉砕容器内で撹拌棒が回転し，媒体を運

先端部材への応用に向けた最新粉体プロセス技術

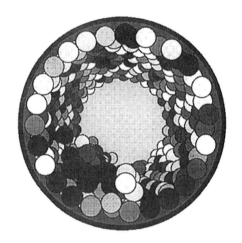

図21 転動ボールミルにおける共回り現象

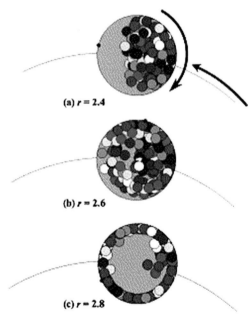

図22 遊星ボールミルにおける共回り現象
（r：公転に対する自転の速度比）

動させ，その媒体の衝突によって粉砕する。特に，数mmの小さい媒体（ビーズ）を使用すると，1μm以下まで微粉砕することが可能であり，最近では分散のための媒体として15μmのビーズが開発されている。

第 2 章　粉体作製

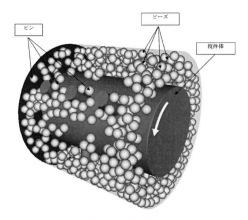

図23　媒体攪拌ミル

(2)　粉砕機のスケールアップ[37]

　転動ミルのスケールアップについて考える。粉砕速度定数は，ボールの衝撃力，衝突回数，ボール数に比例し，ホールドアップに反比例すると考えられ，次式で表される。

$$K = (衝撃力) \cdot (衝突回数) \cdot (ボール数) / (ホールドアップ) \tag{34}$$

衝撃力はミル径 D の1/2乗に比例し，ボールと粉体衝突回数はミル径の−0.5〜+0.2乗に比例する。ボール数はミルの断面積に比例，すなわち，ミル径の2乗に比例する。ホールドアップを W とすると，粉砕速度定数 K は次式で表される。

$$K = D^{2.25-2.95}/W \tag{35}$$

### 1.1.7　ボールミルシミュレーション

　DEM（離散要素法）[38,39]によってミル内ボール運動のシミュレーションが可能になり，ただ単にボールの運動を観察するだけではなく，ボールの運動から粉砕速度を予測し，そのミルの粉砕性能までを評価する試みがなされている[40]。シミュレーションの一例を図24に示す。

　また，砕料の粉砕過程を表現可能なモデルを構築し，粉砕プロセスを詳細に解明する取り組みが行われている[41,42]。図25は転動ミルにおける角砂糖の自生粉砕の様子とそれをシミュレートした際の様子である。球形粒子を連結することで非球形形状を表現し，構成粒子を剥離させることで粉砕を表現している。シミュレーションにおいて粒子の色は砕料の構成粒子数を表しており，粉砕が進み砕料の粒子径が小さくなるにつれ青色に近づく。図26は実験とシミュレーションにおける粉砕途中での砕料形状の変化を示している。それぞれ左から粉砕前，短時間の粉砕後，長時間の粉砕後の砕料形状である。粉砕前の角砂糖は立方体形状であるが，徐々に角が取れ，球に近づくようにその形状を変化させていっていることがわかる。シミュレーションでも同様の傾向が観察され，このモデルが角砂糖の粉砕プロセスを表現可能であるといえる。

図24　転動ミル内のボール運動のシミュレーション

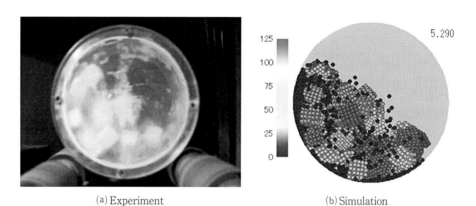

(a) Experiment　　　　　　　　(b) Simulation

図25　シミュレーション（$t=5.290$ s）における角砂糖の挙動と粉砕過程の同時シミュレーションと実験との比較

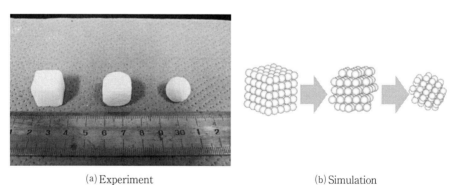

(a) Experiment　　　　　　　　(b) Simulation

図26　粉砕過程における粒子形状の変化

## 1.1.8　粉砕の物理化学

(1)　メカノケミカル現象

特に粉砕操作などによって機械的エネルギーを固体物質に繰り返し与えると，その物質の物理

第2章 粉体作製

化学的変化や，周囲の液体や気体との化学反応を誘起することがある。この物理化学的変化や化学反応をメカノケミカル現象といい，具体的には以下の現象がある。
・結晶構造の不整
・無定形化
・結晶学的相転移
・固相反応
・結晶水の脱離
・固気反応
・固液反応
・固固反応

粉砕操作中に起こる現象のイメージとしては，マクロ的には粒子が微細化する。さらに粉砕操作を継続すると，ミクロ的には結晶構造の乱れが生じるようになる（図27）。メカノケミカル現象を引き起こすための処理をメカノケミカル処理といい，この処理を利活用する方法をメカノケミカル法という。

① 結晶構造の不整と無定形化[43]

図28に，タルクを遊星ミルによって粉砕したときの粒子径の変化を示す。粉砕初期では急激な微細化が進行し，10分以上経過すると粒子径に変化が認められなくなってくる。図29にタルクのXRDパターンを示す。15分までの粉砕では，ピーク強度が急激に小さくなる。さらに粉砕を続けると，さらにピーク強度は小さくなり，無定形に近づいていく。粒子径の変化はほぼ15分で停止するが，無定形化はその後も進行することがわかる。

② 結晶学的相転移

図30にアナターゼ型酸化チタンを粉砕したときのXRDパターンを示す[44]。アナターゼ型を示すピークは小さくなり，ブルッカイト型に対応するピークが現れてくる。さらに粉砕を続ける

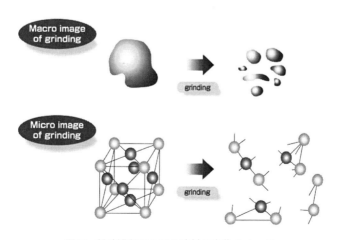

図27　粉砕過程における砕料の変化イメージ

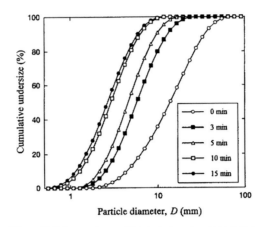

図28　遊星ミルによって粉砕したタルクの粒子径分布

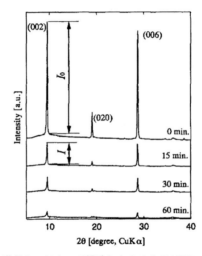

図29　遊星ミルによって粉砕したタルクのXRDパターン

と，アナターゼ型とブルッカイト型のピークが消滅し，ルチル型のピークが現れる。このような結晶学的相転移は，粉砕によってのみ起こる。ルチル型酸化チタンを粉砕してもこのような結晶学的相転移は起こらず，結晶構造の不整や無定形化が観察されるのみである。

③　固固反応

2種類以上の粉末状固体物質に粉砕操作を施すと，それぞれの結晶構造が破壊され，不安定な状態へと遷移し，いわゆる化学的に活性な状態になる。その結果，お互いに化学反応を起こし，生成物を得ることが可能となる。この反応をメカノケミカル反応という。そのイメージを図31に示す。

図32にアナターゼ型酸化チタンと酸化カルシウムを混合粉砕したときのXRDパターンを示す[44]。原料であるアナターゼ型酸化チタンと酸化カルシウムのピークは徐々に小さくなり，代

第2章　粉体作製

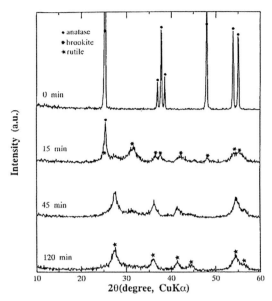

図30　アナターゼ型酸化チタンを遊星ミルによって粉砕したときの XRD パターン

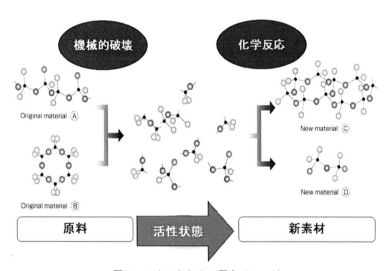

図31　メカノケミカル反応イメージ

わってチタン酸カルシウムのピークが現れ，大きくなってくる。このように粉砕機の中で固固反応が起こることが確認できる。これは，ルチル型酸化チタンを使用しても同様の反応が起こる。

(2)　メカノケミカル現象の応用

メカノケミカル現象を利用すると，原材料の反応速度の向上，反応温度の低下，反応圧力の低下，溶液浸出率の向上などを図ることができる。

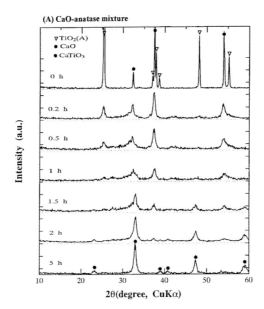

図32 アナターゼ型酸化チタンと酸化カルシウムを混合粉砕したときのXRDパターン

① 廃蛍光管からレアアースの回収

高演色性三波長形蛍光管にはY, Eu, La, Ce, Tbといったレアアースが，酸化物やリン酸塩の形態で含まれており，廃蛍光管からのそれらの回収が望まれている。これまでの回収法としては，高温度・強酸性溶液（あるいは強アルカリ性溶液）法が提案されている[45]が，より温和な条件下での処理回収法の確立が望ましい。

そこで，三波長形蛍光材粉末を用い，乾式にてメカノケミカル処理を施すことで酸化物などを無定形化した後，弱酸による室温での溶媒抽出によってレアアースを回収する手法が提案されている[46]。三波長形蛍光材粉末は，次の4種類の複合酸化物から構成されている。すなわち，青色蛍光体が $BaMgAl_{10}O_{17}:Eu^{2+}$，緑色蛍光体が $LaPO_4:Ce^{3+}$, $Tb^{3+}$, $CeMgAl_{11}O_{19}:Tb^{3+}$ の2種類，赤色蛍光体が $Y_2O_3:Eu^{3+}$ である。

図33に蛍光材粉末の乾式メカノケミカル処理産物のXRDパターンを示す。処理時間の増加とともに回折ピーク強度が徐々に低下していることから，結晶構造が無定形化していることがわかる。特に，$Y_2O_3:Eu^{3+}$（YOX）のピーク強度の低下が顕著であり，$BaMgAl_{10}O_{17}:Eu^{2+}$（BAT）のピークは2時間処理でも残っている。

図34に乾式メカノケミカル処理生成物を1N塩酸によって浸出したときのレアアースの浸出率と粉砕時間の関係を示す。未処理の場合でもY, Euは約20%が浸出するが，その他のレアアースはほとんど浸出されない。処理時間の増大とともに，どのレアアースも浸出率が増加する。特に，Y, Euの浸出率は3分間の処理で急激に増大し，それぞれ80%，70%に達する。さらに30分間の処理でYが98%，Euでは85%以上となった。一方，その他のレアアースでは，3分処理で約20%，30分処理すると60%程度となり，処理時間が長くなるにつれて，徐々に増加した。メ

第2章　粉体作製

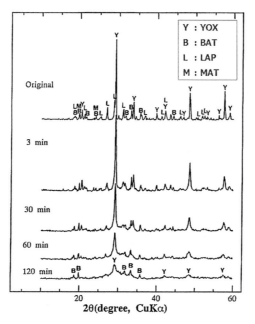

図33　乾式粉砕した蛍光材のXRDパターン

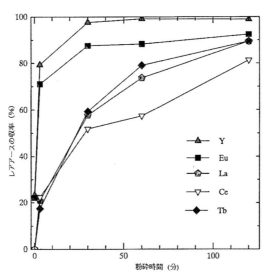

図34　メカノケミカル処理した蛍光体を塩酸溶液により浸出したときの蛍光材からのレアアースの浸出率

カノケミカル処理を施すと，ほとんど酸浸出できなかったものが可能になる。

② ポリ塩化ビニル(PVC)などの脱ハロゲン

　ポリ塩化ビニル（PVC）は，耐食性，易加工性，軽量であることから医療用，工業用などとして多用されている重要素材の一つである。廃PVCの処理法は，焼却処分と埋め立て処分であ

るが,PVCのリサイクル技術の開発を目指し,メカノケミカル法を利用して非加熱で廃PVCの脱塩化水素を達成する処理法が提案されている[47]。図35にPVC:CaO=1:1(モル比)で混合し,遊星ミルでメカノケミカル処理した生成物のXRDパターンの変化を示す。処理時間が長くなるとCaOのピーク強度が小さくなり,やがてCaOHClのピークが現れ,大きくなる。この結果は,PVC中の塩素基がCaOとメカノケミカル反応したことを示している。

同様の処理によってPCBやダイオキシン類などからの脱塩素も可能であり,また,PVDF(ポリフッ化ビニリデン)からの脱フッ素や,PBB(ポリ臭化ビフェニル)からの脱臭素も可能である。

③ バイオマスからの高純度水素生成[48,49]

地球温暖化抑制の観点から,低炭素社会の構築ならびに再生可能エネルギーを始めとする安全なエネルギーの安定供給が求められている。再生可能エネルギーの中でもカーボンニュートラルであり,大量に存在するバイオマスが特に注目されており,バイオマスからのエタノール製造などの研究と技術開発が世界的に進められている。

バイオマスの一つであるセルロース(木材の主成分)に水酸化物を混ぜ,混合粉砕(メカノケミカル処理)後,低温加熱し,高純度水素を発生させる新規プロセスが開発されている。実験では遊星ミルを用い,水酸化カルシウムと水酸化ニッケルをセルロースに混合し,2時間メカノケミカル処理した後,加熱した。TG-MSにより,$H_2$,$CH_4$,CO,$CO_2$ガスならびに水蒸気の発生を確認した。特に400℃付近で発生するガスの主成分は水素ガスであり,水素の発生量は,メカ

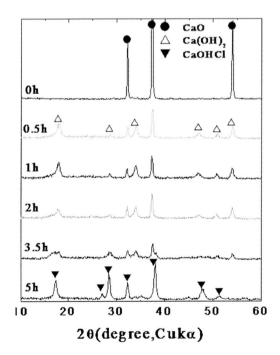

図35 PVCとCaOの混合粉砕物のXRDパターン

第 2 章　粉体作製

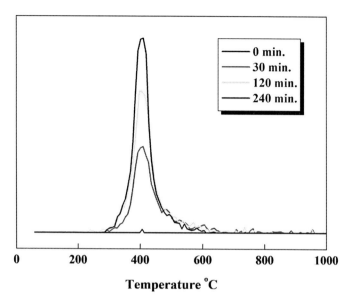

図36　水素ガスの TG-MS スペクトラム
（縦軸はガスの発生量）

ノケミカル処理時間に依存することがわかる（図36）。


文　　献

1) 日本粉体工業技術協会偏，先端粉砕技術と応用，NGT（2005）
2) H. Rumpf, *Chem. Ing. Tech.*, **31**, 323-337（1959）
3) 三輪茂雄，粉体工学通論，p.152，日刊工業新聞社（1981）
4) 日高重助，神谷秀博編，基礎粉体工学，日刊工業新聞（2014）
5) 粉体工学会編，粉体工学叢書第 2 巻粉体の生成，日刊工業新聞社（2005）
6) A. A. Griffith, *Proc. First Int. Cong. Appl. Mech., Delft*, 55-63（1924）
7) 平松良雄，岡行俊，木山秀郎，日本鉱業会誌，**81**，1024-1030（1965）
8) 八嶋三郎，諸橋昭一，粟野修，神田良照，化学工学，**34**，210-218（1970）
9) 神田良照，八嶋三郎，下飯坂潤三，日本鉱業会誌，**86**，847-852（1970）
10) 赤沢常雄，土木学会誌，**28**，777-787（1943）
11) R. G. Wuerker, *Mining Eng.*, **11**, 1022-1026（1959）
12) 西松裕一，日本鉱業会誌，**81**，563-570（1965）
13) 八嶋三郎編，p.65，培風館（1986）
14) 粉体工学会編，粉体工学叢書第 2 巻粉体の生成，日刊工業新聞社（2005）
15) 今泉常正，粉砕理論概説，**80**，172-175（1964）

16) J. A. Holmes, *Transaction of the Institution of Chemical Engineers*, **35**, 125-156（1957）
17) 田中達夫，宮脇猪之介，藤崎一裕，化学工学，**35**, 276-281（1971）
18) N. Kotake, K. Suzuki, S. Asahi and Y. Kanda, *Powder Technol.*, **122**, 101-108（2002）
19) 小竹直哉，山田俊裕，川崎文也，神田隆博，神田良照，粉体工学会誌，**37**, 505-516（2000）
20) 小竹直哉，安孫子信次，山口秀栄，神田良照，粉体工学会誌，**34**, 759-766（1997）
21) 田中達夫，化学工学，**18**, 160-171（1954）
22) 粉体工学会編，粉体工学叢書第2巻粉体の生成，日刊工業新聞社（2005）
23) 田中達夫，色材，**52**, 486-493（1979）
24) K. Sedlatschek and L. Bass, *Powder Met. Bull.*, **6**, 148-153（1953）
25) M. Furuya, Y. Nakajima and T. Tanaka, *Ind. Eng. Chem. Process Des. Develop.*, **10**, 449-455（2008）
26) 中島耀二，田中達夫，**19**, 2-11（1974）
27) E. Orowan, *Rept. Progr. Phys.*, **12**, 185-232（1948-1949）
28) 八嶋三郎，齋藤文良，三国哲朗，化学工学論文集，**2**, 150-153（1976）
29) 小竹直哉，下井規弘，神田良照，粉体工学会誌，**35**, 792-797（1998）
30) 曽田力央，佐藤英，加納純也，齋藤文良，粉体工学会誌，**51**, 436-443（2014）
31) 粉体工学会編，粉体工学叢書第2巻粉体の生成，日刊工業新聞社（2005）
32) 加納純也，粉体技術，**2**(2), 72-73（2010）
33) J. M. Filio *et al.*, *Material Science Forum*, **225**, 503-508（1996）
34) J. Kano, H. Mio, F. Saito and M. Miyazaki, *Minerals Engineering*, **14**, 1213-1223（2001）
35) H. Mio, J. Kano, F. Saito and K. Kaneko, *Materials Science & Engineering A*, **332**, 75-80（2002）
36) 曽田力央，加納純也，齋藤文良，粉体工学会誌，**46**, 180-186（2009）
37) 坂下攝，粉体プラントのスケール・アップ手法，p.85，工業調査会（1992）
38) 粉体工学会編，粉体シミュレーション入門，産業図書（1998）
39) 粉体工学会編，粉体工学叢書第7巻粉体層の操作とシミュレーション，日刊工業新聞社（2005）
40) J. Kano, H. Mio and F. Saito, *AIChE Journal*, **46**, 1694-1697（2000）
41) 石原真吾，曽田力央，加納純也，齋藤文良，山根圭司，粉体工学会誌，**48**, 829-833（2011）
42) 石原真吾，張其武，加納純也，粉体工学会誌，**51**, 407-411（2014）
43) J. Kano and F. Saito, *Powder Technology*, **98**, 166-170（1998）
44) G. Mi, Y. Murakami, D. Shindo, F. Saito, *Powder Technology*, **105**, 162-166（1999）
45) T. Takahashi *et al.*, *Report of Hokkaido Institute of Technology*, No.293, 7-13（1994）
46) *Shigen-to-Sozai*, **114**, 253-257（1998）
47) Q. Zhang *et al.*, *J. Soc. Powder Techno. Japan*, **36**, 468-473（1999）
48) Q. Zhang, I. Kang, W. Tongamp, F. Saito, *Bioresource Technology*, **100**, 3731-3733（2009）
49) Q. Zhang, J. Kano, *Bioresource Technology*, **201**, 191-194（2016）

## 2 ビルドアップ法による粉体作製の基礎

野村俊之*

### 2.1 はじめに

　粉体は，電磁気材料，光学材料，触媒，セラミックス，医薬品，化粧品，食品，化学肥料など幅広い分野において材料や製品として用いられている。これらの粉体はレオロジー的な性質ばかりでなく，粉体を構成する一つ一つの微粒子表面が大きく関与する特異的な物理化学的性質を有していることに特徴がある。粉体材料や製品の品質の善し悪しは原料粉体の特性に大きく左右されることが多く，その特性を制御することが強く望まれている。粉体の特性は，それを構成する微粒子の大きさが大きく関与しており，生成粒子の粒子径を制御することは工業的にきわめて重要な課題である。

　Building-up process は，気体や液体からシード（種）粒子なしで粒子を生成させるいわゆる均一核生成と，それの特殊な形態ともいえるシード粒子存在下で粒子を生成させる不均一核生成に分類される。これらは，古くから数多くの理論的研究がなされており，古典的核生成理論，その改良型である Lothe-Pound 理論および一般動力学方程式（General Dynamic Equation, GDE）による数値シミュレーションなどがその代表的なものである。しかし，これらの理論は非常に複雑で，生成粒子の個数濃度および粒子径を推定することは容易ではないため，粒子製造の立場からは実用的とは言えない。また，実験的にも進歩著しい粒子計測技術をもってしても，核生成初期段階の *in situ* 観察は難しく，均一核生成に関する理論を実験的に検証することは困難である。そのため粒子製造の現場では，これまでの理論の考え方を定性的に取り入れながら経験的に対処せざるを得ないのが現状である。

　本節では，液相中および気相中における均一および不均一核生成による粒子生成について，粒子製造の現場で実用し易い工学的な立場からの単純化した粒子生成モデルを紹介すると共に，実際の粒子製造にあたって生成される粒子の個数濃度と粒子径が種々の粒子生成法および種々の操作条件下でどのように影響されるのかについて概説する[1~7]。ここで提案する核生成モデルは，化学工学的な見方の試みから導出されるものである。

### 2.2 液相法

#### 2.2.1 均一核生成モデル

　このモデルでは，まず，粒子化する前駆体の原子・分子（以下ではモノマーと呼ぶ）が臨界モノマー濃度 $C^*$ に達したときに半径 $r^*$ の核が生成し，そのまわりへのモノマーの非定常拡散により核が粒子へと成長していくという古典的核生成理論[8~10]の考え方を採用する。次に，臨界モノマー濃度 $C^*$ におけるモノマーの生成速度と核まわりへの拡散によるモノマーの消費速度の釣合いによって生成核の個数濃度 $n^*$ が決まると考える。

---

\* Toshiyuki Nomura　大阪府立大学　大学院工学研究科　化学工学分野　准教授

系内のモノマー濃度 $C$ が時間とともに均一に上昇し，臨界モノマー濃度 $C^*$ となったときに一斉に半径 $r^*$ の核が生成する。この核生成の過程を空間的および時間的にみれば次のように説明できる。まず，空間的な濃度のわずかなゆらぎ（不均一さ）のために，ある空間で $C=C^*$ となったところに核が生成し，その生成核にモノマーが拡散していくために核まわりのモノマー濃度は低下する。ただし，半径 $r^*$ の臨界核が生成した段階では核表面の濃度もまた $C^*$ となっているので拡散のための濃度勾配はないことになるが，モノマー濃度のゆらぎにより $r^*$ が僅かでも増大すると Kelvin 効果が小さくなり濃度差が生じて核表面にモノマーが拡散すると考える。生成核のない空間ではモノマー濃度が上昇するので，先に生成した核から離れた空間の $C=C^*$ となったところで新たな核が生成する。このようなことを繰り返していけば，生成核個数濃度の低い空間にそれを埋めるように新たな核が生成することになり，その結果，系内の生成核濃度は空間的に均一化されていく。このような核生成過程は，系内のモノマー濃度が均一であれば系内のいたるところで $C=C^*$ が達成されるために時間的にみるとほとんど瞬間にして完了することになる。したがって，系全体としてみれば，最終的に $\partial C/\partial t < 0$ となったところで核の生成が止まり，そのときの最終的な核の個数濃度が $n^*$ となると考える。核生成完了後，生成されるモノマーは核成長のみに消費されて，最終的に飽和モノマー濃度 $C_s$ に達したところで成長が完了する。なお，このモデルでは，核生成は瞬時に完了すると考えていることにより，生成される核はすべて揃った単分散粒子として扱っており，Kelvin 効果およびオストワルドライプニングについては考慮していない。

このモデルでは，核まわりのモノマー濃度分布 $C$ が必要となるため，古くから粒子分散系の蒸発，凝縮，溶解などの解析に使われている，個々の粒子に半径 $b$ の球の流体を割付けるセルモデルを用いる[11]。半径 $b$ 内のユニットセル内のモノマー濃度 $C$ は，モノマーの生成速度を $G(t)$ とすると次式で表せる。

$$\frac{\partial C}{\partial t} = G(t) + D\nabla^2 C \tag{1}$$

$D$ はモノマーの拡散係数である。

ここで，モノマー生成速度 $G(t)$ について次のように考える。上で述べたように問題とするモノマー濃度 $C$ は臨界モノマー濃度（均一核生成が起こる濃度）$C^*$ 近辺であり，生成粒子量が極端に少ない場合を除いて工業的には一般に $C^* \ll C_f$ とおけるので，反応初期段階におけるモノマーの生成速度 $G$ はほぼ一定と考えることができる。したがって，(1)式を $C(r,0)=C^*$，$C(r^*,t)=0$，$(\partial C/\partial t)_{r=b}=0$ の初期条件および境界条件のもとで解くと，その近似解は次のように表せる[12]。

$$C(r,t) \approx \left(\frac{1}{r^*}-\frac{1}{r}\right)\left[e^{-\theta}\left(C^*r^* - \frac{Gb^3}{3D}\right) + \frac{Gb^3}{3D}\right], \quad \theta = 3r^*Dt/b^3 \tag{2}$$

この式を $t$ で微分すると次式となる。

## 第 2 章　粉体作製

$$\frac{\partial C(r,t)}{\partial t} = -\left(\frac{1}{r^*} - \frac{1}{r}\right)\frac{3r^*D}{b^3}e^{-\theta}\left(C^*r^* - \frac{Gb^3}{3D}\right) \tag{3}$$

モノマー濃度 $C$ は $r=b$ で最大になるので，$\partial C(b,t)/\partial t < 0$ が成立すれば $C < C^*$ となり，新たな核生成が生じない条件（モノマーの生成速度＜モノマーの消費速度）となる。したがって，その条件は次式となる。

$$G < 3\,DC^*r^*\,/b^3 \tag{4}$$

ここで，ユニットセル半径 $b$ と粒子個数濃度 $n^*$ の関係は $4\pi b^3 n^*/3 = 1$ であるので，(4)式の等号が成立するとき，すなわち最終的な生成核個数濃度 $n^*$ となるときのモノマーの生成速度 $G$ を $G^*$ とすれば，次のような関係となる。

$$G^* = 4\pi r^* D C^* n^* \tag{5}$$

(5)式の左辺はモノマーの生成速度，右辺はモノマーの消費速度を表しており，モノマーの生成速度を $G$ とすると，$G<G^*$ となればもはや $n^*$ 以上の新たな核が生じないことを，また $G>G^*$ ではまだ新たな核を生成することを示している。

以上のようにして生成粒子個数濃度 $n^*$ が求まると，生成粒子の平均体積径 $d_v$ は，最終モノマー濃度 $C_f$ が飽和モノマー濃度 $C_s$ に比べて十分大きいとき，次の物質収支式より求めることができる。

$$C_f \approx \frac{\pi d_v^3 \rho_p n^*}{6M} \tag{6}$$

$\rho_p$ は生成粒子の密度，$M$ はモノマーの分子量である。

したがって，(5)式と(6)式に含まれるパラメータを見積もることができれば，生成粒子の個数濃度 $n^*$ と平均体積径 $d_v$ が予測できる。ここで，パラメータの補足説明をしておく。生成核半径 $r^*$ は通常 1 nm 程度，モノマーの拡散係数 $D$ は推算式や便覧などから見積もることができる。モノマーの生成速度 $G^*$ は核生成時間 $t^*$ におけるモノマーの生成速度で $G^* = (\partial C/\partial t)_{t=t^*}$ で表される。前述のように，モノマーの生成速度は一定とみなすことができるので $G^* = C^*/t^*$ と近似すると，生成粒子個数濃度 $n^*$ は次のようにさらに単純化される。

$$n^* = \frac{1}{4\pi r^* D t^*} \tag{7}$$

このように，核生成時間が測定可能な反応系では，反応速度式や臨界モノマー濃度が不明な場合でも個数濃度が容易に推定でき，粒子の大きさを制御することができる。

液相法により合成した粒子の個数濃度を(7)式を用いて推算した例を図1に示す。白丸は均一沈殿法により合成した硫化亜鉛粒子，黒丸は還元法により合成した銀粒子である。これより，(7)式より求めた推算値は実験結果とよく一致していることが分かる。また，還元法により合成した銀

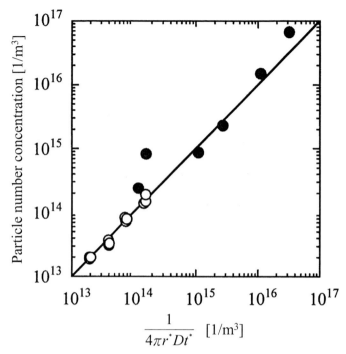

図1 液相法により合成した粒子の個数濃度
(〇硫化亜鉛粒子, ●銀粒子)

表1 溶液粘度による銀粒子の粒子径制御

| 銀イオン濃度 [mol/m$^3$] | 溶液粘度 [mPa·s] | 平均体積径[μm] | |
|---|---|---|---|
| | | 実験値 | 計算値 |
| 0.147 | 1.0 | 0.53 | 0.52 |
| | 9.9 | 0.25 | 0.24 |
| | 53.1 | 0.15 | 0.14 |
| 14.7 | 1.0 | 0.79 | 0.82 |
| | 9.9 | 0.42 | 0.38 |
| | 53.1 | 0.19 | 0.22 |

粒子の粒子径を溶液粘度により制御した例を表1に示す。溶液粘度が増加すると生成粒子の平均体積径は減少していることが分かる。また、(6)式より求めた推算値は実験結果とよく一致しており、生成粒子の平均体積径を推算できることも分かる。

### 2.2.2 シード粒子存在下における核生成モデル

核となるシード粒子が存在している条件下において不均一核生成のみを起こさせるためには新たな核生成を抑制することが必要不可欠である。しかし、それではどのような条件でそれが可能となり、またどのような条件で不均一核生成に加えて新たな均一核生成が起こるのかについての

## 第2章 粉体作製

定量的な説明はなされていない。本項では，先に提案した液相中の均一核生成モデルを発展させて，これらが予測可能であることを示す。

系内に核となるシード粒子がすでに存在している場合，核生成は均一核生成と不均一核生成の同時現象となる。一般に，不均一核生成とはモノマーとは異なる物質を核としてその表面にモノマーが凝縮する現象であるが，ここではモノマーと核が同質の場合，すなわち核成長の場合も含めて考える。前節において，均一核生成によって生成される核は，臨界モノマー濃度 $C^*$ において（モノマーの生成速度 $G^*$）＝（核への拡散によるモノマーの消費速度）の関係を満足する個数濃度 $n^*$ となるように生成されると考え，(5)式の関係式を導出した。

系内にすでに核となる半径 $r_p$ のシード粒子が $n_p$ の個数濃度で存在する場合，(5)式に相当する式は次のように表せる。

$$G_p = 4\pi r_p D C^* n_p \tag{8}$$

$G_p$ はシード粒子が消費するモノマー量に相当するモノマーの生成速度である。いま，$G^* = G_p$ とすると，次の関係が得られる。

$$n^*/n_p = r_p/r^* = R \tag{9}$$

シード粒子がない系とある系の2つの別個の系で，同じ条件で粒子生成操作を行ったときには，前者の方が後者に比べて $R$ 倍の粒子個数濃度となることが分かる。換言すれば，1個の核（$r^*$）および1個の粒子（$r_p$）当たりのモノマーの消費速度は，後者が前者の $R$ 倍になることを示している。

まず，$G > G_p$ の場合について考える。この場合，シード粒子が存在してもそれだけではモノマーの消費量が不足するために $C > C^*$ となって均一核生成が生じるために，生成されるモノマーは均一核生成と不均一核生成の両者に消費されることになる。そのときのモノマーの生成速度を $G$ とすると，(5)式，(8)式および(9)式より，次式が成立する。

$$G = G^* + G_p = 4\pi r^* D C^* (R n_p + n^*) \tag{10}$$

これより，新たな生成核の個数濃度 $n^*$ および全生成粒子個数濃度 $n_T$ は次式で表される。

$$n^* = \frac{G}{4\pi r^* D C^*} - R n_p \tag{11}$$

$$n_T = n^* + n_p = \frac{G}{4\pi r^* D C^*} + (1-R) n_p \tag{12}$$

したがって，(11)式から $n^* > 0$，すなわち，シード粒子があるときに均一核生成が生じる条件は次のようになる。

$$G > 4\pi r^* D C^* R n_p \tag{13}$$

これは，シード粒子がないときの生成粒子個数濃度 $n^*$ に比べて$1/R$ 以上のシード粒子個数濃度 $n_p$ があれば新たな核生成は起こらないことを示すものである。

以上より，新たな均一核生成が生じるかどうかは，モノマーの拡散係数 $D$ と臨界モノマー濃度 $C^*$ およびシード粒子の粒子径 $r_p$ とシード粒子個数濃度 $n_p$ から決まる $G_p$ と，一方，それとは独立した反応条件（例えば温度，濃度など）から決まるモノマーの生成速度 $G$ の両者の大小関係より決まる。

ここで，$r^*$，$r_p$，$n^*$，$n_p$，$G$ の関係をさらに明確にするために，基準となるモノマーの生成速度 $G_0^*$ を考える。この $G_0^*$ はシード粒子がないときに均一核生成によって $n_0^*$ の個数濃度の核が生成する条件である。

$$G_0^* = 4\pi r^* D C^* n_0^* \tag{14}$$

この条件で，シード粒子が存在する場合を考えると，系内のモノマーの生成速度はシード粒子の有無に関わらず同じであるので，(10)式の $G$ を $G_0^*$ とおいて(14)式と等置すると $n^* = n_0^* - R n_p$ となり，全生成粒子個数濃度 $n_T$ は次式となる。

$$n_T = n^* + n_p = n_0^* + (1-R)n_p \tag{15}$$

ただし，この関係は新たな核生成が生じる条件 $R n_p < n_0^*$ の場合である。

一方，$R n_p > n_0^*$ の場合，不均一核生成が支配的と考えられる。しかし，均一核生成のように，核の生成していない空間に新たな核が瞬間的に生成していくような核の空間分布が均一化する場合には前述のセルモデルが適用できるが，すでに核となるシード粒子が存在している場合にはそれらはランダムな空間分布をとるために，セルの大きさがシード粒子の存在密度に応じて異なることになり，セルモデルは適用できなくなる。すなわち，シード粒子の間隔によってモノマーの消費速度は変わってくる。シード粒子の間隔が狭いときにはシード粒子によるモノマーの消費速度が大であるために濃度は均一核生成が生じる臨界モノマー濃度 $C^*$ に達しない。逆に，間隔が大きいときには $C^*$ を超える濃度となる。言い換えれば，シード粒子が等間隔に分布しているセルモデルの場合にその濃度が $C^*$ 直前になっているとすると，新たな核生成は起こらないが，等間隔でない場合には濃度が $C^*$ を上廻る空間が生じ，そこで均一核生成がおこる。このような空間が系全体に対して占める割合を $v^*$ とすると，シード粒子が存在するときのシード粒子個数濃度 $n_p$ と新たに生成した粒子個数濃度 $v^* n_0^*$ を合わせた全粒子個数濃度 $n_T$ は次のように表される。

$$n_T = n^* + n_p = v^* n_0^* + n_p \tag{16}$$

ここで，$v^*$ は気体分子の自由行程の確率密度をユニットセルに拡張することで0.16となる。以上をまとめると，シード粒子存在下における全生成粒子個数濃度 $n_T$ は次式となる。

第2章 粉体作製

$$\frac{n_T}{n_0^*} = \begin{cases} 1 + (1-R)\dfrac{n_p}{n_0^*} & (n_p \leq 0.84\, n_0^*/R) \\ v^* + \dfrac{n_p}{n_0^*} & (n_p \geq 0.84\, n_0^*/R) \end{cases} \tag{17}$$

還元法により，初期銀イオン濃度とシード銀粒子の粒子径をそれぞれ変化させて成長させた例を図2と図3に示す。図中の実線は，(17)式より求めた全生成粒子個数濃度である。これらより，シード粒子の個数濃度が低いときは，シード粒子と新たに生成した粒子を合わせた全生成粒子個数濃度はほぼ一定となっていることが分かる。これは，モノマーの生成速度がシード粒子に消費されるモノマーの消費速度に比べて非常に速いためで，均一核生成が支配的となっている。一方，シード粒子の個数濃度が高くなると，新たな核生成が起こらない領域が現れる。ここでは，生成するモノマーのほとんどがシード粒子に消費されており，不均一核生成が支配的となっている。そして，この2つの領域にはさまれたシード粒子個数濃度では，シード粒子の増加と共に全生成粒子個数濃度は一旦減少した後，再び増加していることが分かる。この領域では，均一核生成と不均一核生成が同時に起こっている。このような操作条件による全生成粒子個数濃度の変化は，(17)式より求めた計算線で良く表すことができている。以上より，シード粒子個数濃度 $n_p$，粒子径比 $R$ およびシード粒子を用いない場合の生成粒子個数濃度 $n_0^*$ がわかれば，シード粒子を用いる場合の全生成粒子個数濃度 $n_T$ を推定することができ，均一核生成が支配的，不均一核生

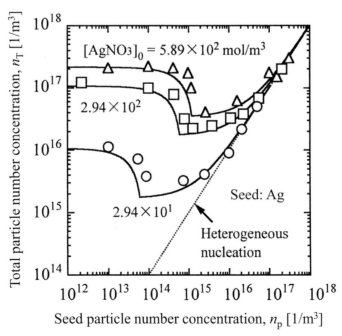

図2　原料濃度と全生成粒子個数濃度の関係
($R = 150$)

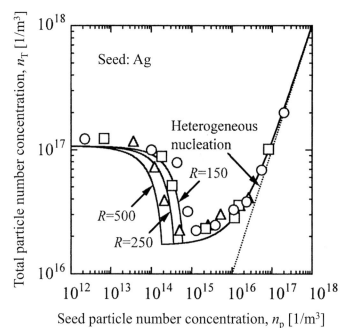

図3　シード粒子の粒子径と全生成粒子個数濃度の関係
([AgNO$_3$] = 294 mol/m$^3$)

成が支配的，およびそれらが共存する操作条件を定量的に見積もることができる。

### 2.3 気相法
#### 2.3.1 均一核生成モデルの拡張

気相中では，液相中とは異なり，核まわりの流体は連続体と見なすことができず，核とモノマーの衝突過程に気体分子の衝突の考え方を導入する必要がある[13]。このモデルでは，半径 $r^*$ の核まわりに半径 $\delta = r^* + \lambda$ の仮想球を考える。$\lambda$ はモノマーの平均自由行程である。この仮想球の外側は，液相中と同様に連続領域と考えることができ，モノマーはその濃度勾配を推進力として拡散輸送される。一方，仮想球の内側は，自由分子流領域であり，モノマー濃度は一定に保たれ，等方的な熱運動を行いながら核表面に衝突して凝縮する。

自由分子流領域におけるモノマーフラックス $\Phi_k$ は次のように表される[13]。

$$\Phi_k = 4\pi\delta^2 \frac{1}{4} C_\delta \bar{c} \beta \tag{18}$$

$\bar{c}$ はモノマーの平均熱運動速度，$C_\delta$ は仮想球表面におけるモノマー濃度である。外力が働かない場合，衝突確率は $\beta = (r^*/\delta)^2$ で表され，$\Phi_k$ は次式となる。

$$\Phi_k = \pi r^{*2} \bar{c} C_\delta \tag{19}$$

## 第2章 粉体作製

一方,仮想球外側の連続領域における拡散方程式は次式で表される。

$$\frac{D}{r^2}\frac{\mathrm{d}}{\mathrm{d}r}\left(r^2\frac{\mathrm{d}C}{\mathrm{d}r}\right)=0 \qquad(20)$$

また,仮想球表面におけるモノマーフラックス$\Phi_c$は次のように表される。

$$\Phi_c = 4\pi\delta^2 D\left(\frac{\mathrm{d}C}{\mathrm{d}r}\right)_{r=\delta} \qquad(21)$$

仮想球表面において(19)式と(21)式が等しいという境界条件より,モノマーの濃度分布$C(r)$はFuchsの補正係数$F(r^*)$を用いて次のように表される。

$$C(r)=C_\infty\left\{1-\frac{r^*}{r}F(r^*)\right\},\ F(r^*)=\frac{1+\dfrac{\lambda}{r^*}}{1+\dfrac{4D}{r^*\bar{c}}\left(1+\dfrac{\lambda}{r^*}\right)} \qquad(22)$$

$C_\infty$は核から十分離れた場所のモノマー濃度である。したがって,モノマーのフラックス$\Phi$は次式となる。

$$\Phi=4\pi r^* D C_\infty F(r^*) \qquad(23)$$

ここで,系内に個数濃度$n^*$の核が存在すると,核への拡散によるモノマーの消費速度は$n^*\Phi$となる。一方,核から離れた場所のモノマー濃度$C_\infty$が臨界モノマー濃度$C^*$を越えると新たな核が生成される。すなわち,モノマーの生成速度とモノマーの消費速度$n^*\Phi$とが等しくなったところで核生成は完了する。そのときのモノマーの生成速度を$G^*$とすると,生成粒子個数濃度$n^*$と操作条件は次のような関係となる。

$$G^*=n^*\Phi=4\pi r^* D C^* n^* F(r^*) \qquad(24)$$

これより,気相中における均一核生成モデルの関係式は,(5)式で表される液相中における均一核生成モデルの関係式の右辺にFuchsの補正係数$F(r^*)$を掛けた形で表されることが分かる。しかし,気相中では液相中に比べてモノマーの拡散係数が3桁程度大きいので凝縮による成長速度が非常に速い。よって,均一核生成が起こっている間,先に生成した核の成長について考慮するために,(24)式中の$r^*F(r^*)$について平均値を用いる。

$$G^*=4\pi D C^* n^* \langle r^* F(r^*)\rangle \qquad(25)$$

チタンテトライソプロポキシド(TTIP)の初期濃度のみを変化させ,加水分解反応によりチタニア粒子を気相合成した例を示す。図4は生成したチタニア粒子の個数濃度と平均体積径,図5は生成したチタニア粒子の粒子径分布である。まず,TTIPがすべてチタニアに転化すれば,量論関係から初期TTIP濃度は最終モノマー濃度$C_f$とほぼ同じになる。この反応はTTIPの一次反応であるので,モノマーの生成速度は$G^*\propto C_f$となる。また,反応温度が一定であれば,(25)式の他のパラメータは一定と見なすことができ,生成粒子個数濃度は$n^*\propto C_f$となる。ただし,

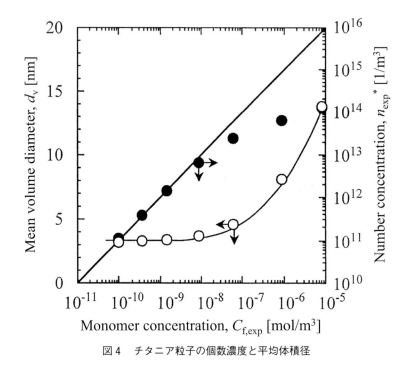

図4　チタニア粒子の個数濃度と平均体積径

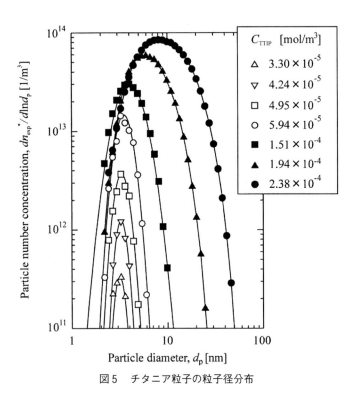

図5　チタニア粒子の粒子径分布

気相法では粒子の拡散沈着によるロスを考えなければならない。粒子の透過率は $P = n_{\mathrm{exp}}^*/n^* = C_{\mathrm{f,exp}}/C_\mathrm{f}$（exp は拡散沈着後の測定値）となるので、生成粒子の個数濃度と粒子径は $n_{\mathrm{exp}}^* \propto C_{\mathrm{f,exp}}$, $d_\mathrm{v}$ = 一定となる。図より、モノマー濃度が低い領域では、それらの関係をよく満たしていることが分かる。また、モノマー濃度が高くなると、生成粒子個数濃度が非常に高濃度となり、粒子同士の凝集による成長が支配的になっていることも分かる。

### 2.3.2 シード粒子存在下における核生成

均一核生成によって生成される核の個数濃度を $n^*$、その半径を $r^*$ とすると、(23)式より核へのモノマーのフラックス $\Phi(r^*)$ は次式で表される。

$$\Phi(r^*) = 4\pi r^* DC_\infty F(r^*) \tag{26}$$

同様に、半径 $r_\mathrm{p}$ のシード粒子が個数濃度 $n_\mathrm{p}$ で存在すると、シード粒子へのモノマーのフラックス $\Phi(r_\mathrm{p})$ は次式となる。

$$\Phi(r_\mathrm{p}) = 4\pi r_\mathrm{p} DC_\infty F(r_\mathrm{p}) \tag{27}$$

以上より、シード粒子と新たな生成核への凝縮によるモノマーの全消費速度は $n_\mathrm{p}\Phi(r_\mathrm{p}) + n^*\Phi(r^*)$ となる。核から十分離れた場所におけるモノマー濃度 $C_\infty$ が臨界モノマー濃度 $C^*$ を越えると新たな核が生成される。すなわち、モノマーの消費速度がモノマーの生成速度 $G^*$ と等しくなったときに均一核生成は終了するので、次のような関係で表される。

$$G^* = 4\pi DC^*[n_\mathrm{p} r_\mathrm{p} F(r_\mathrm{p}) + n^* r^* F(r^*)] \tag{28}$$

したがって、新たな核生成によって生成される粒子個数濃度 $n^*$ は次式となる。

$$n^* = \frac{G^*}{4\pi r^* DC^* F(r^*)} - \frac{r_\mathrm{p} F(r_\mathrm{p})}{r^* F(r^*)} n_\mathrm{p} \tag{29}$$

ここで、系内にシード粒子がないときに均一核生成によって生成される粒子個数濃度を $n_0^*$ とすると、右辺第一項が $n_0^*$ に相当することになるので、(31)式は次式で表すことができる。

$$n^* = n_0^* - \frac{r_\mathrm{p} F(r_\mathrm{p})}{r^* F(r^*)} n_\mathrm{p} \tag{30}$$

したがって、全生成粒子個数濃度 $n_\mathrm{T}$ は次式となる。

$$n_\mathrm{T} = n^* + n_\mathrm{p} = n_0^* + \left[1 - \frac{r_\mathrm{p} F(r_\mathrm{p})}{r^* F(r^*)}\right] n_\mathrm{p} \tag{31}$$

この式は、シード粒子個数濃度 $n_\mathrm{p}$ がある値を超えると負の値となる。これは、均一核生成が起こらないことを意味しており、全生成粒子個数濃度 $n_\mathrm{T}$ はシード粒子個数濃度 $n_\mathrm{p}$ と等しくなる。しかし、すでに核となるシード粒子が存在している場合、それらはランダムな空間分布をとるために、モノマー濃度が臨界モノマー濃度 $C^*$ を越える空間が系全体に対して $v^* (= 0.16)$ の割合で発生して新たに $v^* n_0^*$ の核が生成する。また、気相中ではモノマーの拡散係数が大きいので、

エアロゾル粒子の平均滞留時間 $\tau$ を考慮した平均値を用いると，気相中のシード粒子存在下における全生成粒子個数濃度 $n_T$ は次式となる。

$$n_T = \begin{cases} n_0^* + (1-R')n_p & (n_p \leq 0.84 n_0^*/R) \\ v^* n_0^* + n_p & (n_p \geq 0.84 n_0^*/R) \end{cases} \quad (32)$$

$$R' = \left\langle \frac{r_p F(r_p)}{r^* F(r^*)} \right\rangle = \frac{1}{\tau} \int_0^\tau \frac{r_p F(r_p)}{r^* F(r^*)} dt \quad (33)$$

ここで，(33)式を解くには，シード粒子と生成核の成長について知る必要がある。粒子の凝縮による成長速度は次式で表される[14]。

$$\frac{dr}{dt} = D v_1 N_{av} \frac{F(r)}{r} (C - C_s) \quad (34)$$

$v_1$ はモノマー1個の体積，$N_{av}$ はアボガドロ数である。この式を初期粒子半径 $r_0$ として積分すると次式となる。

$$\left( \frac{4D}{\bar{c}} - \lambda \right)(r - r_0) + \frac{1}{2}(r^2 - r_0^2) + \lambda^2 \ln\left( \frac{r+\lambda}{r_0+\lambda} \right) = D v_1 N_{av}(C - C_s)t \quad (35)$$

したがって，シード粒子と生成核の初期粒子半径がわかれば，試行法によってある時刻 $t$ における $r_p$ と $r^*$ が計算できるので，(35)式を用いて(33)式を数値積分すると全生成粒子個数濃度 $n_T$ を推定できる。

蒸発凝縮法により硫化亜鉛粒子（$r_p = 25$ nm）にセバシン酸ジオクチルをコーティングした例を図6に示す。エアロゾル粒子の平均滞留時間は0.1秒である。実線は(32)式より求めた全生成粒子個数濃度の計算線で，実験結果を良く表していることが分かる。図7に代表的な粒子径分布を示す。(a)では，シード粒子がモノマーをほとんど消費できず，大部分のモノマーが新たな均一核生成に消費され，全生成粒子の粒子径分布は，シード粒子がない場合の粒子径分布とほぼ同じものとなっている（均一核生成支配）。(b)では，シード粒子がモノマーを十分消費できず，一部のモノマーが新たな均一核生成に消費され，全生成粒子の粒子径分布は，シード粒子と新たな均一核生成により生成された粒子の二つのピークをもった分布となっている（均一核生成と不均一核生成の同時現象）。(c)では，全生成粒子の粒子径分布は，シード粒子の粒子径分布より右側にシフトしており，シード粒子のみが成長して，新たな均一核生成は生じていない（不均一核生成支配）。以上より，エアロゾル粒子の平均滞留時間を考慮すれば，気相法でもシード粒子を用いた場合の核生成の操作条件を定量的に制御することができる。

第 2 章　粉体作製

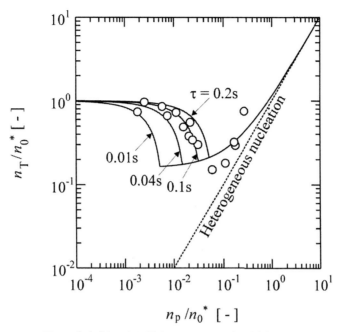

図 6　全生成粒子個数濃度とシード粒子個数濃度の関係

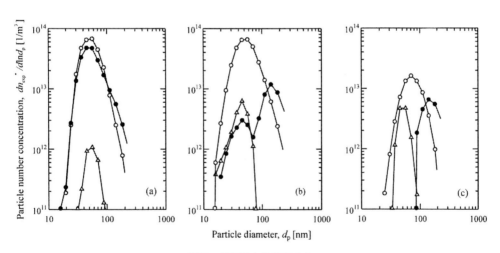

図 7　代表的な粒子径分布
（○シード粒子がない場合の生成粒子，△シード粒子，●全生成粒子）

## 文　　献

1) 向阪保雄，野村俊之，化学工学論文集，**23**, 666（1997）
2) 向阪保雄ほか，化学工学論文集，**23**, 673（1997）
3) 野村俊之ほか，化学工学論文集，**24**, 642（1998）
4) T. Nomura *et al., J. Colloid Interface Sci.*, **203**, 170（1998）
5) Y. Kousaka *et al., J. Aerosol Sci.*, **31**, 519（2000）
6) T. Nomura *et al., J. Colloid Interface Sci.*, **231**, 107（2000）
7) Y. Kousaka *et al., Adv. Powder Technol.*, **12**, 291（2001）
8) F. F. Abraham, "Homogeneous Nucleation Theory", Academic Press, New York（1974）
9) G. S. Springer, "Advances in Heat Transfer", Vol.14, Academic Press, New York（1978）
10) A. C. Zettlemoyer, "Nucleation", Mercel Dekker, New York（1969）
11) N. A. Fuchs and J. M. Pratt, "Evaporation and Droplet Growth in Gaseous Media", Pergamon Press, London（1959）
12) H. Reiss and V. K. LaMer, *J. Chem. Phys.*, **18**, 1（1950）
13) N. A. Fuchs, "The Mechanics of Aerosols", Pergamon Press, Oxford（1964）
14) S. K. Friedlander, "Smoke, Dust and Haze", John Wiley & Sons, New York（1977）

【第2編 粉体プロセス技術】

# 第1章 焼結成形プロセス

## 1 難焼結性を示す粉末の焼結プロセス解析と制御

佐々木 元[*1]，柳沢 平[*2]，松木一弘[*3]

### 1.1 緒言

　科学技術の進歩に伴い，各種機械部材も高品質化，高機能化，高信頼性化しており，これらを作り出す材料に対しても高い性能が要求される。これらの材料は多くの場合，難焼結性である。今後とも科学技術が進歩する限り，難焼結材料利用の要求は高くなることが予想され，材料の持つ優れた特性を引き出すためにもその成形プロセスを学術的に解析し，新たな制御プロセスを検討する必要がある。

　電磁エネルギーに支援された放電焼結法やマイクロ焼結法は，粉体の新しい固化・焼結プロセスとして注目されている。しかしながら難焼結材料は，これらの焼結法を利用しても緻密で高特性の焼結体を作製する事は難しい。特に，焼結特性は，粉末の種類や形状などによって大きく異なる。そこで，ここでは，難焼結性を示す粉末の焼結プロセスを代表的な材料を例にとり，プロセス解析と制御について解説する。画期的な特性を具備した難焼結性を示す粉末として，炭化物（WC, $Cr_3C_2$），酸化物（$Al_2O_3$），硫化物（$WS_2$, $MoS_2$），ホウ化物（FeB, $Fe_2B$），炭素短繊維（CNF：Carbon Nano-fibers）や，これらの複合粉末の放電焼結を取り上げて紹介する。

　最適なプロセス制御の実現化や一般化のためには，圧粉体内部の基礎現象の解明が必要である。パルス放電利用の放電焼結法が，熱間静水圧プレス法やホットプレス法と異なる点は，①種々の電圧・電流波形を用いた直接通電であり，②非定常状態を示す加熱過程が焼結中に含まれ，粉末の圧密および焼結に対してその役割が大きいこと，である。本プロセスにおいて，圧粉体の温度や電圧分布あるいは電流の測定や解析がなされたならば焼結プロセスの解明に役立つ。さらに，生産レベルを想定し，難焼結性を示す粉末の種類（特に電気抵抗の差）や形状が異なっても目的の性能を有する圧粉体を得るためにも，ダイやパンチ設計なども含めたプロセス制御の一般化を図ることが必要である[1]。

### 1.2 Al-CNF 複合材料[1]

　純 Al は，熱伝導特性が高く，放熱板として用いられる。一方，近年の半導体，LED は，高出力化，高集積化，高輝度化により発熱量が上昇しており，効率のよい放熱板の需要が高まってい

---

[*1] Gen Sasaki　広島大学　大学院工学研究院　材料・生産加工部門　教授
[*2] Osamu Yanagisawa　広島大学　名誉教授
[*3] Kazuhiro Matsugi　広島大学　大学院工学研究院　材料・生産加工部門　教授

る。その中で，Alの複合材料化はひとつの有効な解決策であり，実際，SiC添加Al複合材料が半導体，LED用放熱材料として広く使われている。しかしながら，現状の複合材料の放熱特性は必ずしも高くはない。ここで期待されている複合材料の分散材は，炭素材料である。中でもカーボンナノファイバ（CNF）に代表される炭素短繊維は，優れた熱伝導性，機械的性質，コスト性に優れるなどの特徴を有している。しかしながら，炭素とAlの系には，濡れ性の悪さ，反応性の問題があり，鋳造などの溶融法での作製が難しい。そこで，プロセス温度が低い放電焼結法による作製が期待できる。ここでは，CNFとして優れた熱伝導性を有し，価格優位性の高い気相成長炭素繊維（Vapor grown carbon fiber, VGCF）とAlの複合材料の焼結メカニズムについて解説する。

金属圧粉体や金属を母粉末とする複合圧粉体の緻密化機構は，粒子の形状や粒径に関係なく，図1のような3段階に分かれた緻密化過程をたどる。それぞれの段階は，

第一段階：粉末粒子接触部における溶融・気化を伴う微視的溶接によるネック形成段階

第二段階：粉体粒子接触部の局所塑性変形あるいは粒子全体におよぶ均一塑性変形のどちらかが起こる段階

第三段階：クリープ（高温）変形による焼結空孔の減少・消滅の起こる段階

Al-10 vol.% VGCF 複合材料に関しても，緻密化の機構はマトリックスである変形可能なAlの塑性変形（緻密化の第二段階）と高温変形（緻密化の第三段階）に従って，複合材料の緻密化が進むと推定した。塑性変形と高温変形おける焼結速度（$\dot{D}$）は，それぞれ以下の(1)式，(2)式によって表現する事ができる[3]。

$$\dot{D} = \left[\left(\frac{d\sigma_{yield}}{dT}\right) \middle/ \left\{\frac{d\kappa(D)}{dD}\right\}\right]\left(\frac{\kappa(D)}{\sigma_{yield}}\right)\dot{T} \tag{1}$$

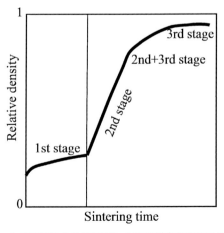

図1　金属圧粉体を放電焼結した際の緻密化過程の模式図

第1章　焼結成形プロセス

$$\dot{D} = AV_{ex}^{m} D\kappa(D)^{n+1} exp\left(-\frac{Q}{RT}\right)P^{n} \tag{2}$$

ここで$\kappa(D)$は$\alpha(D)$および$\beta(D)$の関数であり，相対密度$(D)$の値が1の時，$\alpha(D)$および$\beta(D)$の値はそれぞれ3および0となり，Von Misesの降伏条件と等しくなる。$V_{ex}$は緻密化時の粉末粒子接触部の拡張体積率，$T$は温度，$\dot{T}$は昇温速度，$\sigma$eqは粉末材料の0.2%耐力，$A$はクリープ定数，$R$は気体定数，$Q$はクリープの活性化エネルギー，$n$は応力指数である。平均サイズが1$\mu$mと150 nmの純Al粉末とVGCFを用いて，緻密化の第一段階であるパルス通電後，1.3 A/mm$^2$の電流密度下で連続通電を行った。実験より得られた$\dot{D}$と$D$の関係を図2に示す。$\dot{D}$は塑性変形の開始直後に急激な増加が起こり，極大値を示した後，徐々にその速度を減じながら0に近付いた。併せて，第二および三段階を示す緻密化速度(1)式および(2)式を使用した計算値を曲線で示す。計算より得られた曲線は実験値を精度良く表現できている。$\dot{D}$の極大値は第二段階から三段階への移行と対応する。緻密化の第二および三段階として位置付けた，塑性変形および累乗則クリープ変形機構に従うプロセスに関し，(1), (2)式を用いて圧粉体のマクロな現象としての焼結速度を制度よく表現できている。

図3は，放電焼結法を用いて773 Kで作製したAl-10 vol.% VGCF複合材料中のAl-VGCF界面の組織である。界面には，気孔などや反応生成物は全く見られなかった。放熱材料としては，理想的な界面形態をしていると言える。

### 1.3　Al$_2$O$_3$粉末の焼結

純$\alpha$-Al$_2$O$_3$は，高融点（2072℃）で，塑性変形能が低く，絶縁性（体積固有抵抗：$10^{15}\Omega$/cm）であり，放電焼結の難しい材料である。Al$_2$O$_3$圧粉体―パンチ―ダイ―スペーサより成る焼結システムをセットし，その電位と温度分布を実測するとともに3次元計算により求めた。その結果

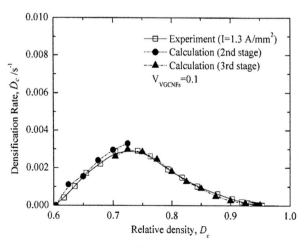

図2　Al-10vol.% VGCF複合材料における緻密化曲線と相対密度の関係

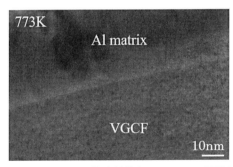

図3 773 K で作製した Al-10 vol.% VGCF 複合材料中の Al-VGCF 界面の透過電子顕微鏡観察結果

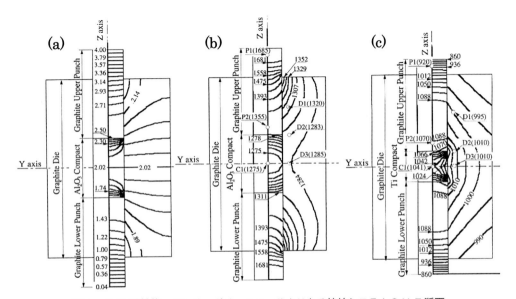

図4 Al$_2$O$_3$圧粉体―パンチ―ダイ―スペーサよりなる焼結システムの Y-Z 断面

単位はボルト(V)。(a) 700 A の定電流に対する等電位線の計算結果。(b) 3.6 ks 保持した際の熱電対で測定した6つの位置,P1,P2,D1,D2,D3とC1で測定した温度と,定常状態での等温線の計算結果,単位はケルビン(K)。(c) Al$_2$O$_3$と同じ条件で得られた Ti 圧粉体から得られた結果。

を図4に示す[2]。図4(a)に系内の電位分布を示す。アルミナ圧粉体内の電位分布は$y$軸方向には一定ではない。上パンチから流れ込んだ電流は高い電気抵抗を示すアルミナ圧粉体を通り抜けるのではなく,ダイへと流れ込んでいる。また,図4(b)は,温度分布である。本温度分布は3.6 ks経過後のものであるため,定常状態に近いものであるが,C1とD3点での測温結果に差があるように完全な定常状態ではない。温度分布の変化は,電位分布の変化よりも,3次元的な熱移動量の変化によるものが大きいと考えられる。つまりアルミナ圧粉体の小さいジュール発熱量に依存して,圧粉体と接したパンチ,ダイ,スペーサ間の3次元的な熱移動方向と量が決定されるためである。また,比較のために,図4(c)に良導体の Ti（体積固有抵抗$4.27 \times 10^{-7}\Omega$/cm）圧粉体の温度分布を示す。Al$_2$O$_3$と比べ,温度分布が大きく変化している。

## 第1章 焼結成形プロセス

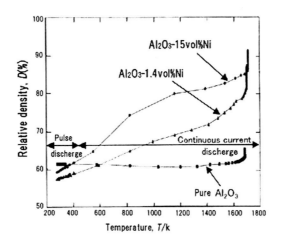

図5　$Al_2O_3$基複合材料の放電焼結時の相対密度と温度の関係

　図5に平均粒径50μmの球形の純 $Al_2O_3$ 粉末のみを用いて放電焼結した際の焼結曲線を示す。純 $Al_2O_3$ 粉末は高融点，絶縁体の上，塑性変形能が低いため，1700 Kでさえ，65%程度の相対密度にしか達しない。このような，高融点，高絶縁性，低い塑性変形能の粉末については，粉末表面への金属コーティングが効果的である。ここでは，$Al_2O_3$ 粉末表面への Ni 無電解めっき処理の効果について解説する。コーティングにより，均一に分布した Ni 相が電流の通電経路となり，硬質粒同士の直接接触が回避され，塑性変形さらに高温変形を起こして，圧密化が進行し，最終的に高密度の $Al_2O_3$ 焼結体が得られると考えられる。ここで，$NiO$-$Al_2O_3$系では，$NiAl_2O_4$型の Ni スピネルが形成されるので，1600 K以上で焼結体を熱処理する事で，めっき相の金属 Niの性質を消失させる事も可能である。表面に28 mass% Niをめっきした $Al_2O_3$ 粉末を出発原料とした $Al_2O_3$-28Niと，比較のために，3 mass% Niと $Al_2O_3$ の両素粉末を混合したものを出発原料とした $Al_2O_3$-3Niの焼結曲線を図5に併せて示す。直流パルス通電後，連続通電の昇温段階で，Ni添加により圧粉体の密度は単調に増加し始める。この事は，$Al_2O_3$ 圧粉体中に存在するNiが塑性変形を開始したことに対応し，約1700 Kの最高温度に保持後，$Al_2O_3$-28Ni および $Al_2O_3$-3Niと焼結体で，相対密度がそれぞれ93%および87%に達した。これら2種の焼結体の組織を図6に示す。28 mass% Niめっきした $Al_2O_3$ 粉末を出発原料としたものは，$Al_2O_3$ 粉末の周囲を変形した Niが取り囲み，焼結孔が少なく高密度が達成されている。さらに，$Al_2O_3$ 粉末は初期状態と同様に球形を呈し塑性変形が確認されないことから，焼結は Ni 相の変形のみによって進行したと言える。一方，Ni 粉末混合のものは，Niの不均一分布と多量の焼結孔が観察される。また，球形であった $Al_2O_3$ 粉末同士がネッキングを形成している部分も見られ，Ni 粒子の変形および $Al_2O_3$ 粉末同士の焼結が同時に進行したことを示す。

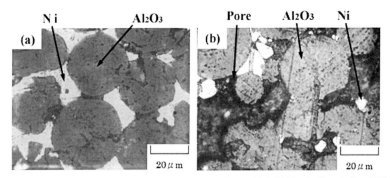

図6　無電解Niめっきを施したAl$_2$O$_3$を用いて作製した複合材料の組織の光学顕微鏡像
(a) Al$_2$O$_3$表面を28 mass％Niで無電解めっきした複合粉末から得られた複合材料，
(b) 3 mass％Ni粒子とAl$_2$O$_3$粒子を混合して焼結した複合材料。

## 1.4　WC, Cr$_3$C$_2$, WS$_2$, MoS$_2$よりなる複合材料[6,7]

　WC基合金のような硬質材料の高温度域での利用は，酸化特性が問題となり，その使用が制限される。周期律表の第Ⅵa族に属する金属元素の炭化物中，Cr$_3$C$_2$が最も高温酸化特性が良好である．また，高温材料として使用されるNi基超合金では，腐食酸化雰囲気中でCr$_2$O$_3$, Al$_2$O$_3$, NiOが生成し，これらの酸化物が保護性を持つとされる[4,5]．そこで，WCの一部をCr$_3$C$_2$で置換，あるいはバインダー相にNiを使用することで高温酸化特性の向上が期待できる．また，高温，高負荷の過酷な環境下で使用される超硬合金の摺動特性を向上させるためには，固体潤滑剤を添加する事が有効である．そこで，WS$_2$を添加する事で自己潤滑性を持つ合金として，WC-Cr$_3$C$_2$-Ni-WS$_2$系を選定した．

　粉末粒径6.6$\mu$m，6$\mu$mおよび1$\mu$mのWC，Cr$_3$C$_2$およびWS$_2$を用い，これらの難焼結粉末表面にもNiを定量的に無電解めっきした．図7に3種の合金の焼結曲線を示す。3種の合金と

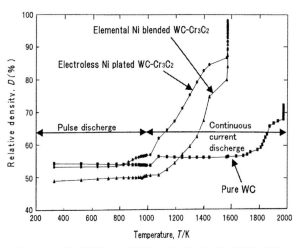

図7　WC基成形体の放電焼結中の相対密度と温度の関係

## 第1章 焼結成形プロセス

は，① WC 単体，② WC と $Cr_3C_2$ の両粉末に 3.3 mass% Ni をめっきした WC-23$Cr_3C_2$-3.3Ni，③ WC，$Cr_3C_2$，Ni の各素粉末を混合した WC-23$Cr_3C_2$-3.3Ni である。バインダーレスの WC は，導電体であるが焼結曲線から判断して 2000 K 以下の温度では変形能が小さく密度の向上は望めない。バインダーレスの WC と比較して，出発粉末の種類に関係なく Ni をバインダーとして含んだ合金は 2 種とも，直流パルス通電後の連続通電段階において，相対密度が著しく向上し，同様の焼結挙動を示した。素粉末混合のものに比べ，Ni めっき粉末を使用したものは，温度の上昇段階において，より低温で焼結速度と相対密度の高い値が示された。

Ni めっき粉末を出発材料として作製した WC-7Ni，WC-6Ni-6$WS_2$ および WC-22$Cr_3C_2$-6Ni-7$WS_2$ 焼結体を用いて，固体潤滑剤である $WS_2$ 添加の有無による自己潤滑特性を評価するために，室温でリング（相手材：ベアリング鋼，SUJ3）—オン—ディスク（試料：WC 系材料 3 種）の組み合わせ下で乾式摩擦試験を行った。そのトルク曲線を図 8 に示す。なお，リングの回転速度は 0.77 m/s，荷重は 49 N である。$WS_2$ を添加した 2 種の材料に関して，摺動時間と共に 0.3～0.4 Nm までトルク値は減少し，30 あるいは 60 s の摺動時間以上ではトルクの定常値が示された。一方，$WS_2$ の無添加材では，トルクの定常状態においてさえ，トルク曲線は小刻みに変動した．従って，$WS_2$ 添加合金において定常状態のトルク値が低下したのは，主として

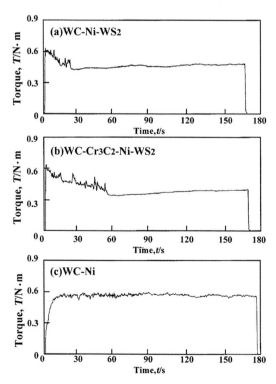

図8 (a) WC-6Ni-6$WS_2$ (b) WC-22$Cr_3C_2$ および(c) 6Ni-7$WS_2$ 焼結体を用いた摩耗試験から得られたトルク変化

WS$_2$添加の効果である。また，NiめっきWC粉末あるいはNi，WCの素粉末を出発粉末として作製したWC-7Ni焼結体を使って，29kNの荷重，0.77m/sのリング回転速度下で，乾式摩耗試験を行った。試料であるディスクの300s後の摩耗減量は，めっき法および素粉末混合法のもので，それぞれ7および15mgであり，めっき法のものに比し，素粉末混合法で作製した焼結体の摩耗減量は約2倍増となった。ここで，これら2種の焼結体の平均硬度値はほとんど変化が無かった。つまり，めっき法で作製された焼結体は，均質組織でかつ，破壊の起点となるWC粒同士の直接接触が存在しないために，摩耗減量が減少し耐摩耗特性が向上したと考えられる。

素粉末およびめっき粉末を出発原料としたWC-23Cr$_3$C$_2$-3.3Ni焼結体の973Kで10.8ksまでの等温保持状態での酸化曲線を比較すると，Niめっき粉末を出発材料としたものの酸化増加量は，素粉末のものの30%程度であり高温酸化特性が向上した。表面処理と放電焼結法の適用で難焼結粉末を用いてでさえ，初期目標である強度，摺動，酸化特性の良好な焼結体を得ることができた。

### 1.5 FeB，Fe$_2$B よりなる複合材料[8,9]

WC-Co超硬合金の代替材料として，元素戦略を加味し安価で地球上に存在量が豊富なFe，Fe$_2$B，FeB，Bより成る平均組成Fe-19wt%Bの粉末を放電焼結した。本粉末は組成範囲が広く構成相の融点差が大きいので高密度焼結体作製が困難である。焼結速度の制御により焼結体の低密度領域で，FeとFe$_2$Bの共晶反応を達成させ一部液相を出現させ，99%の相対密度達成と結晶粒径粗大化が抑制された焼結体を得ることができた。

工具逃げ面の平均摩耗幅を指標とした摩耗進行曲線を図9に示す。3m/minの低速度の連続旋削加工でTi-6Al-4Vの被削材を3および15m加工した場合，100%FeBスローアウェイチップの逃げ面摩耗幅は，WC-7.8%Coスローアウェイチップのそれの2.5および3倍となった。しかし，一般的な工具寿命は，逃げ面摩耗幅($V_B$)の値が0.3mmに達した時である[28]。100%FeBスローアウェイチップは，30mの切削距離でさえ$V_B$値は0.26mmであり，一般的な工具寿命

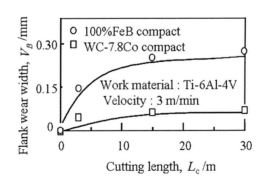

図9　Fe-19wt%BとWC-7.8Co焼結体のスローアウェイチップと逃げ面加工幅$V_B$との関係
加工条件は，加工材料Ti-6Al-4V，加工速度3m/min

第1章 焼結成形プロセス

基準値（$VB:0.3\,\mathrm{mm}$）を満足していた。一方，摩耗進行曲線の定常部の傾きは，両スローアウェイチップ種間に大きな差異が認められなかった。

## 1.6 結 言

放電焼結により目的とする性能を持つ焼結体を得るには，用いる放電焼結システム，プロセス，粉末が最適化されなければならない。そこで，放電焼結プロセス因子と粉末の関係を明らかにし，相互の最適化を図ることが重要となる。特に難焼結材料については，これらの事項を精度よく取り扱わなければならない。最終目標としてコンピュータ予測による放電焼結プロセスシステムを構築する必要がある。ここではその一部の研究を紹介したが，更なる発展が必要である。また，プロセスと粉末状態を最適化することで難焼結材の高密度化が進行し，材料の高機能化が進行できた事例についても解析した。産業界に対するこれらの実験結果の提供は，放電焼結による金属，各種セラミックス，更にこれらの複合材料の開発の手掛かりになるとともに放電焼結技術進展にも大いに貢献するものと考えている。

文　　献

1) 松木一弘，冨ケ原健翔，許哲峰，崔龍範，佐々木元，粉体および粉末冶金，**9**(59), 525-531（2012）
2) K. Matsugi, H. Kuramoto, T. Hatayama and O. Yanagisawa, *J. Mater. Process. Technol.*, **134**, 225-232（2003）
3) 松木一弘，柳沢平，佐々木元，粉体および粉末冶金，**6**(56), 355-370（2009）
4) 松木一弘，川上正博，村田純教，森永正彦，湯川夏夫，鉄と鋼，**77**, 1503-1509（1991）
5) 松木一弘，川上正博，村田純教，森永正彦，湯川夏夫，鉄と鋼，**78**, 821-828（1992）
6) 松木一弘，安保弘利，崔龍範，佐々木元，倉本英哲，隠岐貴史，柳沢平，粉体および粉末冶金，**2**(56), 51-60（2009）
7) 松木一弘，佐々木元，柳沢平，粉体および粉末冶金，**12**(53), 927-938（2006）
8) 松木一弘，冨ケ原憲翔，崔龍範，佐々木元，加藤昌彦，山田啓二，倉本英哲，粉体および粉末冶金，**8**(58), 487-494（2011）
9) 松木一弘，冨ケ原憲翔，崔龍範，佐々木元，倉本英哲，粉体および粉末冶金，**9**(60), 379-386（2013）

## 2 セラミックスシートへの微細パターニングおよび流路成形

津守不二夫*

### 2.1 はじめに

　セラミックス部品の多くは粉末材料を成形後，焼き固める（焼結する）ことにより作製されている。高い耐熱性・耐化学薬品性を有し，また素材によっては高い生体適合性も有しているため様々な応用が可能である。しかしながら，セラミックス材料は脆く，加工が困難であるため，薄膜材料の基板上での製膜・利用という一部の状況以外にはμTAS等の微小チップデバイスへの応用は限られたものとなっている。このようなセラミックス材料を微細加工分野に応用することができれば，これまでの樹脂やシリコンを用いたマイクロデバイスとは違った魅力を引き出すことが可能となるであろう。本稿では，セラミックス粉末材料と樹脂材料とを混錬した材料を出発材料とし，セラミックスシートに容易に微細なパターンを生成する手法を紹介する。

　取りあげる成形プロセス（インプリント加工）は，加熱・加圧により微細金型（モールド）のパターンを素材に転写する，いたってシンプルなプロセスである。純粋な樹脂材料に対しては，ナノレベルの微細構造まで表面に転写できるため，ナノインプリントプロセスとも呼ばれている。この技術は1990年代にS. Chouにより提唱され[1,2]，その高い解像度と低いコスト，そして，半導体プロセスへの応用が検討されるに至り，急速に知名度を高めた。現在では無反射構造（モスアイ効果）や自己清浄性超撥水性表面といった，大面積ナノパターニング技術として利用されつつある。

　ナノインプリントプロセスは純粋に樹脂のためのプロセスであるが，セラミックスナノ粉末材料を用いることにより，この技術をセラミックスにも適用することができる。成形性の良い樹脂材料と混合したセラミックス粉末のコンパウンド材料はインプリントプロセスに十分な成形性を有し，また，加熱プロセスを通じて樹脂を除去し，緻密なセラミックスシートを作製することができる。次節以降，プロセスの詳細を紹介するとともに，セラミックスと組み合わせることにより可能となった，さまざまな発展させたプロセスの例を紹介する。

### 2.2 マイクロパウダーインプリントプロセス

　インプリントプロセスは，いわゆる熱可塑性樹脂に対するホットエンボス加工である。微細なモールドパターンを用い，加熱と同時に加圧することにより微細加工を施す。本研究で紹介する例においては，用いたセラミックス材料はアルミナとYSZ（イットリア安定化ジルコニア）である。両者ともナノ粉末材料であり，マイクロメートルオーダーのモールドパターンに比べ粒子は十分に小さい。そのため，樹脂と粉末を混合したコンパウンド材料を出発材料として十分な転写加工を行うことができる。著者はこの技術を提唱し，既にいくつかの報告を行っている[3~6]。

　このプロセスの流れを図1に示す。まず，材料であるが，ここでは樹脂材料として水溶性の

---

＊　Fujio Tsumori　九州大学　大学院工学研究院　機械工学部門　准教授

# 第1章　焼結成形プロセス

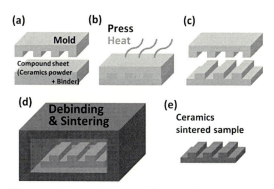

図1　マイクロパウダーインプリントプロセスの概要

PVA（ポリビニルアルコール）を用いている。成形性を調節するため，さらにグリセリンやポリエチレングリコールを添加する場合もある。これらの材料は水溶性であるため，有機溶媒を用いることなく水を用いたスラリー（泥漿）の調整が可能である。ナノ粉末材料を水溶液に十分に分散させるためには，超音波やビーズミル装置を用いた凝集塊の分解を行う。得られたスラリーを塗工装置により基板上に薄く塗布し，水分を乾燥・除去することでシート状のコンパウンド材料を準備できる。

　得られたシートは所望のパターンを持つモールド上に重ね，ヒーターを設置したプレス装置により加圧し，パターンを転写する。このシートを炉内で加熱することにより樹脂成分を分解除去する。さらに引き続きセラミックスの焼成温度まで加熱し，その温度で保持することによりパターンを有する緻密なセラミックス焼結体シートを得ることができる。図2はこのプロセスで得られたラインアンドスペースパターンである。シングルマイクロメートルオーダーの良好なパターニングが確認できる。

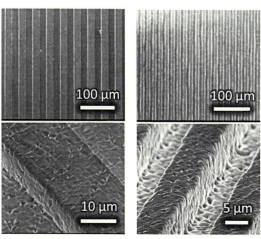

図2　マイクロパウダーインプリントプロセスにより作製された
　　　アルミナシート上のランアンドスペースパターン例

先端部材への応用に向けた最新粉体プロセス技術

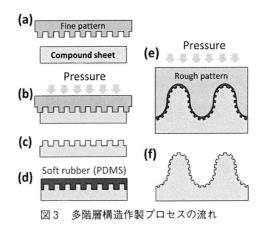

図3　多階層構造作製プロセスの流れ

このような単純なパターニングだけでもいろいろな応用例が考えられる。例えば、個体酸化物形燃料電池（SOFC）は全セラミックス燃料電池である。この電解質部分の片面に微細パターンを施すことで、燃料電池の性能が向上することを報告している[7〜9]。次項以降、単純な微細パターニングだけではないいくつかの例を紹介する。

## 2.3　多階層パターニング

セラミックスコンパウンド層の上に樹脂層を設置した多層材料へのインプリント加工により、多階層パターンを生成することが可能である。図3にプロセスの例を示す。まず、前節で示した方法により、微細なパターンをコンパウンドシートに成形する。その後、樹脂のみの層を塗布し、この2層のシートに粗いパターンを転写する。これにより、細かいパターンと粗いパターンが共存した多階層パターンを施すことができる[10,11]。

ここでは、アルミナ粉末を用いた例を示す。一段回目の20 $\mu$m ピッチの微細なラインアンドスペースパターンを転写後、シリコーン樹脂であるPDMS（ポリジメチルシロキサン）により表面に保護層を生成した。その後、この2層構造に対し、60〜130 $\mu$m ピッチの粗いラインアンドスペースパターンを転写した。PDMS層は離型性が良いため、成形後、容易に除去することができる。図4に成形した多階層構造と焼結後の構造を示す。図に見られるようにスケールの異なるパターンが生成できている。

微細な多階層構造は自然界にも見られ、特にハスの葉の表面に見られる多階層構造が超撥水性を付与していることは有名である。ここで得られたアルミナシートの表面にフッ素系のシランカップリング剤による撥水処理を施し、濡れ性を測定した結果を図5に示す。多階層構造との比較のため、平滑な表面、微細なパターンのみの表面、粗いパターンのみの表面についても測定を行った。この結果より、1階層のパターンと比較し、多階層構造の濡れ性が向上しており、多階層構造では接触角135度以上の超撥水性が発現していることが確認できる[11]。

このような多階層構造は他プロセスにおいても作製例が存在するが、いくらかテクニカルな手

第1章　焼結成形プロセス

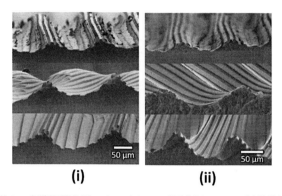

図4　多階層構造例。インプリント成形体(i)，および焼結体(ii)

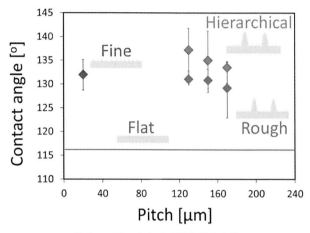

図5　パターンによる濡れ性の変化

法を駆使しなければ構築が難しい。シンプルな2種のモールドを用いるだけで各階層において狙ったスケールの構造作製が可能なこと，それから各階層のパターンをモールドにより直接設定できることが，本手法のメリットである。

### 2.4　セラミックス薄層の波状パターニング

次は，セラミックス薄層による「トタン板」状の成形例を紹介する。このような成形は，例えば固体酸化物形燃料電池（SOFC）の高性能化に寄与できる。図6はSOFCの模式図であるが，電解質の両面を電極を挟んだ3層のセラミックス部位で構成される。多孔質である両電極からは水素および酸素ガスが供給され，緻密な電解質層内部を酸素イオンが拡散移動することにより発電できる。ここで電解質表面を図6下に示すように，波状に成形できれば界面が増大し発電効率が上がることが期待できる。

そこで，図7のようなプロセスを考案した[12]。ここでは，コンパウンドシートにはSOFC電

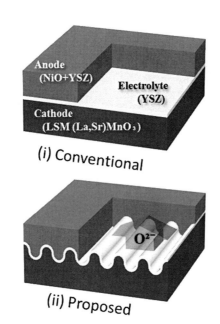

図6　固体酸化物形燃料電池の模式図
従来のもの(i),および提案する波形状の電解質構造を有するもの(ii)。

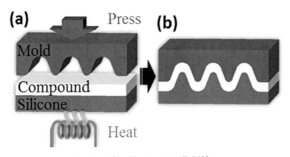

図7　波形状シートの作製法
下層のシリコーンシートがモールド形状にある程度ならって変形することで,可変形状モールドのような働きをする。

解質に広く用いられているYSZを適用した。このシートを柔軟なシリコーンゴムシート上に設置し,モールドによるインプリント加工を行う。ここでの要点はこの下層のシリコーンゴムである。インプリント中にシリコーンゴムは図のように大きく変形し,コンパウンドシートを押し上げる。つまり,下層は「可変形状のモールド」のように振舞う。波形状を成形するためには,上下からモールドで挟み込みインプリント成形を行うことでも可能である。しかしながら,この場合は上下のモールドの位置あわせ(アライメント)に高い精度が必要となる。ここで紹介した手法では自動的に位置あわせができることに注目されたい。

　ここで示す例においては,コンパウンドシートとして厚さ約50μmのものを準備した。また,

第1章 焼結成形プロセス

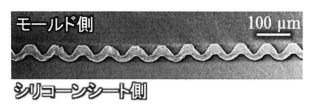

図8 波形状セラミックスシート焼結体SEM像

モールドはレーザ加工により作製したピッチが135μm，深さ60μmのラインアンドスペースパターンである。シリコーンゴムシートは成形後容易に離型し，また，再利用が可能でもある。得られた波形状のシートは，これまでのプロセスと同じく加熱による樹脂成分の分解除去，焼結過程を経て焼結体シートとなる。図8に焼結体写真を示す。波状のパターンを持つ緻密なセラミックスシートが欠陥なく成形できていることが確認できる。現在，この波形状電解質層の上下に電極層を焼き付け，電池性能を評価する実験に取り組んでいる。

セラミックス材料は，焼結条件を変えたり，コンパウンドシートに樹脂微粒子を混ぜ込むことで多孔質化も可能である。ここで示した波形状の多孔質セラミックスが作製できればフィルター等への応用も考えられる。また，前節で示した技術も応用すれば，両面を多階層構造にすることも可能であろう。

## 2.5 多層インプリント

前節の燃料電池は良い例であるが異なる複数種の層で構成される製品である。このような製品には複数層の素材シートを積層させたものに加工を加える，多層インプリントプロセスが効果的である。SOFCはセラミックス電解質層の両側をセラミックス電極層で挟み込んだものであり，例えばこれら3層を一度に成形することが考えられる。

最も単純な2層材料のインプリントプロセスの概略を図9に示す。このプロセスは通常のインプリントプロセスに上層・下層の2層の材料を用いるだけの違いだけである。

次に，実際に多層インプリントを行った例を図10に示す。これは2層のアクリル樹脂材料をラ

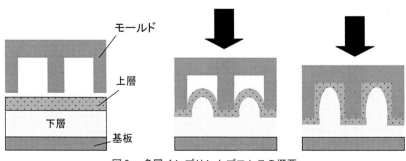

図9 多層インプリントプロセスの概要

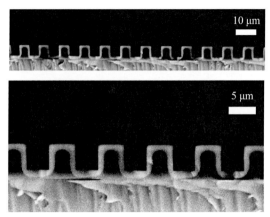

図10　多層インプリントの成形例

インアンドスペース状に加工したものの断面である。上層にはナノ粒子を分散し，着色してある。ここで注意してほしいところは，最終的にモールドにより加工される上層のパターンは忠実にモールド形状を転写するが，上層と下層の間の界面パターンはプロセスに依存することである。

具体的に，下層のアクリル材料の分子量を変化させた場合の成形例を図11に示す。左は分子量の小さい樹脂，右は大きい樹脂を利用している。一般に樹脂は分子量が増大するにつれ，変形しづらくなる（手応え的には硬くなる）が，このような機械的な性質の変化により，界面パターンが大きく変化していることが確認できる。

このような界面パターンを事前に予測・設計するためには解析的な手法が有効と考えられる。加熱樹脂はゴム材料と似た変形をするため，超弾性体ゴム材料モデルとして用いられるMooney-Rivlin モデルを使って行った変形解析の例を図12に示す。図11に示した実験結果と同様の界面形状が得られている。このような解析手法の確立は今後ますます重要となるであろう。

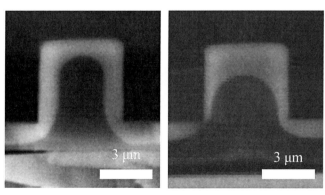

図11　下層樹脂の分子量を変化させた場合の違い

第1章 焼結成形プロセス

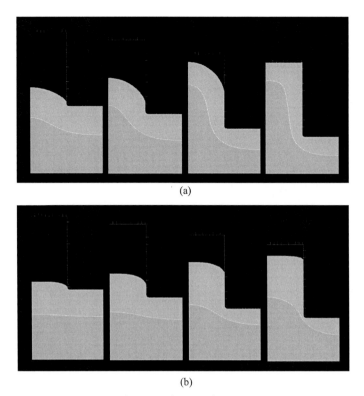

図12 多層インプリントプロセス解析例

## 2.6 微細流路を含むインプリント加工

最後にセラミックス構造内にマイクロ流路を生成する例を挙げる。2枚のセラミックスコンパウンドシートの間に犠牲層となる樹脂流路パターンを挟み込み上下から加熱・圧縮する。その後，加熱によりコンパウンドシート中の樹脂とともに樹脂犠牲相も分解し，そのまま焼結することで，セラミックスシート内に微細流路パターンを生成することが可能である。

さらに，この圧縮プロセス時にモールドを用いたインプリント加工を行うことで，モールドパターンに沿った，平面外に変形した流路パターンを得ることができる[13,14]。図13にプロセスの流れを示す。この例では犠牲層のパターニングにレーザ加工を用いている。まず，セラミックスコンパウンドシート上に犠牲層となる樹脂シートを重ねて設置する。ここではポリイミドシートを犠牲層とした。次に，この犠牲層にレーザ加工を施す。図の例では単純な平行流路パターンを形成するよう平行にスリット加工を行っている。レーザ加工後，同じ素材のコンパウンドシートを上に重ね，そのままインプリント加工を行う。この際，上下のコンパウンドシートは犠牲層の間に流れ込み一体化する。また，図では波形状のモールドパターンを転写しているが，この形状に沿って流路となる犠牲層が変形することを期待している。最終的には，これまでのプロセスと同様に加熱・焼成を行うが，セラミックスの焼結温度に至るまでに，コンパウンドシートの樹脂成分と同じく犠牲層も完全に熱分解・除去される。このようにして表面のパターンと内部流路を共

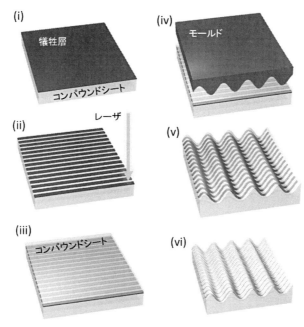

図13 レーザ加工複合型インプリントによる微細流路を含む構造の作製プロセス

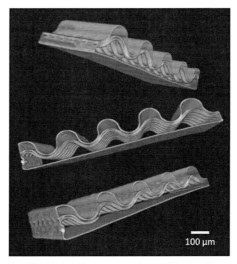

図14 微細流路を含むセラミックス構造のX線CT像

存させたシートを作製することができる。

　図14に得られたセラミックス構造体の断層画像（X線CT像）を示す。これは同じサンプルをいくつかの視点から観察したものである。この像は、材料と空間部との境界のみを示しており、表面（上面）に波状のパターンを有し、内部に波形状に沿った約 20μm の太さの流路が平行に

第 1 章　焼結成形プロセス

設置できていることが確認できる。このような構造は熱交換デバイスに応用が可能である。また，電解質や電極といった多層構造に適用することにより新型の固体酸化物形燃料電池に応用することを検討しているところである。犠牲層樹脂にあらかじめインプリント加工でパターニングを施しておくことにより，内部流路表面に，さらに細かいパターンを施すことも可能であり，従来法では不可能であった高機能な構造へと発展させることも可能である。

## 2.7　おわりに

セラミックス材料はもともと素材としてナノ粉末が供給されており，この特徴を活かして微細なパターニング技術と組み合わせる研究を行ってきた。まず，単純な表面パターニングとしては数 $\mu$m オーダの転写が可能であることを示し，さらに，多階層パターニングや，波状のシートの作製，そして微細流路構造の埋め込みといった，発展的な加工プロセスも紹介した。セラミックス材料では従来得ることができなかった，これらの構造は，過酷な環境で必要なセンサや，いくつか例を挙げた燃料電池といった，これまでにないアプリケーションへと適用することが可能である。また，この技術はセラミックス以外にも一般の粉末冶金プロセスが適用可能な金属やガラス等の素材にも利用可能であることも付け加えておく。

文　　献

1) S. Y. Chou *et al., J. Vac. Soc. Technol. B*, **14**, 4129 (1996)
2) S. Y. Chou *et al., Science*, **272**, 85 (1996)
3) Y. Xu, F. Tsumori *et al., J. Jpn. Soc. Powder Powder Met.*, **58**, 673 (2011)
4) Y. Xu, F. Tsumori *et al., Adv. Sci. Lett.*, **12**, 170 (2012)
5) F. Tsumori *et al.*, Proc. PM World Congress, P-T6-72 (2013)
6) Y. Xu, F. Tsumori *et al.*, Proc. IEEE-NEMS, 887 (2013)
7) Y. Xu, F. Tsumori *et al., Micro & Nano Lett.*, **8**, 571 (2013)
8) F. Tsumori *et al., Jpn. J. Appl. Phys.*, **53**, 06JK02 (2014)
9) F. Tsumori *et al., Proc. Int. Conf. Technol. Plasticity*, **81**, 1433 (2014)
10) L. Shen, F. Tsumori *et al.*, Proc. Asia Workshop Micro/Nano Form. Technol. (2014)
11) F. Tsumori *et al., Manufacturing Rev.*, **2**, 10 (2015)
12) F. Tsumori, K. Tokumaru *et al., J. Jpn. Soc. Powder Powder Met.*, **63**, 519 (2016)
13) F. Tsumori, S. Hunt *et al., Jpn. J. Appl. Phys.*, **54**, 06FM03 (2015)
14) F. Tsumori, S. Hunt *et al., J. Jpn. Soc. Powder Powder Met.*, **63**, 511 (2016)

# 第2章　立体成形プロセス

## 1　3Dプリンタによる金属粉体の成形技術

京極秀樹*

### 1.1　はじめに[1,2)]

　三次元積層造形技術は，従来ラピッドプロトタイピングと呼ばれていたが，2009年にASTM F42委員会において・アディティブ・マニュファクチャリング（Additive Manufacturing，以下，AM）と呼ぶことが決定された。AM技術はいわゆる3Dプリンタによる積層造形技術で，金属粉末の成形については，このところの装置性能の向上，AM用粉末特性の改善などにより，航空宇宙分野や医療分野を中心に実用化されてきている。金属粉体用の装置については，パウダーベッド方式とデポジション方式が中心で，光源にはレーザーあるいは電子ビームが主に利用されている。最近では，装置性能は高速化・高精度化・大型化への傾向にあり，製品の品質保証のためにモニタリング機能も搭載されてきている。また，バインダジェティング方式やマテリアルジェティング方式による装置開発も行われてきている。

　AM技術は，①三次元複雑形状品の製造が可能，②表面だけでなく内部構造を表現できるなど，これまで他の加工法では不可能であった特徴を有する。このため，従来の加工法に対する設計ではなく，AM技術を活かした設計が必要で，このような設計思想の変革を図ることにより，AM技術の特徴をより活かすことができる。

　本節では，金属粉体を対象とした成形技術について，種々の方式の特徴，AMプロセス，造形原理，設計指針や応用例について述べる。

### 1.2　AM技術の分類と特徴
#### 1.2.1　分類

　従来，ラピッドプロトタイピング，ラピッドマニュファクチャリングと呼ばれていた造形技術は，2009年に設置されたASTM F42委員会で，アディティブ・マニュファクチャリングと呼ばれることになり，表1に示す7つのカテゴリーに分類された。表1には，まだJIS規格として規定されていないために，英文のままで掲載しておく。

　図1には，通常よく使われている呼び名で7つのカテゴリーの原理を示した図を掲載し，その説明を以下に加えておく。

　①　バインダジェティング（結合剤噴射）

　　石膏，砂，セラミックス粉末などにバインダー（液体結合剤）を噴射して選択的に造形する

---

　*　Hideki Kyogoku　近畿大学　工学部　ロボティクス学科　教授

## 第2章　立体成形プロセス

表1　AM技術の分類[3]

| Category | Description |
|---|---|
| Binder Jetting | Liquid bonding agent selectively deposited to join powder |
| Material Jetting | Droplets of build materials selectively deposited |
| Powder Bed Fusion | Thermal energy selectively fused regions of powder bed |
| Directed Energy Deposition | Focused thermal energy melts materials as deposited |
| Sheet Lamination | Sheet of material bonded together |
| Vat Photopolymerization | Liquid photopolymer selectively cured by light activation |
| Material Extrusion | Material selectively dispended through nozzle or orifice |

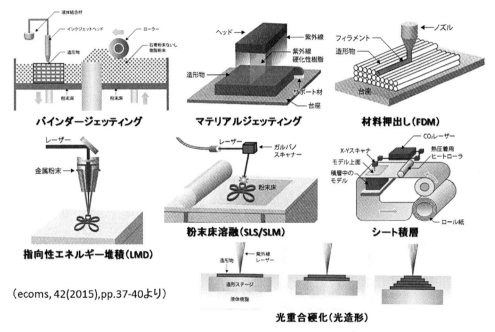

（ecoms, 42(2015), pp.37-40より）

図1　AM技術の7つのカテゴリーの原理図[4]

方法。
② マテリアルジェッティング（材料噴射）
　光硬化樹脂などをインクジェットノズルなどから噴射して選択的に造形する方法。
③ 粉末床溶融（パウダーベッド）
　金属や樹脂粉末を敷き詰めたパウダーベッドにレーザーや電子ビームを照射して，選択的に溶融させて造形する方法。
④ 指向性エネルギー堆積（デポジション）

金属粉末あるいはワイヤーを供給しながらレーザーや電子ビームを照射し，溶融・堆積して造形する方法。

⑤ シート積層

シート材を所望の形状に切断し，接着や溶接などにより結合して造形する方法。

⑥ 光重合硬化（光造形）

光硬化樹脂に光を当て，選択的に硬化させて造形する方法。

⑦ 材料押出し（熱溶融積層）

樹脂ワイヤーなどの造形材料をノズルやオリフィスから押出して選択的に造形する方法。

### 1.2.2 粉末床溶融（パウダーベッド）方式

パウダーベッド方式は，金属粉体の成形に最もよく利用される方式で，図1のように，粉末をブレードあるいはローラーなどでならし，できた粉末床をレーザーあるいは電子ビームで焼結あるいは溶融する工程を繰り返しながら積層造形する方法である。本方式の主な特徴および適用例は，以下のとおりである。

【特徴】
・高密度・高強度製品の製造が可能（ほぼ真密度で，機械的性質は溶製材に匹敵）
・高精度複雑形状品の製造が可能

【適用例】
・航空宇宙部品（タービンブレード，噴射ノズルなど）
・自動車用試作品
・インプラントなど医療用部品など

### 1.2.3 指向性エネルギー堆積（デポジション）方式

デポジション方式は，従来から補修用などに利用されてきた方式で，上述したように，粉末などを供給しながら，レーザーあるいは電子ビームで溶融し，溶融物を堆積させて積層造形する方法である。本方式の主な特徴および適用例は，以下のとおりである。

【特徴】
・高速・大型化が可能
・多色材料・傾斜材料の製造が可能
・レーザークラッディングが可能

【適用例】
・タービンブレード補修用
・航空宇宙分野
・産業用機器分野など

### 1.2.4 バインダジェティング方式

バインダジェティング方式は，金属，セラミックス，鋳物用砂などの成形に利用される方式で，現在では鋳造用砂型用に多く利用されているが，最近では金属粉体の製造にも再度利用され始め

第2章　立体成形プロセス

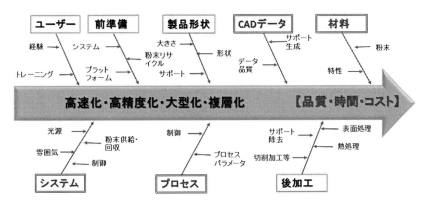

図2　レーザーを利用したパウダーベッド方式におけるプロセス因子
（参考：SLM Solutions 社資料）

ている。金属粉体の成形後に，脱バインダ工程と焼結工程が必要となり，パウダーベッド方式のように真密度の造形体は得にくいが，大量生産が可能となるなどの特徴を有する。

#### 1.2.5　ハイブリッド方式

切削機能とパウダーベッド方式やデポジション方式のAM技術を組み合わせたハイブリッド方式の装置開発が日本の工作機械メーカーを中心に行われている。パウダーベッド方式では，10層程度の造形後にミリングを行い，最終製品で切削した造形体の製造が可能であるため，主に金型製作へ適用されている。デポジション方式では，軸へフィンを付加した製品，異種金属を利用した掘削用工具などへの適用が考えられている。

### 1.3　金属AMプロセス[4]

#### 1.3.1　概要

AM技術に影響を及ぼす因子は非常に多く，装置に関する因子はもちろんのこと，製品形状，金属粉体，プロセスなど多岐にわたる。図2にレーザーを利用したパウダーベッド方式における製品製造に及ぼす主な因子を示しておく。

#### 1.3.2　粉体特性

AM技術においては，粉体の特性は造形に影響を及ぼす非常に重要な因子の一つである。一般的に，金属粉体は装置メーカーから供給される場合が多く，装置の特性に合った粉体特性となっているのは，このためである（図3）。

粉体に要求される特性としては，
・真球でサテライトの少ない粉体粒子
・低酸素量で粉末中に空隙の少ない粉体粒子
・粒度分布の狭い粉体
・流動性（Flowability）（JIS2502：流動度）や拡がり性（Spreadability）に優れる粉体

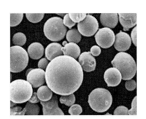

図3　AM粉末の形状の例

などが挙げられる。また，操業に際しては，リサイクル性やコスト面についても検討しておくことが必要である。

　一般的に用いられる各方式での粒度分布は，次のとおりである。
・SLM（レーザーパウダーベッド）用　　：15〜45μm
・EBM（電子ビーム）用　　　　　　　　：50〜100μm
・LMD（レーザメタルデポジション）用　：50〜150μm

### 1.3.3　造形プロセス[5]

一般的な金属AMプロセスは，次のとおりである。

【AMプロセス】（図4）
① 三次元CADによるモデル作成
② STL（Stereo Lithography）データフォーマットへの変換，必要に応じてサポートのSTLデータ付加
③ AM装置へのSTLファイルの送信，スライスデータに変換して装置の操作ファイルを作成
④ 最適条件で造形
⑤ 必要に応じて後処理

## 1.4　AM技術における設計指針[4,6]

### 1.4.1　基本要素設計

　AM技術の大きな特徴は，他の加工法では製造不可能な三次元複雑形状品を製造できることにある。しかし，溶融凝固現象を伴うために形状によっては造形が難しいため，サポートの設置が必要であるなど，基本的な幾何形状に対する装置の能力を評価しておくことが重要である。装置の能力と幾何学的パラメータを評価するための標準的な形状要素を設けたプラットフォームの例を図5に示す．

　EPMA（European Powder Metallurgy Association）[4]によれば，基本的な幾何形状として，以下のような状況にあると報告されている。これらの数値はあくまでも標準的な値であり，装置，使用粉末，材質により異なることは考慮しておく必要がある。

図4　AMプロセスの例

第 2 章　立体成形プロセス

図 5　標準要素評価プラットフォームの例（SLM Solutions 社のデータにより造形）

① 最小肉厚

現状では，0.2 mm 程度とされているが，当然，造形高さに依存する。

② 最小穴径

現状では，0.4 mm 程度とされている。通常，横穴の場合には，直径が 10 mm 程度以下ではサポートは不要とされている。

③ 最大穴径あるいはアーチ半径

②のように，横穴の径が大きくなるとサポートが必要となる。また，内部表面は，造形トラックの端部となりエネルギー密度が大きくなるため，溶融凝固状況が異なり表面が荒れてくる。これが大きくなると，崩れて造形できなくなる。

④ 最小支柱直径

通常，0.15 mm 程度である。

⑤ 最小溝幅・溝直径

通常，最小肉厚，穴径程度であるが，溝の深さに大きく依存する。

⑥ オーバーハング角度

オーバーハング角度は，造形の際にはサポートの付与を行うための指針となる重要な情報である。通常，45°程度とされているが，粉末特性や材質により異なることが多く，オーバーハング角度45°以下では，表面の荒れ，特に裏面の荒れ，変形さらには造形不良を起こす。

### 1.4.2　高機能設計

AM 技術を利用して製品の高機能化を図るためには，トポロジー最適設計とラティス構造の利用は必須である。

図 6 に，単純モデルとして橋梁のトポロジー最適設計の例を示す。この例では，軽量かつ強度を有する最適形状となっている。

また，ラティス（格子状）構造（図 7）の適用により，次のような製品の高機能化を図ることができる。

先端部材への応用に向けた最新粉体プロセス技術

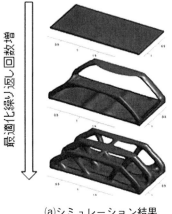

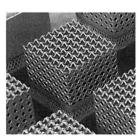

(a)シミュレーション結果　　　　(b)造形体　　　　図7　ラティス構造の例

図6　トポロジー最適設計の例
（シミュレーションは，広島大学・竹澤准教授の好意による）

・軽量化
・力学特性の制御
・生体学的機能の付与

### 1.5　材料特性と適用例
#### 1.5.1　材料特性
　金属 AM 技術により製造可能な材質は，鉄系，アルミニウム系，チタン系，ニッケル系など多岐にわたっており，ほとんど溶製材に匹敵する機械的性質を有している。代表的な例を表2に示しておく。

#### 1.5.2　適用例
　金属 AM 技術の製品への適用例は，航空宇宙分野，自動車関連分野，産業機器関連分野，医

表2　代表的な造形体および熱処理体の機械的性質（EOS 社のデータシートより抜粋）

| Materials | Direction | As-built | | | | Heat treated | | | |
|---|---|---|---|---|---|---|---|---|---|
| | | Yield strength (MPa) | Tensile strength (MPa) | Elongation (%) | Hardness | Yield strength (MPa) | Tensile strength (MPa) | Elongation (%) | Hardness |
| Ti64 | horizontal | 1140±50 | 1290±50 | (7±3) | 320±20HV5 | 1000±50 | 1100±40 | (13.5±2) | — |
| | vertical | 1120±80 | 1240±50 | (10±3) | | 1000±60 | 1100±40 | (14.5±2) | |
| Al10SiMg | horizontal | 270±10 | 460±20 | (9±2) | 119±5HBW | 230±15 | 345±10 | 12±2 | — |
| | vertical | 240±10 | 460±20 | (6±2) | | 230±15 | 350±10 | 11±2 | |
| IN718 | horizontal | 780±50 | 1060±50 | (27±5) | 30HRC | | | | |
| | vertical | 634±50 | 980±50 | (32±5) | | 1150±100 | 1400±100 | (15±3) | 47HRC |

療分野，金型など多岐にわたってきている。実用化の例としては，ジェットエンジンの噴射ノズルやヒンジなどの航空機用内装部品，自動車用試作品，タービンブレードなどの産業機器部品，インプラント，金型などである。

## 1.6 おわりに

AM 技術は，"ものづくり"を革新する加工技術として期待されている。これを実現するためには，設計思想の革新を図るとともに，高品質製品の製造技術を確立する必要があることから，装置の重要な機能としてモニタリング機能が開発されており，また高精度の製品を製造するために熱変形シミュレーション技術の開発などが行われてきている。

　金属 AM 技術はすでに実用化のステージに入ってきており，今後各分野においてますます装置が導入され，本技術の加工分野における重要性が一層増してくると予測される。

## 文　　献

1) 京極秀樹，産業用3Dプリンターの最新技術・材料・応用事例，11，シーエムシー出版（2015）
2) 京極秀樹，近畿大学次世代基盤技術研究所報告，**7**，53（2016）
3) Standard Terminology for Additive Manufacturing Technologies, ASTM Standard F2792-12a,（2012）
4) 技術研究組合次世代3D積層造形技術総合開発機構編，～設計者・技術者のための～金属積層造形技術入門，ウィザップ（2016）
5) I. Gibson, D. W. Rosen, B. Stucker, "Additive Manufacturing Technologies –Rapid Prototyping to Direct Digital Manufacturing-", Springer（2010）
6) EPMA, "Introduction to Additive Manufacturing technology, A Guide for Designers and Engineers" 1st ed., EPMA（2015）

## 2 粉体の焼結プロセスによる3Dプリンティング技術

清水　透*

### 2.1　はじめに

　2012年から始まる第3次3Dプリンティングブームは思いの他，長続きしている。IoT, あるいはIndustory4.0の動きと相まり，本物の加工技術として少しは認識されるようになってきたようだ。このような中，金属の造形が可能な3Dプリンティング技術として，PBF：Powder Bed Fusion（金属床溶融結合法）と呼ばれる方法と，溶融プールの中へ金属粉末を吹きこんで溶解積層していく方法（DED：Directed Energy Deposition）の2タイプがよく知られている。さらに，PBFには，敷かれた粉末をレーザーで溶かしながら積層していく方法（SLM：Selective Laser Melting）と電子ビームで溶かしながら積層していく方法（EBM：Electoron Beam Melting）の2つがある。しかし，3Dプリンティングの歴史は長く，この2つの直接溶融のタイプだけではなく，図1のように従来の樹脂を中心と積層造形技術を利用しながら金属粉，セラミックス粉を積層造形し，焼結をにより製品を完成する方法もある。この方法は，焼結という一手間をかけるため造形の迅速性が阻害され，また，焼結時に収縮するためその収縮率を事前に評価して造形する必要がある。その一方，高出力レーザーや電子ビームという高価な道具立てが不要であり，金属のみならずセラミックスの造形も可能，という長所を持っている。この造形技術は，ステステレオリソグラフによる方法（液相光重合法），FDMによる方法（材料押出法），インクジェットプリンティングによる方法（結合剤噴射法）等を利用した方法がある。その他，除去加工ではあり，本来の3DプリンティングやAM（Additive Manufacturing）法には該当しないが，粉末の仮焼結体や樹脂バインダによる凝結体を切削加工により任意形状を削り出し，その後焼結する方法も存在する。ここでは3Dプリンティングング技術を粉体から迅速に複雑形状を製造する手法と幅広に捉え，これらの方法も含めて紹介する。

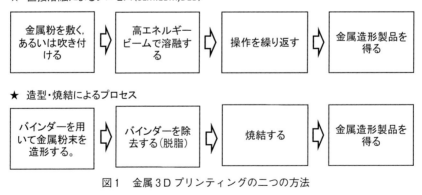

図1　金属3Dプリンティングの二つの方法

---

*　Toru Shimizu　（国研）産業技術総合研究所　製造技術研究部門
　　　　　　　　　機能造形研究グループ　上級主任研究員

第2章　立体成形プロセス

## 2.2　ステレオリソグラフによる3Dプリンティング

　ステレオリソグラフは3Dプリンティングとして最初に開発された手法である。造形手法を図2に示す。レーザー等の光で光硬化性樹脂を硬化させて積層していくことによって任意の形状を作り出すことができる。この手法によって，金属，あるいはセラミックスの成形を試みる場合，光硬化樹脂の中に粉末を分散しなければならない。そのため，硬化樹脂溶液中に粒子を分散させるためには粘度の高い溶液を用いる必要がある。従来のステレオリソグラフでは硬化樹脂溶液は自然に流動する液面により造形面の平面を形成する。しかし，粘度が高くなった場合，液面を形成させるスキージング操作，あるいはリコーティングの操作が必要となる。また，光の透過性も極端に悪くなるため，積層厚さも極めて薄く設定する必要がある。このような困難さにもかかわらず，1990年代よりいくつかの実施報告がなされている。また，セラミックス製のフォトニックス結晶を造形する目的で，宮本，桐原らによる継続的な研究開発が試みられている（図3）[1,2]。このような，ステレオリソグラフにより造形装置を商用化し，焼結による製品製造を行っている例としては，フランス3dceram社で開発されているCERAMAKERの例があり，アルミナ，ジルコニア，ハイドロキシアパタイトの造形が可能である（図4）[3]。

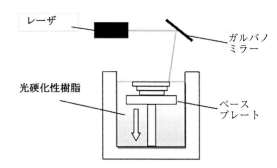

図2　液相光重合法（ステレオリソグラフ）による積層造形

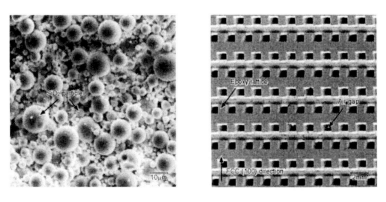

図3　ステレオリソグラフによるセラミックス品の造形

図4　3D Ceram によるセラミックス造形製品

## 2.3 FDMによる3Dプリンティング

　FDMにより金属製品積層造形の例を紹介する。山梨県工業技術センターよりFDM法に近い手法の特許が申請されている[4]。この特許はFDM法で知られるStratasysの特許より早い出願日となる。しかし，この特許でも，金属粉をさらに脱脂・焼結を行い，金属製品を造形することは検討されていない。そのため，山梨県工業技術センターと工業技術院（現産総研）では，共同でFDMによる金属積層造形の手法を改めて特許申請し[5]，以下の研究を行っている。また，FraunhoferのIFAMでも同時期に同様な手法を提案し，論文報告を行っている[6]。

### 2.3.1　FDMによる金属3Dプリンティング装置[7]

　FDM法の原理を図5に示す。ここで使用したFDMの装置は山梨県工業技術センターの特許に基づき㈱メイコーが作製した装置である。この装置は㈱メイコーが製造販売していたステレオ

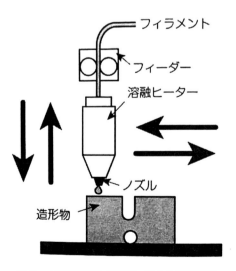

図5　材料押出法（FDM）による積層造形

## 第2章 立体成形プロセス

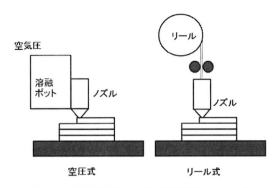

図6 材料押出法における材料吐出法のタイプ

リソグラフ装置を改造して作製した装置で，造形プログラムも光造形を基本としている。この装置がStratasysのシステムや他のFDM装置と異なるのは溶融したコンパウンドの供給方である。加熱ポットの中で素材を溶融しそれを空気圧でノズルから供給する形式を採用している。吐出のコントロールはノズルに取り付けられたニードルバルブで行う。一方，Stratasysの形式は，リールから繰り出す素材を加熱したノズルで溶融する形式である。吐出のコントロールはリールの繰り出しで調節する。ここでは前者の吐出機構を空圧法，後者をリール法と呼ぶ事にする（図6）。樹脂成型にはリール法の方が優れている。しかし，コンパウンドの成型では，リール法の場合，ワイヤー状に成型したコンパウンドが必要となる。しかも，そのコンパウンドワイヤーは常温でもしなやかで，丈夫でなければならない。しかし，コンパウンドは金属粉を50 vol％ほど含んでいなければならないので固く脆くなる。実際にリール法による造形を金属造形に適用するには使用する樹脂成分，粉末の含有量等の十分な検討が必要である。

ちなみに，空圧法で採用したコンパウンドのバインダー成分は融点55℃のパラフィンワックスとエチレン酢酸ビニル共重合体（EVA）をそれぞれ65 wt％と35 wt％の割合とした。樹脂成分にはEVAを採用したが，EVAはしなやかな樹脂でありコンパウンドの成形性を向上させる。その一方，脱脂時に割れが入りやすいという欠点も持つ。ここでは，金属粉末としてSUS316と純チタンを用いて成形した例を紹介する。

### 2.3.2 ステンレス鋼粉の成形

SUS316Lのステンレス鋼金属粉（エプソンアトミックス，PF20-F）とバインダーをそれぞれ60 vol％，40 vol％の割合で混練したコンパウンドを使用して造形を試みた。造形温度（溶融ポット，およびノズル先端での温度）は110℃とした。ノズル径はφ0.4，0.6，0.8 mmが選択可能であるが，φ0.8 mmを使用した。走査速度は5 mm/sec，積層厚は0.5 mmとして造形した。造形過程を図7に示す。この条件により任意の形状をSTLの三次元データより造形した例を図8示す。金属コンパウンドは熱伝導がよく，速やかに冷却・固化するため，オーバーハングの形状も容易に造形できサポートなしで多様な形状の成形が可能である。ここでの成形は，中実製品ではなく，表面の殻構造の製品の作成を試みた。コンパウンドの成形品はMIMと同様に脱脂・

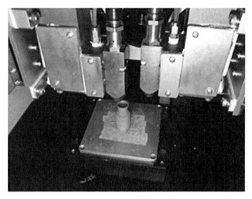

図7　空圧型FDM装置の材料吐出部と造形の様子　　図8　空圧型FDM装置で造形された金属コンパウンド

焼結により金属化する。脱脂には，超臨界二酸化炭素による特殊な方法により行った[8]。これは，加熱脱脂を行うとバインダーの特性から脱脂中に軟化して形が崩れてしてしまうためである。20 MPaの超臨界二酸化炭素に60℃，2時間程度浸漬することによって脱脂処理することができ，脱脂中の変形も防ぐことができる。一度脱脂されたコンパウンドは再度加熱しても軟化することはなく形状を保ったまま焼結することができる。焼結は真空下で，1250℃，1時間の条件で行った。焼結した製品を図9に示す。製品の収縮率は線収縮率で15％程度である。

### 2.3.3　チタンの造形

　FDMによる中実製品の造形は過剰にコンパウンドを供給するとその形状を崩してしまうため難しい。中実製品を造形するには厳密なコンパウンド供給が必要となるため一般には内部に若干の空隙を残す形でしか造形できない。一方，生体のインプラントに用いる材料は，生体適合性，細胞の付着性や増殖性から，必要十分な強度が確保されていれば多孔質であることは問題ない。そこで，生体適合性のよいチタン製品の造形をFDM法により試みる。

　純チタンのガスアトマイズ粉（大阪チタニウム，TILOP-45）とバインダーをそれぞれ60 vol％，40 vol％の割合で混練したコンパウンドを使用して造形した。造形温度（溶融ポット，お

図9　チタンコンパウンドの積層造形製品

第2章 立体成形プロセス

図10　コンパウンド成型品を脱脂・焼結して得られた製品（SUS316L）

よびノズル先端での温度）は110℃とした。ノズル径はφ0.8mmを使用した。走査速度は5mm/sec，積層厚は0.5mmとして造形した。STLファイルからのコンパウンドの造形例を図8に示す。またNCデータより造形した例を図10に示す。

　チタンによる成形品はステンレス鋼の場合と同様に超臨界二酸化炭素による方法により行った。脱脂条件も同様とした。焼結は真空下で，1250℃，4時間保持の条件で行った。真空炉の焼結中の真空度は$2 \times 10^{-2}$Pa程度であり，試験片はモリブデン製の容器の中でジルコニアサブストレート上に配置して焼結した。さらに，モリブデン容器中にスポンジチタンを酸素のゲッターとして配置し，焼結中のチタンの酸化には注意を払った。図11に三次元形状測定器を示す。この測定器により図12左の骨の形状を計測し，チタンコンパウンドを積層造形した例を図12右に示す。これを焼結することによりインプラント用の製品を提供していくことが可能である。

## 2.4　インクジェット法による三次元積層造形

　金属粉末をインクジェット法（結合剤噴射法）により固化し，その後，焼結して製品を得る方

図11　三次元形状測定装置

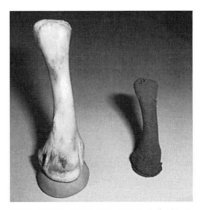

図12　鶏骨とチタンコンパウンド造形製品

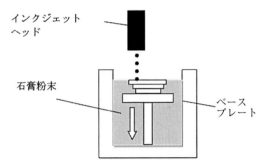

図13 結合材噴射法（インクジェット）

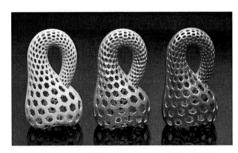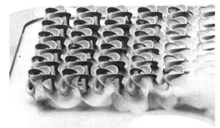

図14 Hoganas社インクジェット法によるDegitai Metal製品

法が最近，注目を集めている。結合剤噴射法の造形装置としては，3D Systems に買収された Z corporation の装置が有名である。この装置では石膏粉をインクジェットで吐出されるバインダーによって固化する。金属粉を対象とした装置では Ex One の装置がある。この造形では固めた金属粉に溶融したブロンズを含浸して製品とする。この方法では成形した製品が収縮しないという長所があるが，造形製品は使用した金属より融点や強度の低い材料となる。近年，スエーデンの Hoganas 社より Degital Metal という手法が提案された。この手法は図13のように結合剤噴射法により金属粉を固め，そのまま焼結する方法を提案している。Hoganas 社では造形装置や手法の提供は行っておらず，製品造形そのものを請け負う形でビジネスを展開しようとしている（図14）。一方，国内では，リコーが同様な手法の提案を行っており，装置の開発，提供を目論んでいる[9]。こちらの装置ではバインダーを塗布した金属粉末を他種のバインダーで固め，固化，焼結する方法を採用している。そのほか，光硬化樹脂タイプのバインダーを採用したインクジェット法により金属粉を固め，焼結固化する方法もイスラエルの Objet 社（現在は Stratasys）において提案されている。

## 2.5 仮焼結体，グリーン体のCAMによる三次元造形
### 2.5.1 仮焼結のCAMによる三次元造形
超硬はタングステンカーバイドをコバルト等の結合材とともに焼結して固めるという粉末冶金

的な手法で作成される。しかし，硬度の高い材料であるため，いったん焼結してしまうと切削や研削といった機械加工が困難である。そのため，この材料により金型等を作成する場合は圧粉後，一旦，低めの温度で仮焼結を行い，まだ固くならない状態で機械加工を行う。その後，本焼結，場合によっては HIP 処理，仕上げの加工を行って製品とする。近年ではジルコニアによる歯冠がこの方法により作成されるようになってきた。そのための装置一式が提供，販売され，マシニングによる 3D プリンティングが商業的に実現している[10]。歯科診療所では三次元形状測定装置により患者の歯冠の採寸，デザインを行い，歯科技工所へ送る。歯科技工所では，素材会社から提供されるジルコニアの仮焼結体をコンパクトな仮焼結体切削用の CAM 装置により，焼結時の収縮を見込んで削り出す。削り出した歯冠は，素材会社指定の温度スケジュールで焼結され，コーピング等の後処理を経て，提供される。これらの方法は従来の 3D プリンティングのイメージが異なるが，多様な形状の製品を迅速に提供しようとする点では，3D プリンティングと軌を一にする方法といえる。

### 2.5.2 グリーン体の CAM（グリーンマシニング）による三次元造形

粉末冶金，特に MIM（Metal Injection Molding）の分野で，金属粉を鍛造加工で固めたもの，バインダーで固めて成形した，焼結や脱脂前の成型品をグリーン体と呼ぶ[11,12]。グリーン体はもろいので，安価化で剛性の低い加工装置，たとえば木材やプラスチック用の切削加工装置でも容易に可能である。このように，グリーン体を焼結前に加工して，要求する形状を仕上げ，焼結して製品とする方法をグリーンマシニングと呼びたい。ここでは，バインダーに水溶性高分子の水溶液を用いてゲル化により金属粉を固め，乾燥したグリーン体を用いたグリーンマシニングについて解説する。ここでは PVA 水溶液を用いる方法について解説する（図15）。

(1) ステンレス鋼のグリーンマシニング[13]

① グリーン体の準備と焼結条件

グリーン体の作製には水溶性高分子バインダーを用いる。ここでは水溶性高分子バインダーとして PVA（Polyvinyl Alcohol）を用い，粉末として MIM 用の SU316L ステンレス鋼粉末を用いた。PVA は Saientific Polymer 社の分子量110000のものを使用した。このバインダーは 24 hr 程

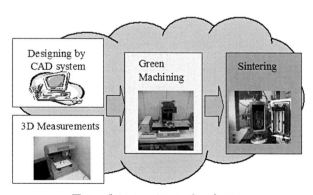

図15　グリーンマシニングのプロセス

度凍結状態で保持し解凍することによりゲル化する。ステンレス鋼粉にはエプソンアトミックスのSUS316L，MIM用水アトマイズ粉PF-20を利用した。この粉末の平均粒径は約 $9.5\mu m$ である。これらの素材よりグリーン体を作製したが作製過程は以下のとおりである。またこのプロセスを図16に示す。

1) PVAを温水に溶解する。温水の温度は約80℃とし，ステアラーで数時間撹拌しながら溶解する。ここでは4 mass%，8 mass% and 12 mass%のPVA水溶液を準備する。
2) PVA水溶液とステンレス鋼粉を撹拌装置により撹拌する。バインダーとステンレス鋼粉の混合比率は体積比で60：40から35：65の間とする。
3) 混合して作製したスラリーは型に注入後凍結する。その後，凍結した状態で24時間以上保持する。
4) 解凍後にバインダーはゲル化しているので鋳型した形状はそのまま保たれる。解凍したグリーン体は60℃に保たれた恒温槽で乾燥する。

② グリーンマシニングによる3Dプリンティングのためのシステム

グリーンマシニングのよるプロセスによる工程のアウトラインを図16に示す。

1) 成形しようとする形状を三次元CADでデザインする，あるいは三次元デジタイザより入力する。形状は焼結後10～20%程度収縮するため，その収縮率を見込んで設計する。設計後，モデルデータはSTL，あるいはDXFファイルの形式で切削装置へ転送される。
2) 金属粉を固めたグリーン体を切削装置により加工する。ここでは，金属粉としてステンレス鋼粉を利用した。切削装置としてはCAMM-3（ローランドDG社，モデルPNC-3100）を利用した。この切削装置の最高回転速度は8,000 rpm.であり，切削可能な材料はプラスチック，木材，アルミニウム等に限定されるが，ここでのグリーン体は容易に切削できる。

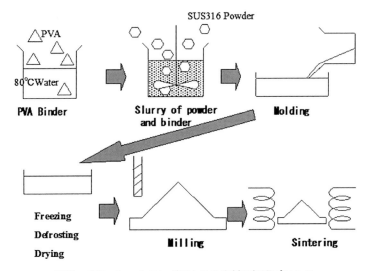

図16 グリーンマシニングにおける素材の処理プロセス

第2章　立体成形プロセス

3) 切削加工後，グリーン体を焼結して製品とする。ここではステンレス鋼粉のグリーン体を用いるため水素雰囲気，1350℃で焼結する。

③　3D造形への展開

4 mass% PVA水溶液バインダーとステンレス鋼粉を体積比40：60を4 kPaの減圧下で混練したスラリーを調製し，50 mm×50 mm×15 mmのグリーン体を作製した。このグリーン体を用いてグリーンマシニングを試みた。加工を試みた形状を示す。加工した形状は図17の細いピン形状の他，厚さ0.5 mm，高さ10 mmのフィン形状を含む形状であるが問題なく加工することができた。従来のミリング加工によりステンレス鋼をこのような形状に加工することは容易ではない。ミリング加工はローランドCAMM-3を用いて，スピンドル回転数8000 rpm，フィード速度10 mm/sとし，φ1 mmのエンドミルを使用した。加工したグリーン体は1623 Kの水素雰囲気で焼結したが，この条件での焼結時の収縮率は10.2±0.2%，相対密度は緻密体の95.9±0.5%となった。焼結された製品の写真を図18に示す。これらの工程では加工に2 h，PVAの脱脂，加熱後の冷却時間を含めた焼結に10 hが必用であり，トータル12 hでグリーンマシニングによる3D造形の工程を終了することができた。成形製品の表面粗さを評価したところ，Ra=1.714 μmであり，同等の粉末を使用したMIMによる製品のRa=1.49 μm比較して粗い。粉体からの製品の表面粗さは使用した粉末の粒径に依存すると考えられるが，平滑な型表面に押し付けられて成形されるMIMと比較して，切削による本手法の製品表面は粗くなる。しかし，本手法においても使用する粉末粒径の微細化と送り速度の調整により焼結後の表面粗さの向上が可能であると考える。また，製品精度は焼結時の収縮率に依存する。ここで行ったラピッドマニュファクチャリングへの試行では，グリーン体作成までの過程が同一な場合，収縮率の誤差は0.4%以下に抑えることが可能であった。MIMでの寸法精度は0.5%程度と言われており，収縮率を予備焼結実験により把握して成形すれば，MIMと同程度の精度で成形が可能である。そのため，高精度を要求される製品では二次加工を必要とするが，自由曲面を多用する製品，意匠性の高い形状の作成においては二次加工なしでの利用が可能である。

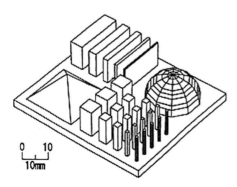

図17　ステンレス鋼試作試験片のデザイン

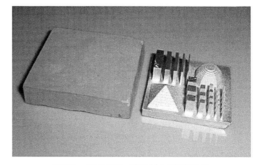

図18　マシニング素材と焼結製品

### (2) チタンのグリーンマシニング[14]

#### ① チタングリーン体の準備と焼結条件

　原料のチタンは TILOP-45（住友チタニウム㈱製）を用いた。粉末の粒径は 45 $\mu$m 以下である。バインダーは 4 mass％の PVA 水溶液を用いた。PVA は Scientific Polymer 社製の分子量 110000 を用いた。PVA 水溶液は凝結後，常温下で解凍するとゲルに変化する性質を有するが，これを利用してグリーン体のバインダーとして用いた。グリーン体の成形方法は，プロセスが容易なことからスリップキャスト法を採用してきたが，これは MIM に比べると製品中に気泡が混入し残留しやすく，高密度製品の作製には不向きである。そこで，コンパウンドの注型後に脱泡工程を設けることでこの課題の解消を試みた。グリーン体の作製手順は以下のとおりである。また，これらプロセスはステンレス鋼の場合とほぼ同じである。

1) チタン粉末と 4 ％ PVA 水溶液を体積比 60：40 で混合してスラリー状のコンパウンドを作製する。
2) コンパウンドをプラスチック容器に注入し，撹拌脱泡装置（㈱EME 製 VMX-360）を用いて減圧雰囲気下でコンパウンド中の気泡を除去する。
3) 新たな気泡の混入を避けるため，2) で用いた容器のままコンパウンドを 24 時間以上かけて凍結保持する。
4) 解凍し，PVA ゲルにより容器形状に保持されているコンパウンドを容器から取り出す。これを 60℃ に加熱した恒温槽内に 24 h 以上保持し，乾燥・固化させる。このときのチタン粉末は，PVA のみで容器の形状に保持されている。これをグリーン体とする。

#### ② 加工，焼結条件

加工データの作成から焼結までのプロセスを以下に述べ，その概略を述べる。

1) 製品形状を三次元 CAD でデザインする。あるいは三次元デジタイザにより STL 形式または DXF 形式の製品形状データを作成する。グリーン体は焼結後に 10～20％程度収縮するため，それを考慮する必要がある。作成後，このデータを切削用の NC データに変換して装置に転送する。ここではこれに CAM ソフト Craft Mill（Real Factory Inc.製）を利用した。
2) 切削装置を用いてグリーン体の加工を行う。切削装置は，ROLAND DG ㈱製 MDX-650 を利用した。これは，先に述べた樹脂や木材の加工に向けたラピッドプロトタイピング切削装置である。グリーン体の加工には $\phi$ 1 mm のエンドミルを使用した。加工条件は，スピンドル回転数 12000 rpm，フィード速度 6 mm/sec とした。これらは，モデリングワックスを $\phi$ 1 mm のエンドミルで加工するときの条件として Craft Mill が推奨する値である。
3) 切削加工後，グリーン体を焼結して金属製品とする。本研究ではチタン粉末を用いたために，$10^{-4}$～$10^{-2}$ Pa の真空雰囲気中で焼結を行った。この際にモリブデンの容器を用い，焼結体の周囲にスポンジチタンを配した。焼結温度は 1250℃，その保持時間は 4 h である。

#### ③ チタンによる歯列サンプルの作製プロセス

サンプルとしてチタンの歯列モデルを作製した。加工には歯列の形状データが必要となるが，

第2章　立体成形プロセス

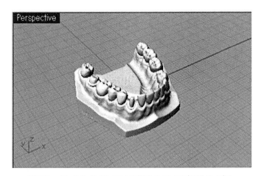

図19　チタン製品加工試験ための歯列モデル

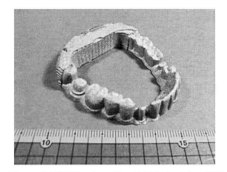

図20　歯列形状に加工後。焼結したチタン製品

これは三次元デジタイザ PIXZA（ROLAND DG㈱製）を用いて模型の形状を測定し作成した。図19は，歯列模型の形状データを三次元 CAD 上に表したものである。寸法の調整や台座の除去等はこの工程で行った。グリーン体の加工には，この STL 形式データを切削データに変換したものを用いた。作製したグリーン体はモデリングワックス加工時の推奨条件で容易に加工が可能であった。グリーン体の被切削性はモデリングワックスと同様に極めて高い。しかし，加工には4hほど要した。この理由は，荒削り・仕上げの両工程で φ1mm のエンドミルを使用したためであり，工程ごとに適切な工具を選択することで，加工時間を大幅に短縮することが可能である。また，より精巧な製品を得るために，さらに小径の工具やハンドドリルでの加工も可能と考えられる。焼結を施した歯列モデルの概観写真を図20に示す。気泡の混入跡や割れ，膨れ等の欠陥はなく，細部まで再現された良好なモデルが得られた。同時に平面に加工した部分において，焼結後の平面粗さを測定した。その結果，$Ra = 0.215 \mu m$ と，比較的粗い面粗度を示した。これは使用した粉末の最大粒径が $45 \mu m$ と粗いことと同時に，結晶粒の成長が進み $0.2 \sim 0.5 mm$ 程度の粒径になるためである。そのため，成形製品は摺動部分においては二次加工の必要がある。また，成形製品精度は MIM 製品と同程度と考えられ，収縮誤差は平均値の ±0.2% に収まる。加工に際しては収縮率を見込んでおく必要があるが，同時に同程度の誤差が出ることを考慮する必要がある。そのため，高精度を必要とする部分では二次加工も必要となるが，歯クラウン表面等では特に二次加工は必要ない。

## 2.6　まとめ

ここでは，一般に目につく，PBF 法の金属積層造形，DED 法の金属積層造形とは異なり，積層造形（場合によっては切削加工）後に，焼結して作成するタイプの3Dプリンティングについて概説した。また，著者が経験のある，FDM タイプの造形，グリーン体を切削加工・焼結するタイプの造形については，実施が検討できるように詳しく書かせていただいた。ここで紹介した，焼結による3Dプリンティングはその場で製品が完成するわけではなく，それゆえインパクトが弱いため，PBF や DED による造形に比べて注目されることが少なかった。しかし，装置が安価であるため実生産を求める場合の対応力は大きく，その潜在能力は大きい。実際，現在の

ジルコニア歯冠製造においては，ここではグリーンマシニンとよぶ手法が市場を席巻しているといってよい。ここで紹介した一連の技術は目を離すことのできない3D造形技術群であると思う。

文　　　　献

1) 単，高木，柳沢，中嶋，精密工学会誌, **61**, 420-424（1995）
2) 桐原，宮本，梶山，粉体および粉末冶金, **47**(3), 239-242（2000）
3) http://3dceram.com/en
4) 藤巻，橋田，中山，特開昭64-078822
5) 清水，中山，特開2000-144205
6) D. Kuopp and H.Eifert, *Advance in Powder Metallurgy & Particulat Materials Vol.2*, **6**, 25-6, 33（1998）
7) 清水，素形材, **54**, 28-32（2015）
8) 木村，清水，安達，粉体および粉末冶金, **56**(5), 243-247（2009）
9) 佐々木，岩附，山口，山口，粉体粉末冶金協会講演概要集平成28年春季大会, **2-46A**, 140（2016）
10) http://www.mmm.co.jp/hc/dental/pro/index.html
11) A. Benner, P. Beiss, *Advances of Powder Metallurgy & Particulate Materials*, **6**, 2-15（2001）
12) O. Ansson A. Benner, *Advances of Powder Metallurgy & Particulate Materials*, **6**, 1613（2001）
13) 清水，松崎，佐野，粉体および粉末冶金, **53**(10), 791-296（2006）
14) 清水，岡田，松崎，淵沢，粉体および粉末冶金, **53**(10), 797-802（2006）

# 第3章　粉体加工プロセス

## 1　摩擦攪拌技術の粉体プロセスへの応用

木元慶久*

### 1.1　はじめに

摩擦攪拌粉末プロセス（Friction Stir Powder Processing；FSPP）[1]は，1991年に英国溶接研究所で発明された摩擦攪拌接合（Friction Stir Welding；FSW）[2,3]をもとに2003年に開発された，比較的新しい組織制御プロセスである。FSWは，図1[4]の(a)に示すように，突起（プローブ）を有する回転工具（回転ツール）を2枚の板の突合せ部に押込み，生じた摩擦熱で軟化した材料を工具の回転により攪拌し，接合方向に工具を移動させることで，2枚の板を一体化し接合する技術である。このとき攪拌部は融点以下であり，材料は固相のまま塑性流動で攪拌され，強ひずみ下での加熱により動的再結晶を起こし，冷却速度が速く粒成長が抑制される結果，攪拌部の金属組織は微細化される。これにより溶融溶接の欠点である接合部の軟化，脆化が抑制され，材料や条件によっては接合部が母材より強化される場合もある。FSWは各国で実用化が進み，わが国においても高速鉄道車両の胴体や床材の接合[5]，アルミニウム合金橋梁の床版材の接合[6]，自動車のドアのスポット接合[7]等に広く用いられており，基本特許が2015年に期限切れを迎えたことから，今後さらに実用化が拡大すると予測される。

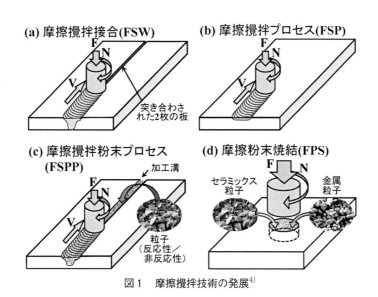

図1　摩擦攪拌技術の発展[4]

---

*　Yoshihisa Kimoto　（地独）大阪市立工業研究所　加工技術研究部　研究員

先端部材への応用に向けた最新粉体プロセス技術

　2000年にMishraら[3,8]は図1(b)のようにこの結晶粒微細化効果を1枚の板材の表面改質に応用し，摩擦攪拌プロセス（Friction Stir Processing；FSP）と名付け，7075アルミニウム合金の結晶粒径を3.3μmまで微細化し，高速超塑性を発現させた。さらに2003年にMishraら[9]は，炭化ケイ素（SiC）粉末に少量のエタノールを加えてペースト化し板材の表面に塗布した上からFSPを行い，SiCが攪拌部に取り込まれて複合化されることを見出した。これが本稿の主題である摩擦攪拌粉末プロセス（Friction Stir Powder Processing）の始まりである。現在では図1(c)に示すように，板材の表面に溝を加工しそこに粉末を充填する添加方法がFSPPの主流となっている[10]。これはバルクと粉末を複合化するプロセスであるが，粉末と粉末を摩擦攪拌作用により複合化するプロセスも開発されている。半谷ら[11]は，アルミニウム粉末と塩化ナトリウム粉末を所望の割合で混合し，摩擦攪拌による熱および圧力を利用して焼結した後，塩化ナトリウムを水で溶解して，高い気孔率（74～83％）を有するポーラスアルミニウムを作製し，のちに摩擦攪拌焼結法（Friction Powder Sintering；FPS）と呼称した[12]。著者ら[13]はこのスペーサをフィラーに置き換え，高粒子体積率（50％）を有するAl/SiC複合材料の作製に応用している。

　FSWと比較すると，FSP以降の実用化事例は限られている。FSPによる特性向上の例としては，鋳造材の欠陥の除去[14]，鋳造材の高強度化（NiAl青銅）[15]・高延性化（A356）[16]，溶接部の疲労強度向上[17]，耐食性向上（Cu-Mn合金）[18]，クラックを生じない曲げ角度の上昇（2519Al）[19]等があるが，著者の知る限りの実用化事例は，FSPを施して65～68HRCまで高硬度化させた工具鋼D2（SKD11相当）製ナイフにFriction Forged®の商標を銘打ってDiamondBlade社が販売している例[20]のみである。長岡ら[21]はレーザークラッディングにより形成した工具鋼皮膜[22]，あるいは溶射超硬合金被膜[23]にFSPを施して緻密化，高硬度化，組織微細化を達成し，刃物の試作評価まで進んでいる。本稿では，粒子添加を伴うFSPPによりどのような組織制御が可能かについて，包括的な文献調査をもとにデータベースを作成し[24]最近のデータを追加して更新したものを提示し，著者らの検討事例を含めて解説した後，FSPPにより得られる機械的特性・機能的特性についても一部紹介した。

## 1.2 摩擦攪拌粉末プロセスの特長と課題

　FFSPの特長は，FSWの特長[3]の多くを引き継いでおり，固相プロセスである，入熱が小さく熱ひずみが小さい，合金元素の揮発がない，組織が微細化される，機械的性質に優れる，シールドガスが不要，表面洗浄が不要，低温かつ局所処理のため省エネルギー，表面から深さ数ミリオーダーの改質が可能，加熱・加圧・緻密化（焼結）が1つの機構で同時に行える，プロセス時間が比較的短い等の利点が挙げられる。主な課題としては，以下の3つがある。

　課題①　回転ツールによる添加粒子粉末の飛散し添加量の制御が困難
　課題②　添加粒子を攪拌部に均一分散させるのに同一箇所への複数パスが必要
　課題③　回転ツールの摩耗・変形
　課題①への対処方法としては，図2に示すようなcapping pass[25]（平ツールFSPによるふた

## 第3章 粉体加工プロセス

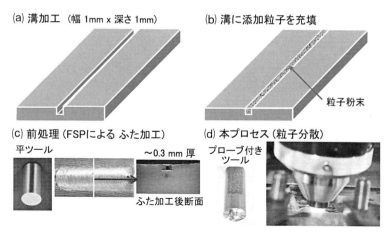

図2　摩擦攪拌粉末プロセスの典型例

形成）が近年の多くの FSPP の研究で採用されている。まず，(a)板材に溝加工を施し，(b)添加粒子を充填した後，(c)プローブのない平ツールを用いて低回転，低速，低荷重の条件，例えば鉄鋼材料の場合，ツール回転数 500 rpm，送り速度 50 mm/min，荷重 3.9 kN（400 kgf）にて FSP を行って溝の上部にふた（この条件下では約 0.3 mm の厚さ）を形成した後，(d)粒子分散のための本プロセスを行う。Fe-7 wt.% Al 板材の溝に SiC 粉末を充填しふた形成後に本プロセスを行った場合，ふた形成なしで直接本プロセスを行った場合の4倍程度の硬さ増分があった[26]。硬さ増分は添加量（粒子体積率）におおよそ比例する[27,28]と仮定すると，capping pass の採用により4倍程度の添加量が見込まれ，FSPP の効果は顕著となる。

課題②の具体例として，図3[29]にステンレス鋼 SUS430（Fe-18 wt.% Cr）板材に対して溝を加工し前記の条件にて capping pass を行い，ツール回転数 1000 rpm，送り速度 100 mm/min，

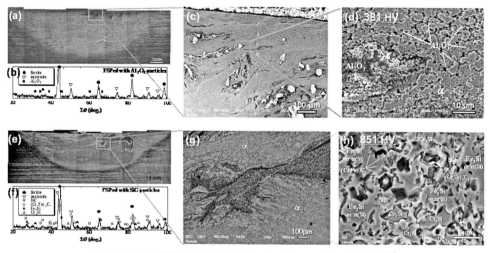

図3　摩擦攪拌粉末プロセスを施したステンレス鋼の断面組織[29]

荷重9.8 kN（1000 kgf）にて1パスの摩擦撹拌プロセスを行った後の断面組織およびX線回折の結果を示す[24,30]。本プロセスにおけるツールはショルダー径12 mm，プローブ径7 mm，プローブ高さ2.4 mmのWC-Co超硬合金製のものを用いた。上段は基材と反応しない$Al_2O_3$粒子（一次粒子径0.5 μm，クラスター径3 μm）を添加した場合，下段は基材と反応するSiC粒子（径2〜3 μm）を添加した場合の断面マクロ組織を(a), (e)に，X線回折を(b), (f)に，断面SEM像を(c), (g)に，最高硬さ点近傍のミクロ組織を(d), (h)にそれぞれ示す。1パス後の断面マクロ組織では，(a)では撹拌部の表面から1 mm，(e)では2 mmの範囲に粒子が不均一に分布している。(c)ではもとの$Al_2O_3$粒子のクラスター径3 μmよりはるかに大きく（〜100 μm）凝集したクラスターが見られ，(d)のように一部の$Al_2O_3$粒子が分散している。(g)ではSiCが分散した領域が濃くエッチングされ，そこでは5 mm前後の$Fe_3Si$および$Cr_3Si$，1 mm前後の$(Cr, Fe)_7C_3$粒子が微細分散して局所的に硬さが851 HVまで上昇する一方，この領域のマトリックス中のCr濃度が低下するため耐食性が低下している。この条件下では，1パスのFSPPでは撹拌部全体に粒子を均一に分散できておらず，均質な合金層も形成されていないことが分かる。均質分散条件については後に述べる。

　課題③の回転ツールの摩耗・変形には2つの要因がある。1つ目の要因は，被加工材料が鉄鋼材料やTi合金等の高融点材料の場合，撹拌部の温度は1000℃前後まで上昇するため，ツールが高温による酸化，軟化によって変形，破壊し早期に消耗する。図4(a)はSUS430に上記の条件にてFSPPを距離1 m程度施した後のプローブ付きツールの変形，平ツールの破壊の状況である。2つ目の要因は，複合化しようとする硬質粒子によるツールの摩耗である。Al合金，Mg合金へのFSW，FSP，FSPPでは，工具鋼（SKD61等）製のツールが用いられるが，硬質粒子の体積率が上がるとツールの摩耗が問題になることがある。図4(b)は純Mg鋳造材に対しFSPPにより体積率8.7%の$ZrO_2$ナノ粒子（径10 nm）の複合化を試みた例であるが，プローブが2パス処理中に破損し，断面組織の元素マッピングにおいて工具鋼の摩耗片が検出された。課題③の解決に向けて，高融点材料にも有効なセラミックス系ツール（立方晶窒化ホウ素PCBN，窒化珪素$Si_3N_4$等）の適用に加え，特にわが国ではNi系[31]，Co系[32]，W系[33]，Ir系[34]合金等の超耐

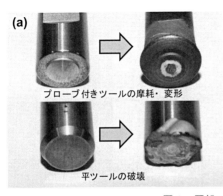 

図4　回転ツールの摩耗・破壊

第3章 粉体加工プロセス

熱合金製ツールの材料開発が精力的に行われている。

## 1.3 攪拌部に粒子を均一分散させるための条件

攪拌部における粒子の分散状態は，多くのプロセス条件（ツール回転数，送り速度，添加粒子種，パス数等）に依存し，FSPP後の結晶粒組織，その均質性，機械的諸特性，機能的諸特性およびそれらの信頼性に影響する。そこで著者らは，様々なプロセス条件の影響を統計的に整理し，FSPおよびFSPPの重要な特長である結晶粒径微細化に及ぼす支配的な要因を抽出するため，41件にのぼるFSPPの文献からデータプロットを作成し，攪拌部に結晶粒径 $1\mu m$ 以下の超微細粒組織を得るための条件を明らかにした[24]。本稿では，最近の文献からのデータを追加し更新されたデータプロットを示す。

図5[29]は，様々な材料（Al合金[25,35~56]，Mg合金[10,57~69]，Cu合金[70~75]，Fe合金[30,76]）に様々な非反応性粒子（炭化物：SiC, $B_4C$, TiC, 酸化物：$Al_2O_3$, $ZrO_2$, ナノカーボン：フラーレン$C_{60}$, 多層カーボンナノチューブMWCNT）を添加してFSPPを行った際の粒子の分散状態を，同一箇所への重複パス数ごとに示す。狭域／凝集は，攪拌部の一部の領域に粒子が偏在し，多くの粒子が凝集して存在している場合，広域／凝集は，攪拌部のほぼ全域に粒子が分布しているが粒子の凝集が見られるもの，広域／分散は，攪拌部のほぼ全域に粒子が分布し，かつ粒子の凝集がほぼ解消されているものとして，著者が各文献の断面マクロ・ミクロ組織写真をもとに概略的，定性的に分類したものである。1パスでは過半数のケースにおいて粒子が攪拌部の一部に偏在して

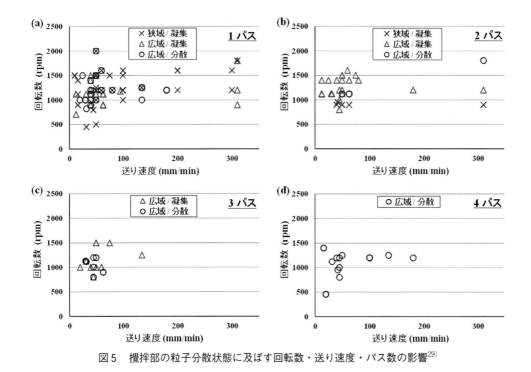

図5 攪拌部の粒子分散状態に及ぼす回転数・送り速度・パス数の影響[29]

おり，高回転数，低送り速度の条件においても狭域／凝集のケースが少なからず存在する。2パスでは回転数1000 rpm以上の全てのケースで粒子は攪拌部のほぼ全域に分布しているものの，粒子の凝集は解消されていない。3パスの時点で全てのケースで攪拌部のほぼ全域に粒子が分布して凝集の解消が進行し，4パスになると全てのケースで粒子の凝集がほぼ解消した。以上より，攪拌部のほぼ全域に粒子を分布させるには回転数1000 rpm以上で2パス，粒子の凝集をほぼ解消するには4パスの重複処理が必要という経験則が導かれる。

### 1.4 攪拌部の結晶粒微細化に有利な条件

FSWやFSPにおいては摩擦攪拌における入熱量が増加すると処理後の結晶粒径が大きくなる傾向が知られている。入熱量を表すパラメータとしては，ツール一回転あたりの送り量を表す回転ピッチがよく用いられる。

$$\text{回転ピッチ} = \text{ツール送り速度}\ V / \text{ツール回転数}\ N$$

回転数が増加するほど入熱量が大きく，送り速度が遅いほど入熱量は大きくなるので，回転ピッチは高入熱条件ほど小さな値を持つパラメータである。

また，一般に加工熱処理における処理後の結晶粒径は処理前の結晶粒径にも依存するため，以下の結晶粒微細化率を微細化の指標とした。

$$\text{結晶粒微細化率} = \text{処理後の結晶粒径}\ d / \text{処理前（母材）の結晶粒径}\ d_0$$

図6[77]は入熱量が小さい（回転ピッチが大きい）ほど結晶粒は小さくなるという一般的傾向を示している。添加粒子サイズの影響はこの後に述べることとし，ここでは，同一の入熱条件（回転ピッチが同じ条件）下においてパス数および添加粒子種が微細化に与える影響をそれぞれ(a)および(b)に整理した。(a)によると，1パスでは大半のケースが結晶粒微細化率0.05程度以上，つまり母材の結晶粒径の20分の1程度までの微細化しか望めず，例外的に0.01程度の値を示しているのは(b)よりナノカーボン粒子（$C_{60}$およびMWCNT）を添加したケースである。粒子の凝集の解

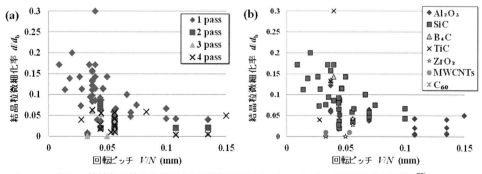

図6　攪拌部の結晶粒微細化に及ぼす回転ピッチ・パス数・添加粒子種の影響[77]

## 第3章 粉体加工プロセス

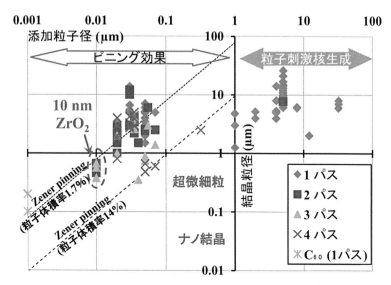

図7 撹拌部結晶粒径の添加粒子径・パス数依存性[77]

消が進行する3～4パスでは母材の結晶粒径の20分の1程度以下の微細化が達成されており，粒子の均一分散が微細化に重要であることが分かる。(b)によると，ナノカーボン粒子を添加すると母材の100分の1程度以下まで微細化されており，酸化物 $Al_2O_3$, $ZrO_2$ では母材の10分の1程度以下の微細化の実績が豊富にあり，炭化物 SiC，$B_4C$，TiC では大半が母材の20分の1程度までの微細化にとどまっている。

図7[77]に，添加粒子径と撹拌部結晶粒径の関係を，両対数プロット上にパス数ごとに分類して示す。1パスで撹拌部が結晶粒径 $1\mu m$ 以下の超微細粒組織となっているのは $C_{60}$ 添加の場合のみである。過去の実績が示す超微細粒組織が得られるための条件は，100 nm（$0.1\mu m$）以下の添加粒子を用いて3～4パスの重複処理を行うことであった[22]。最近我々は，プロットが存在しなかった領域である径 10 nm の $ZrO_2$ ナノ粒子を添加した FSPP を行い，2～3パスの重複処理で超微細粒組織を得ており[53]，詳細は後述する。添加粒子が均一分散した場合の理想的な最終粒径 $D_f$ は，動的再結晶後の粒成長の駆動力と，添加粒子が粒界移動を妨げるピン止め力との釣り合いから，次の Zener の関係式が与えられる[45]。

$$D_f = 4r / (3f)$$

ここで $r$ は添加粒子径，$f$ は添加粒子の体積率（$0 < f < 1$）である。これによると，添加粒子径 10 nm（$r=0.01\mu m$）の粒子を用いて撹拌部の結晶粒径を $1\mu m$ 以下の超微細粒にするには1.4%（$f=0.014$）以上の粒子体積率，100 nm 以下のナノ結晶にするには14%（$f=0.14$）以上の粒子体積率の粒子を均一分散させる必要があると予測される。添加粒子径が小さく粒子体積率が大きい方が撹拌部の結晶粒微細化に有利である。

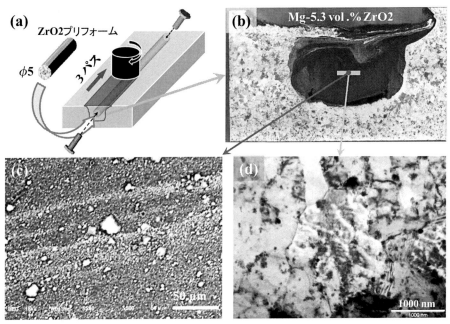

図8　粒子体積率が制御された摩擦撹拌粉末プロセス

## 1.5 粒子体積率が制御されたFSPPによるZrO₂ナノ粒子分散超微細粒Mg複合材料の創製

　Zenerの関係式に従って撹拌部に超微細粒組織の創製を試みる際に，近年一般的に用いられている図2(c)のcapping passでは，ふたが形成される上層部分での粉末が外部に押し出されるため，課題①における添加粒子の体積率が完全に制御されているとは言い難い。そこで著者らは，表面からの粒子の飛散を防ぐため，図8(a)に示すように純Mg鋳造材（結晶粒径740 $\mu$m）に，撹拌部中心となる位置に横穴を加工し，径10 nmのZrO₂粒子粉末またはプリフォームを質量測定しながら押し込み，両端をねじで封止する添加量（体積率）制御方法を提案した[57]。 $\phi$4の横穴にZrO₂粒子粉末を可能な限り押し込んだものの，ナノ粒子間の反発力により，横穴の体積の15％しか充填できず，M12×10 mmのねじ付きプローブで撹拌する場合，1.7 vol.％の粒子体積率しか得られなかった。そこで，ZrO₂ナノ粒子粉末に2％ゼラチン水溶液を加えてペースト化し，樹脂埋込用プレス機（140℃, 18 MPa, 5分）および恒温乾燥機（200℃, 30分）を用いて充填率30％程度のプリフォームを成形し， $\phi$5, $\phi$6の横穴に押し込むと，体積率はそれぞれ5.3％，8.7％に達した。(b)にMg/5.3 vol.％ ZrO₂複合材料の3パス後の断面マクロ組織を示す。粒子は撹拌部のほぼ全域に分布しているが，(c)のSEM像に示すように，最大で30 $\mu$m程度まで凝集したクラスターが散見された。撹拌部中央からTEM試料を調整し観察したところ，線分法により算出した平均結晶粒径は0.67 $\mu$mであり，1 $\mu$m以下の超微細粒組織となっていた。(d)のTEM像において，比較的小さな結晶粒は内部のひずみが少なく再結晶後のものと見られ，ZrO₂粒子は結晶粒界において粒成長を有効にピン止めしており，一方，比較的大きな結晶粒は内部のひずみが大きく，粒内のZrO₂粒子が転位をトラップして再結晶前の段階にあるものと推察され

## 第3章　粉体加工プロセス

た。このプロセスでは、粒子体積率が1.7％、2パスの条件から超微細粒組織が得られており、攪拌部中心から10 nm粒子を確実に供給したことで、これまで体積率が明示された文献の中でZener関係式が示す粒径の理論限界に最も近い微細化が実現された[57]。

$ZrO_2$粒子体積率を8.7％まで上げると2パス処理中に回転ツールのプローブが折損し、材料内部に図4(b)のような工具鋼ツールの摩耗片が混入し、攪拌部の硬さは平均150 HV、最大500 HVを示した。$ZrO_2$プリフォームの粒子が分散する前に$ZrO_2$あるいは$ZrO_2$/Mgサーメットの焼結反応が先行し、高温硬さが工具鋼を上回りツールを摩耗させた可能性がある。

### 1.6　攪拌部の添加粒子体積率を増大させる試み

著者らは過去に、Mishraらが最初に提案したペースト塗布によるFSPP[9]を用いて粒子体積率をどこまで増大させられるかを検討するため、図9[78]の(a)に示すように、純Alの板の表面に過剰のSiCペーストを塗布し、粉末の飛散を抑制する作業環境上の対策としてアルミ箔を重ね、その上からFSPを行う工程を複数回行う、繰り返し摩擦攪拌粉末プロセスを試行し報告している[27]。(b)、(c)、(d)、(e)に1回処理、2回処理、3回処理、4回処理後の断面マクロ組織をそれぞれ示す。1回処理ではSiC粒子は表面近傍のみに分布し、2回処理では粒子はマーブル模様の分布を呈し、3回処理により攪拌部のより深くまで粒子が達し、4回処理後には粒子は攪拌部の下部まで行き渡った。(f)の最表面水平方向および水平—深さ方向の2次元硬さ分布は、粒子が供給され続ける最表面が最も硬く、攪拌部の下方に向かってなだらかに低下していた。最高硬さ（133 HV）は母材の硬さ（25 HV）の5.3倍に達し、この点近傍のSiC粒子体積率は、SEMに付属する解析ソフトウェアAnalysis Stationの相分析機能により、58％と算出された。他の硬さ測定点

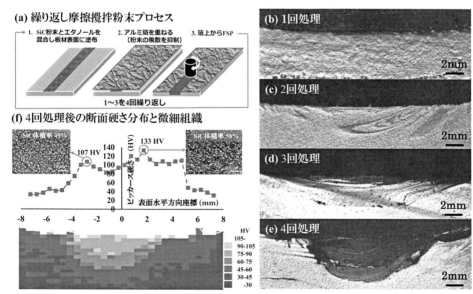

図9　繰り返し摩擦攪拌粉末プロセス[78]

においても同様の解析を行い，硬さ $H$ が SiC 体積率 $f$ に対して直線的に増加する関係（$H = 25 + 1.52f$）を見出し，粒子体積率についても最表面から攪拌部の下方へなだらかに低下する傾斜材料となっていることが分かった。なお，この実験においては最大硬さが 133 HV であったため，工具鋼ツールの顕著な摩耗や折損は確認されていない。

粒子が均一に分散し，粒子体積率が制御され，なおかつ高い粒子体積率の金属基複合材料を作製しうる方法としては，図1[4)]の(d)に示した摩擦攪拌焼結（Friction Powder Sintering；FPS）がある。半谷ら[11)]はポーラスアルミニウム作製の途中工程で Al/NaCl 複合体を摩擦攪拌焼結で作成しており，著者ら[13)]はスペーサ粒子である NaCl を熱伝導フィラーである SiC に置き換えることで，高熱伝導率／低熱膨張率を両立する Al/SiC 複合材料の新たなプロセスルートを検討した。ツール回転数 1500 rpm，荷重 9.8 kN（1000 kgf，圧力として 31 MPa）の条件にて，$\phi 16 \times 5$ mm の穴加工を施した純 Al 板の穴に Al 粉末（径 44 μm 以下）および α-SiC 粉末（径 300 μm 以下）を SiC 体積率 50％となるように混合して充填し，その上から $\phi 20$ の超硬合金製平ツールで荷重一定条件のもと FPS を行った。FPS では加熱・加圧・焼結が回転ツールによる摩擦熱および加圧力によって同時進行する。図10[79)]の上段に焼結時間 60，120，150 s の断面マクロ組織を，下段にそれぞれのミクロ組織を示す。焼結時間 60 s の時点では穴の底付近の粉末が焼結しておらず，相対密度は 81％にとどまった。焼結時間を2倍の 120 s にすると，相対密度は 91％まで上昇した。焼結時間を 150 s まで延長すると，緻密化が進行したものの，ダイ材料である Al のツール回転による攪拌が激しくなり，Al/SiC 複合材料の一部が底部の周辺から巻き上げられて，厚さが不均一となったため，密度測定および熱伝導率測定は行わなかった。表1[79)]に様々なプロセスで作製された Al/SiC 複合材料の熱伝導率を示す。摩擦粉末焼結では 60 s，120 s の焼結時間の延長で熱伝導率は 66 W/mK から 110 W/mK に向上したものの，主に相対密度の不足のため，現状ではバルクの Al の熱伝導率（210 W/mK）の約半分の熱伝導率の値しか得られていない。しかしながら，加熱・成形時間については，液相や固液共存のプロセスよりも固相プロセスの方

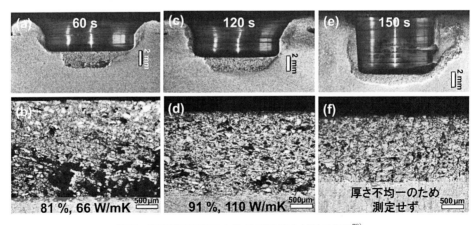

図10　摩擦粉末焼結による Al/SiC 複合材料の作製[79)]

第3章 粉体加工プロセス

表1 様々なプロセスで作製された Al/SiC 複合材料の熱伝導率[79]

| 状態 | 製法 | 粒子体積率(%) | 加熱時間(sec) | 成形時間(sec) | 相対密度(%) | 熱伝導率(W/mK) | 著者 |
|---|---|---|---|---|---|---|---|
| 液 | ガス圧浸透法 | 74 | 6000 | 1800 | 99 | 228 | J. M. Molina et al.[83] |
|  | 無加圧浸透法 | 65 | 560 | 7200 | 99 | 186 | K. Chu et al.[84] |
| 固液 | 放電プラズマ焼結法 | 50 | 461 | 1560 | 95 | 252 | K. Mizuuchi et al.[85] |
|  |  | 55 | 630 | 300 | 100 | 224 | K. Chu et al.[86] |
| 固 | 熱間鍛造法 | 66.3 | 60 | 15 | 100 | 237 | C. Kawai[87] |
|  |  | 66.3 | 60 | 15 | 94 | 100 |  |
|  | 摩擦粉末焼結法 | 50 | 60 | | 81 | 66 | Y. Kimoto et al.[13] |
|  |  | 50 | 120 | | 91 | 110 |  |

が短時間で行えることが期待されるので，今後ダイ・ポンチの材料および形状，プロセス条件最適化により緻密化が実現できれば，短時間の複合材料製造プロセスとなりうる可能性がある。

### 1.7 反応性粒子の添加を伴う摩擦撹拌粉末プロセス

これまでは基材と反応しないセラミックス粒子の添加を伴う FSPP について述べてきたが，ここでは基材と反応する金属あるいはセラミックス粒子を意図的に添加する摩擦撹拌プロセスについて取り扱う。反応性粒子を添加し FSPP を行うと，数 10 nm～数 100 nm サイズの化合物粒子がその場生成し，硬さ，強度だけでなく，化合物の体積率の増加に伴ってヤング率が上昇する報告もある[80]。FSP が材料に与える強ひずみ加工により，固相拡散が活性化され，界面反応，固溶・析出反応は通常の焼鈍熱処理よりも加速されることが明らかにされている[81]。表2に反応性粒子の添加を伴う摩擦撹拌粉末プロセスの一覧を示す[82]。

金属板に異種金属粉末を添加し金属間化合物を形成させた例として，Inada ら[89]は，2枚の Al 板の間に1，2，3 mm のギャップ（隙間）を設け，そこに Al 粉末または Cu 粉末を充填し，上から FSW を行った。回転数 1500 rpm，送り速度 100 mm/min の条件では Al 粉末，Cu 粉末ともにギャップ2 mm まで内部欠陥が生じずに接合された。これは長尺の板材の FSW において寸法誤差により不可避的に生じる突合せ箇所のギャップへの対策として有効である。Cu 粉末を充填し2パスの FSW を行った場合，撹拌部に径 200 nm 以下の金属間化合物 $Al_2Cu$ が析出・分散し，接合部は均質となり硬さは母材の約2倍に達した。

Hsu ら[80,92]は Al 粉末と異種金属粉末を冷間成形・焼結によりプリフォームを成形し，2～4 パスの FSP により反応を促進させコンポジットを緻密化した。You ら[94]および Chen ら[96]は同様のプロセスで酸化物から金属間化合物への置換反応を促進させた。Bauri ら[98]は Al の溶湯に微細化剤として添加されるフッ化チタンカリウムおよび炭素源となる黒鉛を添加し，粗大粒の粒界に反応生成物の TiC が偏析した凝固組織に2パスの FSP を施すことで，組織の微細化・均質化による機械的性質の向上を実現した。

表2 反応性粒子の添加を伴う摩擦攪拌粉末プロセス[82]

| 材質・形態 | 添加剤 | プロセス | 生成物（複合材料） | パス数 | 硬さ (HV) | 硬さ倍率 | 著者 |
|---|---|---|---|---|---|---|---|
| Al板 | Ni粉末 | FSP+熱処理 (550℃, 6h) | $Al/Al_3Ni_2/Al_3Ni$ | 3 | — | — | Ke et al.[88] |
| Al板 | Cu粉末 | FSW（ギャップあり） | $Al/Al_2Cu$ | 2 | 75 | 3.2 | Inada et al.[89] |
| Al板 | Fe粉末 | FSP | $Al/Fe/Al_{13}Fe_4$ | 1 | — | — | Prakrathi et al.[90] |
| A413鋳塊 (Al-Si) | Ni粉末 | FSP | $Al/Si/Ni/Al_3Ni$ | 3 | 83 | 1.3 | Golmohammadi et al.[91] |
| Al粉末 | Ti粉末 | 冷間成形+FSP | $Al/Ti/Al_3Ti$ | 4 | 200 | — | Hsu et al.[80] |
| Al粉末 | Cu粉末 | 冷間圧縮+焼結+FSP | $Al/Al_2Cu$ | 2 | 160 | 2 | Hsu et al.[92] |
| Al粉末 | $TiO_2$粉末 | 熱間プレス+熱間鍛造+FSP | $Al/Al_3Ti/Al_2O_3$ | 4 | — | — | Zhang et al.[93] |
| Al粉末 | $SiO_2$粉末 | 加圧焼結+FSP | $Al/SiO_2/Si/Al_2O_3$ | 4 | — | — | You et al.[94] |
| Al粉末 | CuO粉末 | 冷間圧縮+焼結+FSP | $Al/CuO/Cu_2O/Al_2Cu$ | 4 | 138 | — | You et al.[95] |
| Al粉末 | Mg+CuO粉末 | 冷間圧縮+FSP | $Al/Al_2Cu/MgO$ | 4 | 189 | — | You et al.[96] |
| Al粉末 | $CeO_2$粉末 | ボールミル+冷間圧縮+焼結+FSP | $Al/Al_{11}Ce_3/Al_2O_3$ | 4 | 165 | 2.7 | Chen et al.[97] |
| Al融液 | $K_2TiF_6$+黒鉛 | 鋳造+FSP | Al/TiC | 2 | 58 | 1.5 | Bauri et al.[98] |
| 2024Al | $K_2ZrF_6$+$KBF_4$ | 鋳造+FSP | $2024Al/ZrB_2$ | 1 | — | — | Zhao et al.[99] |
| AA6061融液 | $K_2TiF_6$ | FSP | $AA6061/Al_3Ti$ | 2 | 91 | 1.9 | Dinaharan et al.[100] |
| AA6061融液 | $K_2ZrF_6$ | FSP | $AA6061/Al_3Zr$ | 2 | 83 | 1.7 | Dinaharan et al.[100] |
| 5A06 (Al-Mg-Mn) | Al-Ni-La 非晶質薄帯 | FSP | $Al/Mg_2Al_3/MnAl_6/La_3Al_{11}$ | 1 | 97 | 1.2 | Peng et al.[101] |
| AZ91板 | Cu板 | 重ね摩擦攪拌プロセス (FSLP) | $Mg/Mg_2Cu/MgCu_2/CuMgAl$ | 3 | 116 | 2 | Kimoto et al.[102] |
| Cu板 | ポリ（尿素メチルビニル）シラザン | FSP | Cu/SiCN | 4 | 260 | 3.3 | Kumar et al.[103] |
| Fe-7wt.%Al板 | SiC | FSP | $Fe-Al/SiC/Fe_3AlC_x$ | 1 | 505 | 2.5 | Kimoto et al.[26] |
| SUS430板 (Fe-18wt.%Cr) | SiC | FSP | $Fe-Cr/SiC/Fe_3Si/Cr_3Si/(Cr,Fe)_7C_3$ | 1 | 851 | 4.5 | Kimoto et al.[30] |

　Kumarら[103]はSiCNセラミックスの前駆体ポリマーであるポリ（尿素メチルビニル）シラザンを熱硬化させて粉砕し，粉末をCu板の加工溝・穴に充填して4パスのFSPを行った．FSPにより前駆体とCuを混合し，前駆体を熱分解縮合させ，ポアを除去し，生じた径10〜30 nmのSiCNナノ粒子を均一分散させたCu/SiCN複合材料を作製した．このプロセスはナノ粒子の分散性が良好で，高い粒子体積率（〜20%）にも関わらず回転ツールがほとんど摩耗しない特長があると報告されている．

　反応させる異種金属は箔や薄板の形でも提供できる．著者らはマグネシウム合金AZ91 (Mg-9 wt.% Al-1 wt.% Zn) 板の上からCu板を重ねて上から摩擦攪拌を施し合金化層を形成する重ね摩擦攪拌プロセス（Friction Stir Lap Processing；FSLP）[102]により，3 mmの3元系化合物粒子CuMgAlが分散したMg基複合材料が得られている．1パスの時点では組成の均質化が不十分で$Cu_2Mg$および$CuMg_2$粒子も混在していたが，3パス後にはCuMgAl粒子のみとなっていた．攪拌部内の硬さ分布は1パスから3パスにかけて平均±標準偏差が130±58 HVから116±32 HVへと変わり，均質化の進行により硬さのばらつきが半減した．SUS430[26]および

# 第3章 粉体加工プロセス

表3 摩擦攪拌プロセス（粒子添加なし）による硬さ・強度変化

| 材質 | | | 鋳造材 | 焼鈍材 | 加工硬化材 (H) | 熱処理材（T）（溶体化＋時効） |
|---|---|---|---|---|---|---|
| Al合金 | 熱処理型 | 1000系（純Al） | | A1050-O ↗ | 1050-H14 ↘ | |
| | | 3000系（Al-Mn） | | | | |
| | | 5000系（Al-Mg） | | Al5083-O ↗ AA5086-O ↗ | | |
| | 非熱処理型 | 2000系（Al-Cu-Mg） | | | | 2219-T6 ↘ |
| | | 4000系（Al-Si） | | | | |
| | | 6000系（Al-Mg-Si） | | | | 6061-T6 ↘ |
| | | 7000系（Al-Zn-Mg） | | 7075-O ↗ | | 7022-T6 ↘ 7075-T6 ↘ |
| | 鋳造材 | | Al-12wt.%Si ↗ | | | |
| | | | SSM356 ↗ | | | |
| Mg合金 | AZ系（Mg-Al-Zn） | | | AZ31-O ↗ | AZ31引抜材 ↘ | |
| | | | | AZ61-O ↗ | | |
| | | | AZ91 ↗ | | | |

Fe-7 wt.% Al合金[30]へ反応性FSPPを行った場合の硬さは表3に最大値で表記したが，高融点用ツールを用いて3パスまでの重複処理が可能となれば，均質化の進行により硬さの最大値および平均値の低下が予想される。

## 1.8 FSPPによる機械的性質の変化

表3に，各材料にFSWおよびFSP（粒子添加なし）を施工した後に攪拌部の強度（硬さ）が上昇するか下降するかを矢印にて示す。一般に攪拌部の結晶粒径は微細化するが，硬さや強度が上昇するかはその材料の製造履歴に依存する。鋳造材では液相から凝固した状態で結晶粒径が粗大で，内部欠陥や偏析等の材料欠陥も存在するため，FSWおよびFSPを施すことによって強度や硬さは著しく上昇する。FSPが鋳造材の内部欠陥の除去に有用であることはよく知られている。焼鈍材においても硬さや強度は一般的に上昇する。しかし，加工硬化材あるいは熱処理材（溶体化・時効）材では，ひずみ強化や析出強化の効果が，FSWおよびFSPに伴う再結晶あるいは析出物の再固溶により打ち消されてしまうため，強度や硬さが低下することに留意する必要がある。

図11[77]に，粒子添加を伴う摩擦攪拌粉末プロセス後の硬さの変化を，縦軸に硬さ倍率＝FSPP後の硬さ／処理前（母材）の硬さ，横軸にHall-Petchプロットで用いられる結晶粒径の平方根の逆数を取って示す。No addition（粒子添加なし）のデータのうちのいくつかは硬さ倍率が1以下となっており，FSPにより硬さが下がっているが，粒子添加を行うFSPPにおいては全てのデータで硬さ倍率が1以上となっており，あらゆる材料で強度や硬さを上げることができる。

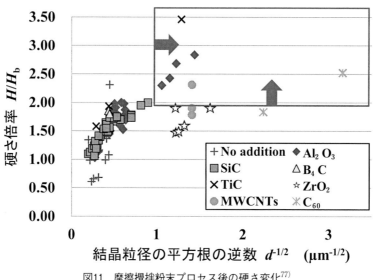

図11 摩擦攪拌粉末プロセス後の硬さ変化[77]

添加粒子種ごとに見ると，図6(b)において結晶粒微細化率が比較的大きい（微細化効果が小さい）側であった炭化物（SiC，$B_4C$，TiC）が，同じ結晶粒径で比較すると，硬化・強化に有利な添加粒子種と位置づけられる。一方，微細化に有利であったナノカーボンおよび$ZrO_2$ナノ粒子は，結晶粒が微細化している割には硬さの上昇が緩やかであり，転位の運動の障害物として十分に作用していない可能性が示唆される。現在のところ，基材に反応しない粒子を添加するFSPPの中で最も硬さ倍率が大きいのは，軟鋼板（130 HV）に径70 nmのTiC粒子を添加し4パスの重複処理を施し，攪拌部の結晶粒径600 nm，硬さが母材の3.5倍（450 HV）に到達したKahrizsangiら[76]の研究例となっている。

図12に，FSPPの攪拌部に対し引張試験を実施したデータから，FSPP前後の引張強さおよび伸びの変化率をプロットしたものを示す。なお，現時点では硬さ試験のように過去のFSPP文献から網羅的にはデータを収集できていないため，今後データベースの更新により一般的傾向が修正される可能性がある。今回調査した10件の文献において，FSPPにより強度と延性の両方が向上したのは，基材が鋳造材および粉末冶金材の場合のみであった。プロットに付した数字は複合材料中の粒子体積率（vol.%）を示す。Asadiら[104]は，Mg合金AZ91鋳造材に30 nmの$Al_2O_3$粒子を8 vol.%添加して1，2，4パスのFSPPを施し，引張強度が125 MPaから155 MPa［+24%］，288 MPa［+131%］，373 MPa［+199%］へ，伸びが10.1%から11.0%［+9%］，12.5%［+24%］，16.1%［+59%］へとそれぞれ向上した（［　］内は変化率を示す）。Changら[64]はAZ31鋳造材に20 nmの$ZrO_2$を10 vol.%，20 vol.%ずつ添加して4パスのFSPPを施し，引張強さは100 MPaから232 MPa［+45%］，255 MPa［+59%］に，伸びは9%から6%［-33%］，6%［-33%］にそれぞれ低下した。粒子体積率を上げると延性が低下する傾向は，基材と反応する粒子を添加させた鋳造材にFSPPを施した場合[64,98,105]，金属およびそれと置換反応する酸

第3章　粉体加工プロセス

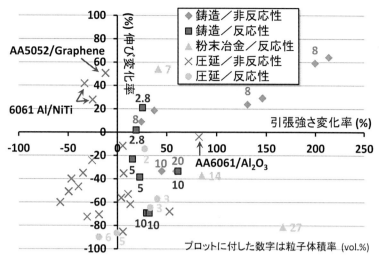

図12　FSPP前後の引張強さおよび伸びの変化率

化物の粉末を混合して焼結したプリフォームにFSPPを施した場合[97]，圧延材に反応性粒子を添加しFSPPを施した場合[106]にも見受けられている。基材と反応しない粒子を圧延材に添加するFSPPにおいては多くのデータにおいて強度が上昇するものの延性が低下しており，延性が［－4％］とほぼ低下させず，強度を［＋82％］向上させた例としては，AA6061圧延材に320 nmの$Al_2O_3$粒子を12 vol.％添加して4パスのFSPPを施したGuOら[49]の報告がある。1パスのFSPPでは強度と延性がともに低下している例もある[107]。特殊な場合として，Al合金圧延材にGraphene粉末[108]およびNiTi形状記憶合金粉末[109]を添加してFSPPを施し，強度が低下し延性が向上した例がある。

## 1.9　FSPPによる機能的性質の変化

FSPPによる機能的性質の付与に関する研究についても少数ではあるが報告され始めている。Shabadiら[110]はFSPPにより作製したイットリア（$Y_2O_3$）分散銅の熱的特性を評価した。結晶粒径35 $\mu$mの純銅に3，9パスのFSPPを施したところ，結晶粒径はそれぞれ5 $\mu$m，3 $\mu$mまで微細化した。それぞれのFSPP試料に再結晶温度（195℃）よりやや高い200℃の後熱処理を行ったところ，3パスの試料では22 $\mu$mまで粒成長したが，粒子がより均一に分散した9パスの試料では3 $\mu$mのまま維持された。熱膨張係数は，40～70℃の低温ではFSPおよびFSPPを施してもほぼ変化しなかったが，温度上昇とともに効果が顕著となり，240℃においては，9パスのイットリア添加FSPP試料では純銅と比較して27％熱膨張率が低下した。熱伝導率については，40℃～200℃の温度範囲における3パス，9パスのイットリア添加FSPP試料の熱伝導率は未処理の純銅（374 W/mK）および3パス，9パスの粒子無添加FSP試料よりも低い値を示したが，240℃になると熱的安定性に優れる3パス，9パスFSPP試料が純銅および粒子無添加

FSP 試料を逆転し，240℃においても高熱伝導率（9パスで 352 W/mK）が維持され，FSPP により高熱伝導率を維持したまま熱膨張係数を下げる熱的特性制御が可能であることが示された。また，Jeon ら[108]は，FSPP により 5052 アルミニウム合金にグラフェン（熱伝導率 5300 W/mK）を分散させた複合材料を作製し，熱伝導率を 148 W/mK から 171 W/mK へ 15% 上昇させた。

　Mahmoud ら[111]は，Al に径 4 μm の鉄粒子または径 180 μm のマグネタイト（$Fe_3O_4$）粒子を 3 パスの FSPP により分散させて表層への磁気特性の付与を試みた。鉄粒子を添加した場合は化合物 $Al_3Fe$，$Al_5Fe_2$ が生じたものの微量であり，マグネタイトを添加した場合は反応生成物は検出されなかった。撹拌部の磁気ヒステリシス曲線は磁性材料に典型的なものであり，Al/Fe および $Al/Fe_3O_4$ 複合材料の飽和磁化の値（33 emu/g および 15 emu/g）は，各粒子単独の飽和磁化の値（221.5 emu/g および 92 emu/g）に粒子体積率（17% および 16.3%）をかけた値に近く，Al/Fe 複合材料の低い保磁力（82.7 Oe）は軟磁性材料への応用に有望とされた。

　Sunil ら[112]は，マグネシウム合金 AZ31 焼鈍材に FSPP を用いてナノハイドロキシアパタイト（nHA）を分散させ生分解性複合材料の創製を行った。焼鈍材の結晶粒径（56 μm）は粒子添加なしの FSP では 4 μm へ，nHA 添加では 2 μm まで微細化された。焼鈍材，FSP 試料，FSPP 試料の接触角は 77.1°，64.2°，62.8° であった。FSP，FSPP の結晶粒微細化による表面エネルギーの増加が濡れ性（親水性）を高め，インプラント表面における細胞活性の向上が期待された。過飽和疑似体液による浸漬試験では，焼鈍材では分解を早める孔食の形成が認められたが，FSP および FSPP 試料では HA，硫酸マグネシウムおよび水酸化マグネシウムの層が堆積し，塩素イオンによる腐食が遅延し，質量減少が約半分に抑制された。いずれの試料も毒性は無視しうる範囲であった。nHA 複合 FSPP 試料は細胞への密着性が良好であった。FSPP による Mg 合金への nHA 複合化は生物医学的応用に有望とされた。

## 1.10　最後に

　摩擦撹拌粉末プロセス（FSPP）による組織制御の特長，問題点およびいくつかの解決策について，文献調査をもとに作成したデータベースを用いて提示し，撹拌部の機械的性質および機能的性質の変化について概観した。FSPP は歴史が浅く発展途上であり，本稿が将来の表面改質技術およびナノ組織化された先進構造・機能材料の創製・工業化に寄与することを期待する。

**謝辞**

　本稿における著者らの研究は，（独）科学技術振興機構（JST）による産学共創基礎基盤研究「ヘテロ構造制御」および公益財団法人天田財団（交付番号 AF-2014019）の支援を受けて行われたものであり，ここに深謝する。

## 第3章　粉体加工プロセス

## 文　　献

1) R. S. Mishra and Z. Y. Ma, *Mater. Sci. Eng.*, **A 341**, 307-310 (2003)
2) W. M. Thomas *et al.*, International patent application No. PCT/GB92/02203 and GB patent application No. 9125978.8 (1991)
3) R. S. Mishra and Z. Y. Ma, *Mater. Sci. Eng.*, **R 50**, 1-78 (2005)
4) Y. Kimoto *et al.*, *J. Jap. Soc. Powder Powder Metallurgy*, **63**, 563 (2016) より著作権者の許諾を得て転載
5) 宮本俊治ほか，日立評論，**83**, 11-14 (2001)
6) 「道路橋用アルミニウム床版を用いた鋼桁橋 設計・製作・施工ガイドライン」2011年3月版　社団法人日本アルミニウム協会　土木構造物委員会
7) 熊谷正樹，青木健太，軽金属溶接，**44**, 560-564 (2006)
8) R. S. Mishra *et al.*, *Scr. Mater.*, **42**, 163-168 (2000)
9) R. S. Mishra and Z.Y. Ma, *Mater. Sci. Eng.*, **A 341**, 307-310 (2003)
10) Y. Morisada *et al.*, *Mater. Sci. Eng.*, **A 419**, 344-348 (2006)
11) Y. Hangai *et al.*, *Metall. Mater. Trans.*, **A 43**, 802-805 (2012)
12) 半谷禎彦ほか，軽金属，**64**, 593-597 (2014)
13) Y. Kimoto *et al.*, *J. Jap. Soc. Powder Powder Metallurgy*, **63**, 563-567 (2016)
14) Z. Y. Ma *et al.*, *Scr, Mater.*, **54**, 1623-1626 (2006)
15) K. Oh-Ishi and T. R. McNelley, *Metall. Mater. Trans.*, **A 35**, 2951-2961 (2004)
16) Z. Y. Ma *et al.*, *Mater. Sci. Eng.*, **A 433**, 269-278 (2006)
17) C. B. Fuller and M. W. Mahoney, *Metall. Mater. Trans.*, **A 37**, 3605-3615 (2006)
18) S. P. Lynch *et al.*, *Mater. Sci. Forum*, **426-432**, 2903-2908 (2003)
19) D. Hulbert *et al.*, *Scr. Mater.*, **57**, 269-272 (2007)
20) Carl D. Sorensen *et al.*, TMS FSW & P Symposium, February (2007)
21) 長岡亨ほか，スマートプロセス学会誌，**4**, 153-158 (2015)
22) T. Nagaoka *et al.*, *Mater. Des.*, **83**, 224-229 (2016)
23) 長岡亨ほか，粉体および粉末冶金，**62**, 252-257 (2015)
24) 木元慶久ほか，スマートプロセス学会誌，**4**, 148-152 (2015)
25) A. S. Zarghani *et al.*, *Mater. Sci. Eng.*, **A 500**, 84-91 (2009)
26) Y. Kimoto *et al.*, Proc. Visual-JW2012, **2**, 11-12 (2012)
27) 木元慶久ほか，粉体および粉末冶金，**62**, 258-262 (2015)
28) S. Sahraeinejad *et al.*, *Mater. Sci. Eng.*, **A 626**, 505-513 (2015)
29) 木元慶久ほか，スマートプロセス学会誌，**4**, 149 (2015) より著作権者の許諾を得て転載
30) Y. Kimoto *et al.*, Proc. 1$^{st}$ Int. Joint Symp. Join. Weld., 389-393 (2013)
31) 東靖子ほか，溶接学会論文集，**28**, 116-122 (2010)
32) Y. S. Sato *et al.*, Friction stir welding and processing VI, R. S. Mishra, ed., M. W. Mahoney, ed., Y. Sato, ed., Y. Hovanski, ed., R. Verma, ed., Wiley, 3-9 (2011)
33) 辻あゆ里ら，溶接学会全国大会講演概要，**96**, 62-63 (2015)
34) 宮澤智明ら，溶接学会論文集，**28**, 203-207 (2010)

35) A. Thangarasu et al., *Sadhana*, **37**, 579-586 (2012)
36) E. T. Akinlabi et al., *Adv. Mater. Sci. Eng.*, **2014** art. Id 724590, 12 pages (2014)
37) F. Khodabakhshi et al., *Metall. Mater. Trans.*, **45A**, 4073-4088 (2014)
38) H. Izadi and A. P. Gerlich, *Carbon*, **50**, 4744-4749 (2012)
39) Y. Morisada et al., *Composites*, **Part A, 38**, 2097-2101 (2007)
40) Y. Morisada and H. Fujii, *J. Jap. Inst. Light. Met.*, **57**, 524-528 (2007)
41) S. Jerome et al., *J. Minerals. Mater. Charact. Eng.*, **11**, 493-507 (2012)
42) S. Soleymani et al., *Wear*, **278-279**, 41-47 (2012)
43) D. Deepak et al., *Int. J. Mech. Eng.*, **3**, 1-11 (2013)
44) D. Aruri et al., *Int. J. Appl. Res. In Mech. Eng.*, **1**, 26-30 (2011)
45) M. Samiee et al., *Aust. J. Basic. Appl. Sci.*, **5**, 1622-1626 (2011)
46) J. Qu et al., *Wear*, **271**, 1940-1945 (2011)
47) A. Devaraju et al., *Trans. Nonferrous Met. Soc. China*, **23**, 1275-1280 (2013)
48) D. Aruri et al., *J. Mater. Res. Technol.*, **2**, 362-369 (2013)
49) J. F. Guo et al., *Mater. Sci. Eng.*, **A602**, 143-149 (2014)
50) A. Thangarasu et al., *Procedia Mater. Sci.*, **5**, 2115-2121 (2014)
51) R. Dhayalan et al., *Procedia Eng.*, **97**, 625-631 (2014)
52) M. Puviyarasan and C. Praveen, *World. Acad. Sci. Eng. Technol.*, **58**, 884-888 (2011)
53) H. Bizadi and A. Abasi, *Am. J. Mater. Sci.*, **1**, 67-70. 4744-4749 (2011)
54) S. A. Alidokht et al., *Wear*, **305**, 291-298 (2013)
55) D. H. Choi et al., *Trans. Nonferrous Met. Soc. China*, **23**, 335-340 (2013)
56) Y. Mazaheri., F. Karimzadeh and M. H. Enayati, *Metall. Mater. Trans.*, **45A**, 2250-2259 (2014)
57) 木元慶久ら，溶接学会全国大会講演概要，**99**, 164-165 (2016)
58) Y. Morisada and H. Fujii, *J. Jap. Inst. Light. Met.*, **57**, 524-528 (2007)
59) Y. Morisada et al., *Mater. Sci. Eng.*, **A433**, 50-54 (2006)
60) Y. Huang et al., *Mater. Des.*, **59**, 274-278 (2014)
61) M. Azizieh et al., *Rev. Adv. Mater. Sci.*, **28**, 85-89 (2011)
62) M. Jamshidijam et al., *Tribology Trans.*, **56**, 827-832 (2013)
63) M. Navazani and K. Dehghani, *Procedia Mater. Sci.*, **11**, 509-514 (2015)
64) C. I. Chang et al., *Key Eng. Mater.*, **351**, 114-119 (2007)
65) Ghader Faraji et al., *J. Mater. Eng. Perform.*, **20**, 1583-1590 (2011)
66) D. Ahmadkhaniha et al., *J. Magnesium and Alloys*, **4**, 314-318 (2016)
67) Parviz Asadi et al., *Int. J. Adv. Manuf. Technol.*, **51**, 247-260 (2010)
68) P. Asadi et al., *J. Mater. Eng. Perform.*, **20**, 1554-1562 (2011)
69) M. Dadaei et al., *Int. J. Mater. Res.*, **105**, 369-374 (2014)
70) Y. Morisada and H. Fujii, *J. Jap. Inst. Light. Met.*, **57**, 524-528 (2007)
71) R. Sathiskumar et al., *Arch. Metall. Mater.*, **59**, 83-87 (2014)
72) C. Srinivasan and M. Karunanithi, *J. Nanotechnology*, 2015 Art. ID 612617 (2015)
73) R. Sathiskumar et al., *Trans. Indian Inst. Met.*, **66**, 333-337 (2013)
74) R. Sathiskumar et al., *Trans. Nonferrous Met. Soc. China*, **24**, 95-102 (2014)

75) I. Dinaharan *et al.*, *J. Mater. Res. Technol*, **5**, 302-316 (2016)
76) A. G. Kahrizsangi and S. F. K. Bozorg, *Surf. Coat. Technol.*, **209**, 15-22 (2012)
77) 木元慶久ほか，スマートプロセス学会誌，**4**，150（2015）より著作権者の許諾を得て転載
78) 木元慶久ほか，粉体および粉末冶金，**62**，259-261（2015）より著作権者の許諾を得て転載
79) Y. Kimoto *et al.*, *J. Jap. Soc. Powder Powder Metallurgy*, **63**, 564-565（2016）より著作権者の許諾を得て転載
80) C. J. Hsu *et al.*, *Acta Mater.*, **54**, 5241-5249 (2006)
81) Q. Zhang *et al.*, *Acta Mater.*, **60**, 7090-7103 (2012)
82) H. S. Arora *et al.*, *Int. J. Adv. Technol.*, **61**, 1043-1055 (2012)
83) J. M. Molina *et al.*, *Mater. Sci. Eng.*, **A 480**, 483-488 (2008)
84) K. Chu *et al.*, *Mater. Des.*, **30**, 3497-3503 (2009)
85) K. Mizuuchi *et al.*, *J. Jpn. Soc. Powder Powder Metallurgy*, **58**, 160-164 (2011)
86) K. Chu *et al.*, *Compos. Part A Appl. Sci. Manuf.*, **41**, 161-167 (2010)
87) C. Kawai, *J. Ceram. Soc. Jpn.*, **110**, 1016-1020 (2002)
88) L. Ke *et al.*, *J. Alloys Compounds*, **503**, 494-499 (2010)
89) K. Inada *et al.*, *Sci. Technol. Weld. Join.*, **15**, 131-136 (2010)
90) S. Prankrathi *et al.*, *J. Metall. Mater. Sci.*, **55**, 131-140 (2013)
91) M. Golmohammadi *et al.*, *Mater. Des.*, **85**, 471-482 (2015)
92) C. J. Hsu *et al.*, *Scr. Mater.*, **53**, 341-345 (2015)
93) Q. Zhang *et al.*, *Mater. Lett.*, **65**, 2070-2072 (2011)
94) G. L. You *et al.*, *Mater. Charact.*, **80**, 1-8 (2013)
95) G. L. You *et al.*, *Mater. Lett.*, **90**, 26-29 (2013)
96) G. L. You *et al.*, *Mater. Lett.*, **100**, 219-222 (2013)
97) C. F. Chen *et al.*, *Mater. Trans.*, **51**, 933-938 (2010)
98) R. Bauri *et al.*, *Mater. Sci. Eng.*, **A 528**, 4732-4739 (2011)
99) Y. Zhao *et al.*, *Progress Natural Sci : Mater. Int.*, **26**, 69-77 (2016)
100) I. Dinahara *et al.*, *Mater. Des.*, **63**, 213-222 (2014)
101) L. Peng *et al.*, *Surf. Rev. Lett.*, **18**, 183-188 (2011)
102) Y. Kimoto *et al.*, *Mater. Sci. Forum,*, **838-839**, 332-337 (2016)
103) A. Kumar *et al.*, *Mater. Des.*, **85**, 626-634 (2015)
104) P. Asadi *et al.*, *Metall. Mater. Trans.*, **A 42**, 2820-2832 (2011)
105) C. J. Lee *et al.*, *Scr. Mater.*, **54**, 1415-1420 (2006)
106) F. Khodabakhshi *et al.*, *Surf. & Coat. Techol.*, **309**, 114-123 (2017)
107) D. Aruri *et al.*, *J. Mater. Res. Technol.*, **2**, 362-369 (2013)
108) C. H. Jeon *et al.*, *Int. J. Precision Eng. Manuf.*, **15**, 1235-1239 (2014)
109) D. R. Ni *et al.*, *J. Alloy. Compd.*, **586**, 368-374 (2014)
110) R. Shabadi *et al.*, *Mater. Des.*, **65**, 869-877 (2015)
111) E. R. I. Mahmoud and M. M. Tash, *Materials,*, **9** Art. No. 505, 13 pages (2016)
112) B. R. Sunil *et al.*, *J. Mater. Sci. : Mater. Med.*, **25**, 975-988 (2014)

## 2 フィラー用無機粉体の表面改質

藤井達生*

### 2.1 はじめに
#### 2.1.1 フィラーとは

　日本語にすると充填材を意味するフィラーは，英語Fillerからの借用語であり，その原義は隙間を埋めるモノ全般を意味する。しかし，材料科学の分野でフィラーというと，材料の強度や耐熱性の向上，新たな機能性の付与，あるいはコスト削減を目的に，母材となる材料に添加する固体粒子のことを意味し，固体粒子であれば有機物・無機物を問わない。フィラーの歴史は非常に古く，8世紀にアラビア地方で作られた紙には，当時貴重であった製紙用パルプの増量を目的に，かなりの量の粘土鉱物が含まれていたと報告されている。また，洋紙の製造は，1804年の英国のFourdrinier兄弟による抄紙機の発明に始まるが，その3年後には，フィラーとして粘土鉱物の一種である陶土の粉末を母材であるパルプに添加し，製紙する技術が開発されている。そしてフィラーは，紙の平滑性や白色度の調整に今なお欠かすことができない技術となっている[1]。また，このような長い歴史を持つフィラーは填料と和訳され，この言葉は製紙業界を中心に今でも広く使われている。一方，1900年代に入り工業製品の大量生産時代がスタートすると，ゴム業界においてもフィラー（増量剤）として天然ゴムに炭酸カルシウムを添加することが一般化し，さらには，表面処理した炭酸カルシウムを使用することで，その添加が単なる増量に留まらず，ゴムの強度や耐久性を著しく向上させることが知られた。くわえて，ゴムに対してより高い補強効果を示すフィラーとして，カーボン系やシリカ系のフィラーも開発され，実用化している[2]。このため，紙やゴムだけでなく，現在では，セメント，プラスチックをはじめとした様々な材料に対して，フィラーは母材の高性能化，高機能化を支えるキーマテリアルとなっており，その重要性はますます高まっている。

#### 2.1.2 フィラーの種類と役割

　フィラーに用いられる粒子は，粒径が100μm程度のマイクロ粒子から10nm程度のナノ粒子まで様々であり，またその形状も球状，針状のものから無定形のものまでと多種多様に存在する。そして，フィラーを母材に加えることで，もとの材料には無かった機能や性質が発現することが期待されるが，その効果は，フィラーの材質だけでなく粒径や形状も大きく影響する。たとえば，自動車のバンパー等で使用されているポロプロピレン（PP）には，その強度の向上を目的として珪酸塩鉱物の一種であるタルクがフィラーとして添加されているが，図1に示すように，タルクの粒径が小さくなるほど，その衝撃強度は増加し，また，添加するタルクの板状性（アスペクト比）が高いほど，その曲げ強度は強くなる[3]。すなわち，一般的には，フィラーの粒径を小さくし，また表面積を大きくすることで，母材の物性は向上する傾向にある。これは，母材中にフィラーが高分散し隙間なく充填することで，母材とフィラーとの密着性が増し相互作用が高め

---

*　Tatsuo Fujii　岡山大学　大学院自然科学研究科　応用化学専攻　教授

# 第3章　粉体加工プロセス

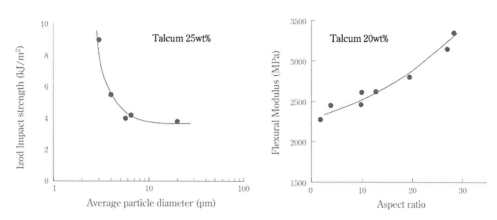

図1　タルクフィラーを添加したポリプロピレン樹脂の衝撃強度に対するフィラー粒径依存性と曲げ強度に対するフィラーアスペクト比依存性[3]

表1　代表的なフィラーの種類と機能性[4]

| 機能種類 | 該当するフィラー |
| --- | --- |
| 導電性 | アセチレンブラック，ケッチェンブラック，カーボンナノチューブ金属箔・粉（銀，銅，アルミ），酸化亜鉛，酸化錫，酸化インジウム（ITO，錫ドープ），金属メッキ物 |
| 磁性 | 各種フェライト，磁性酸化鉄，Nd-Fe-B |
| 熱伝導性 | アルミナ，窒化アルミ，窒化ホウ素，溶融シリカ |
| 圧電性 | チタン酸バリウム，チタン酸ジルコン酸鉛 |
| 制振性 | マイカ，黒鉛，モンモリロナイト，バーミキュライト，炭素繊維，ケブラー繊維，フェライト |
| 遮音性 | 鉛粉，鉄粉，硫酸バリウム，フェライト |
| 摩擦材 | マイカ，針状酸化亜鉛，ゾノトライト，チタン酸カリウム，MOS，板状アルミナ |
| 断熱・軽量 | ガラスバルーン，シラスバルーン，シリカバルーン，樹脂バルーン |
| 電磁波吸収 | フェライト，黒鉛，木炭，炭素繊維，PZT，CNT，CMC |
| 光散乱反射 | ガラスビーズ，アルミ粉，マイカ，酸化チタン，モンモリロナイト |
| 熱線幅射 | 酸化マグネシウム，ハイドロタルサイト，MOS，木炭，アルミナ |
| 難燃剤 | 水酸化アルミニウム，水酸化マグネシウム，酸化アンチモン，ホウ酸，ホウ酸亜鉛，炭酸亜鉛，ハイドロタルサイト，赤リン，黒鉛，高温炭化木炭，ベーマイト，炭酸リチウム |
| 紫外線吸収 | 酸化チタン，酸化亜鉛，酸化セリウム |
| 放射線吸収 | 鉛粉，硫酸バリウム |
| 抗菌・殺菌 | 銀イオン胆持ゼオライト，酸化チタン，酸化亜鉛，金属フタロシアニン，カテキン |
| 脱水材 | 酸化カルシウム，シリカゲル，ゼオライト，セピオライト |
| 脱臭吸着材 | ゼオライト，活性白土，活性炭，竹炭，セピオライト |
| 高比重 | 鉛，タングステン，ステンレス，フェライト，酸化亜鉛，酸化ジルコニウム |
| ガスバリア | マイカ，モンモリロナイト，ベーマイト |

られたため，と考えられる。しかし，フィラーの微粒子化，高比表面積化は，逆に，フィラー同士の凝集を誘発し，母材への分散性を低下させることにも繋がる。そのため，いかにより小さいフィラーを母材に高分散，高充填させるかということが課題となっている。表1に，合成樹脂系の母材に対して添加される代表的なフィラーとそれが目的とする機能の一覧を示す[4]。

## 2.2 フィラーの分散
### 2.2.1 分散の単位過程

フィラーの母材への分散は，一般的に，高温あるいは溶剤を添加する等により流動化させた母材（分散媒）に対して行われる。そのため，母材中へのフィラーの分散の過程は，図2に示すような濡れ，解砕，安定化の3つの単位過程からなると考えられている[5]。濡れの過程では，フィラーの凝集粒子（二次粒子）と分散媒が接触し，隙間に浸透することで，粒子間の凝集力を低下させる。ついで解砕の過程では，機械的な撹拌，粉砕により，より小さな凝集粒子へと分割される。しかし，解凝集されただけの粒子は，熱運動等により容易に再凝集するので，再凝集に対して安定化させる必要がある。これが安定化の過程である。そして，これらの単位過程が全て満足された場合，微細化された二次粒子はさらに分割されてという具合に分散が進行し，理想的には一次粒子まで解凝集されて，かつその状態が安定して分散媒中に保持されることになる。すなわちフィラーの分散性を向上させるためには，これら3つの単位過程を制御し，最適化する必要がある。とりわけ，濡れの過程と安定化の過程は，粒子表面の化学状態と密接に関係しており，フィラーの表面改質とは，フィラー粒子表面の化学状態を制御する操作に他ならない。

### 2.2.2 濡れの機構

濡れの過程を化学的に見ると，乾燥したフィラーの表面（固／気界面）が分散媒で覆われ固／液界面に置換されることに対応する。この時，分散媒がフィラーの凝集塊の隙間に毛管浸透し，粒子間の隙間が広がることで粒子間の付着力が弱められることが重要である。毛管浸透する速度 $\nu$ は，細孔の幾何学形状が一定であると仮定すると，Washburnの式で示され，

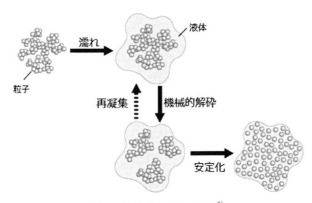

図2 粒子分散の単位過程[5]

第3章 粉体加工プロセス

$$\nu = \frac{r}{4\eta l} \cdot \gamma_L \cos\theta$$

$r$：細孔半径，$l$：細孔長さ，$\gamma_L$：液体の表面張力，$\eta$：液体の粘度，$\theta$：接触角

となる。よって，$\gamma_L\cos\theta$ が大きい，すなわち固体表面と液体の接触角 $\theta$ がゼロに近いほど，濡れは広がり，特に $\theta = 0$ の場合を拡張濡れという。
また，Youngの式より，

$$\gamma_L\cos\theta = \gamma_S - \gamma_{SL}$$

$\gamma_S$：固体の表面張力，$\gamma_{SL}$：固体液体の界面張力

であるから，拡張濡れが生じるためには，$\gamma_S > \gamma_L$ である必要がある。表2に代表的な液体の表面張力[6]を，表3には無機固体の表面張力[7,8]を示す。無機固体の多くはカーボンを除いて，非常に大きな表面張力を持つため，分散媒の種類によらず高い濡れ性を持っている。しかし，水系の分散媒に対してカーボン系フィラーを添加する場合は，水の表面張力が72 mN/mと大きいため，いかに濡れ性を良くするかということが課題となる。そのため，界面活性剤を添加して水の表面張力を下げるか，表面改質によりフィラーの表面張力を増加させることで解決をはかっている。

### 2.2.3 安定化の機構

解砕により高分散したフィラー粒子の再凝集を防ぐ手法としては，2つの機構が知られている。その1つは，粒子表面に生じた電荷の静電反発で粒子同士の接近を防ぐ方法である。粒子表面には，多くの場合，吸着しているイオン性物質の存在や水酸基等の官能基の解離が起源となり表面電荷が生じている。そして図3に示すように，表面電荷と逆符号に帯電した媒質が粒子の周囲を取り巻き，電気二重層が形成される。その結果，電気二重層で囲まれた粒子同士が接近すると，電気二重層が互いに重なり，静電的な斥力が発生することとなる。この機構は，粒子を水のような誘電率が高い媒質に分散させた系で効果的である。しかし，実際の分散系では，さまざまな添加剤等の影響によりイオン濃度が高い場合が多く，電気二重層の厚さが小さくなると，その

表2　代表的な液体の表面張力[6]

| 液体 | 表面張力 mN/m |
| --- | --- |
| 水 | 72 |
| アセトン | 23.1 |
| エタノール | 22.4 |
| ベンゼン | 28.2 |
| トルエン | 28.5 |
| ヘキサン | 18.4 |
| エチレングリコール | 47.7 |
| グリセリン | 63.0 |

表3　代表的な無機固体の表面張力[7,8]

| 固体 | 表面張力 mN/m |
| --- | --- |
| MgO | 660 |
| CaO | 670 |
| FeO | 550 |
| $SiO_2$ | 310 |
| $Al_2O_3$ | 610 |
| カーボンナノチューブ | 40.3 |
| 炭素繊維 | 45.9 |

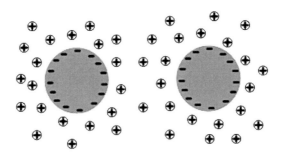

図3　電気二重層同士の反発による安定化

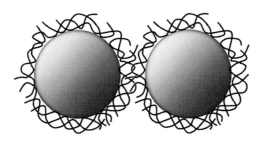

図4　吸着した高分子の立体障害による安定化

効果は弱まってしまう。もう1つの機構は，粒子の表面に高分子を吸着させ，吸着した高分子間の立体障害を利用する方法である。工業的観点からは，前述の静電反発を利用した分散より，この立体障害を利用した分散の方が，実用性が高いとされている。なぜなら，水系非水系の両分散系に適用でき，また，イオン性の添加剤を加えてもその安定性がほとんど変化しないこと等が理由である。また，図4に示すように，高分子が表面に吸着している粒子同士が近接し，高分子鎖同士が重なり合うと，その部分は高分子鎖濃度が上昇するので，浸透圧によって周囲の媒質分子が流入し，粒子同士は引き離される方向に力を受ける（浸透圧効果）。また，高分子鎖同士が重なり合うことで構造の自由度が低下，すなわちエントロピーが減少することとなり，粒子同士が接近することは自由エネルギー的にも不利である（エントロピー効果）。すなわち，立体障害を利用した粒子の分散では，粒子と高分子の親和性を高め，強く吸着させるとともに，高分子鎖が媒質に向いて広がった構造となることが重要である。

## 2.3　粒子の表面改質
### 2.3.1　表面改質の目的

母材となる材料にフィラー粒子を高分散させるためには，粒子表面の濡れ性を向上させ，また，粒子同士の再凝集を抑制する必要があることは述べた。すなわち，粒子の分散性に粒子の表面状態は密接に関係しており，表面改質により粒子の表面状態をコントロールし，母材への分散性を高めることは重要である。加えて母材とフィラー粒子との間には，密度，弾性率，熱膨張率等に

第 3 章　粉体加工プロセス

**表 4　代表的な表面改質の手法**

| 表面改質の手法 | 区分 |
|---|---|
| 化学的手法 | |
| 　洗浄（酸/塩基，アルコール等） | A |
| 　カップリング剤処理（シランカップリング等） | A |
| 　めっき法（電気めっき，無電解めっき） | B |
| 　化学気相成長法（CVD 法） | B |
| 　液相コーティング法 | B |
| 物理的手法 | |
| 　熱処理（浸炭，窒化等） | A |
| 　プラズマ処理 | A |
| 　イオン注入法 | A |
| 　物理気相成長法（スパッタリング法，真空蒸着法等） | B |

区分 A：粒子表面そのものの構造や組成を変化させる方法
区分 B：粒子そのものは変化させず，他の物質で表面を被覆する方法

大きな差があり，単純に混合分散しただけでは界面での接着不良が発生しやすく，期待した効果が得られない場合もある。そのためにも，粒子の表面改質を行い，母材との親和性を高め一体化をはかることが必要である。また，表面改質を行うことにより，粒子に新たな機能性を付与することも期待できることから，その重要性はますます高まっている。

ところで表面改質の方法には，大きく分けて，粒子表面そのものの構造や組成を変化させる方法（A）と，粒子そのものの構造や組成は変化させず他の物質により表面を被覆する方法（B）の 2 種類がある。表面改質というと，狭義には前者（A）の方法のみを指すが，ここでは広義の意味で表面改質を取り扱うこととする。また，表面改質をもたらす反応メカニズムに着目すると，大きく分けて化学的手法と物理的手法に分類される。代表的な表面改質の手法を表 4 にまとめた。それら表面改質手法の実施例や特徴は，以下の節で個別に記す。

### 2.3.2　化学的手法

(1)　洗浄

洗浄とは，単純には粒子表面の汚染物質を除去し，材料本来の表面を露出させることである。しかし，そのような表面は超高真空中でのみ実現可能であり，大気雰囲気下に存在する物質の表面は，たとえ汚染物質が完全に除去されたとしても，$H_2O$ や $CO_2$ をはじめとしてさまざまな吸着分子で覆われている。すなわち，洗浄とは，表面の汚染物質を洗浄に用いた他の化学物質に置換する操作に他ならない。そのため，最終的に得られた材料表面の化学状態は，どのような方法，条件で洗浄を行ったかに依存することになる。その一例として，酸性および塩基性の水溶液中でのシリカ表面の化学状態を図 5 に模式的に示す。このことは，シリカ表面のゼータ電位の pH 依存性にも反映され，シリカ表面のゼータ電位は酸性側で正，塩基性側で負となることでもわかる[9]。

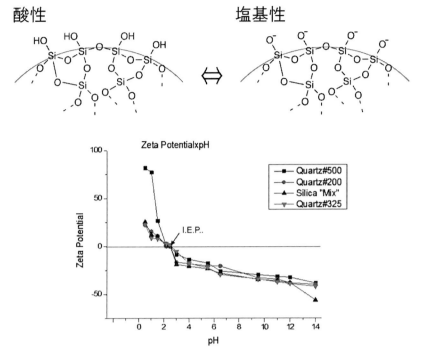

図5　a)シリカ表面の化学状態の模式図と,
　　　b)異なる粒子サイズを持ったシリカ微粒子のゼータ電位のpH依存性[9]
　　　(#200：13μm, #325：7μm, #500：4μm)

(2) カップリング処理

　カップリングとは,粒子表面に分子を単に吸着させるだけでなく,その分子が持つ官能基を利用して粒子表面と強固に化学結合させることで,粒子表面を強固に被覆し改質する手法である。一般的に,酸化物に代表される無機系フィラーの表面は親水性が高いため,樹脂や有機溶剤等の有機物との親和性が低く,そのままでは分散安定性が小さい。そのため,シラン系,チタネート系,アルミナート系等のカップリング剤で粒子表面を被覆し,親油化することで分散安定性を高める必要がある。例えば,一般的なシランカップリング剤は,R-$(CH_2)_n$-Si-$(OX)_3$の化学構造を持っており,アルコキシ基(-OX)の加水分解によって得られるシラノール基(Si-OH)が,酸化物表面に存在する水酸基(-OH)と反応することで強く結合するとともに,有機官能基(-R)を外側に向け粒子の表面全体を覆うことができる。シランカップリング剤と酸化物表面との反応の様子を図6に模式的に示す。よってカップリング剤の有機官能基(-R)の種類を適切に選択することで,フィラーを充填する媒材との親和性を制御することが可能であり,さまざまな種類の官能基をもつカップリング剤が市販されている。表5に代表的なシランカップリング剤とそれに適応する有機樹脂を示す[10]。

第3章 粉体加工プロセス

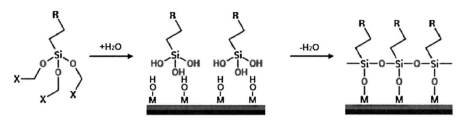

図6 シランカップリング剤と粒子表面との反応の模式図

表5 代表的なシランカップリング剤と主な適用樹脂

| 化合物名 | 構造式 | 官能基 | 適用樹脂 |
| --- | --- | --- | --- |
| ビニルトリメトキシシラン | (CH₃O)₃SiCH=CH₂ | ビニル | ポリオレフィン |
| 2-(3,4-エポキシシクロヘキシル)エチルトリメトキシシラン | (CH₃O)₃SiC₂H₄-◯-O | エポキシ | エポキシ樹脂 |
| 3-グリシドキシプロピルトリメトキシシラン | (CH₃O)₃SiC₃H₆OCH₂CH-CH₂ | | アクリル樹脂，エポキシ樹脂，ニトリルゴム，ポリサルファイド，ポリウレタン，スチレンゴム |
| 3-メタクリロキシプロピルトリメトキシシラン | (CH₃O)₃SiC₃H₆OCC=CH₂ | メタクリル | ブチルゴム，ポリエステル，ポリエーテル，ポリオレフィン，シリコーン樹脂 |
| 3-メタクリロキシプロピルメチルジメトキシシラン | (CH₃O)₂SiC₃H₆OCC=CH₂ | | ブチルゴム，ポリエステル，ポリエーテル，ポリオレフィン，シリコーン樹脂 |
| N-2-(アミノエチル)-3-アミノプロピルトリメトキシシラン | (CH₃O)₃SiC₃H₆NHC₂H₄NH₂ | アミノ | アクリル樹脂，セルロース樹脂，フラン樹脂，メラミン樹脂，フェノール樹脂，ポリアミド，ポリウレタン，スチレンゴム，尿素樹脂 |
| N-2-(アミノエチル)-3-アミノプロピルメチルジメトキシシラン | (CH₃O)₂SiC₃H₆NHC₂H₄NH₂ | | アクリル樹脂，エポキシ樹脂，ポリアミド，ポリエーテル |
| N-フェニル-3-アミノプロピルトリメトキシシラン | (CH₃O)₃SiC₃H₆NH-◯ | | エポキシ樹脂，フラン樹脂，メラミン樹脂，フェノール樹脂，ポリウレタン |
| 3-メルカプトプロピルトリメトキシシラン | (CH₃O)₃SiC₃H₆SH | メルカプト | ネオプレン，ニトリルゴム，フェノール樹脂，ポリサルファイド，ポリウレタン，スチレンゴム |

(3) めっき法

フィラー粒子に電気伝導性や強度等の新たな機能を付与することを目的として，電気めっきや無電解めっきによって粒子表面を金属で被覆することが行われている。その一例として，炭素繊維フィラーのNiめっきによる炭素繊維強化プラスチック(CFRP)の高強度化[11]や，Agめっきされた樹脂粉末を使った柔軟性に優れた導電性接着剤[12]などがある。

(4) 化学気相成長法

化学気相成長法（CVD法）は，原料および反応生成物の輸送が気体状態で行われ，基板表面上での化学反応により基板上に固体薄膜を形成する方法である。CVDの反応過程を模式的に図7に示す[13]。原料は気体の流れによって基板近傍まで運ばれる。その過程で活性種が気相反応により生成し，基板表面に脱吸着を繰り返した後，表面反応により薄膜化する。また，不要な副反応物は脱離し除去される。原料化合物や反応条件を適切に選択することで，さまざまな金属，酸化物の薄膜が作製されている。ところで，CVD法を用いて粉体粒子のコーティングするためには，粉体の表面全体が気体と接触している必要がある。そのため，CVD法による粉体の被覆で

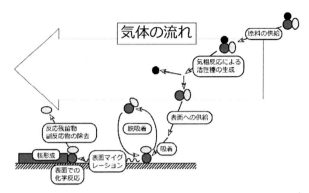

図7　化学気相成長法（CVD法）における反応過程の模式図[13]

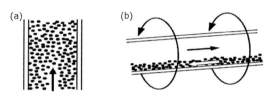

図8　CVD法による粉体粒子への被覆方法[14]
(a)流動床を利用する方法，(b)粒子床を回転させる方法

は，反応容器内の粉体が互いに接触しないよう粒子床を回転させたり，流動床とした粉体中に気流を吹き込む等の工夫がされている（図8）[14]。

(5) 液相コーティング法

粒子を溶液中に分散させた状態で，溶液中から難溶性の塩を析出させると，分散粒子が核となり，析出した塩は粒子を包み込むような形で析出する場合が多い。このような液相からの析出反応を利用して基材を被覆する方法を液相コーティング法という。とりわけ，有機金属錯体の加水分解と重合反応を利用して金属酸化物を得る手法はゾル・ゲル法と呼ばれ，シリカ($SiO_2$)，チタニア($TiO_2$)，アルミナ($Al_2O_3$)，ジルコニア($ZrO_2$)をはじめとした種々の酸化物被膜の作製に広く使用されている。その一例として，テトラエトキシシラン（TEOS）からシリカを作製する反応を考えると，その化学反応式は次のように記される。

加水分解反応：$Si(OC_2H_5)_4 + 4H_2O \rightarrow Si(OH)_4 + 4C_2H_5OH$

重合反応：$Si(OH)_4 \rightarrow SiO_2 + 2H_2O$

例えば，酸化グラフェンをエポキシ樹脂中に分散させる場合，ゾル・ゲル法を使ってシリカ被覆した酸化グラフェンを用いることで酸化グラフェンの分散性が著しく向上し，エポキシ樹脂のガスバリア特性が向上することが報告されている（図9）[15]。

第3章　粉体加工プロセス

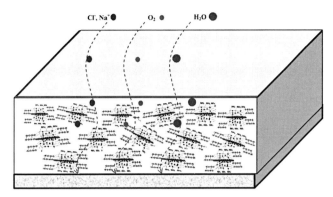

図9　シリカ被覆した酸化グラフェンを分散したエポキシ樹脂のガスバリア機構[15]

## 2.3.3　物理的手法

### (1)　熱処理

熱処理は，材料を加熱したり冷却したりする操作であり，材料の組織や性質を制御する目的で行われる。エネルギーが外界から熱の形で与えられ，それによって材料を構成する原子の移動，拡散が促進される。また熱処理時の雰囲気によっては，粒子表面は酸化還元，あるいは窒化，炭素化等の化学反応を起こすことから，粒子の表面改質の手法としても活用されている。例えば，鉄粉を窒素ガス気流中で熱処理すると，鉄粉の表面は窒化鉄層で覆われ，硬度や耐食性が向上することが知られている。

### (2)　プラズマ処理

プラズマとは，気体を構成する分子が電離し陽イオンと電子に別れて運動している状態であり，電離した気体に相当する。表面処理では，一般的に，電子温度が$10^4$ K 程度と非常に高温である一方，陽イオンの温度は300～500 K と低い低温プラズマが用いられ，それらはグロー放電や高周波放電等により発生される。プラズマは，その高い電子温度のため周囲の分子や原子を容易に励起することが可能であり，高い化学反応性を生む。またその作用は，プラズマに曝される物質表面にのみ選択的に作用することが特徴である。プラズマ処理の一種であるプラズマ親水化は，カーボン系フィラーのような疎水性の高い材料に大気（酸素）プラズマ処理を施し，その表面を水酸基やカルボキシル基のような親水基で覆うことで水分散性を高めることに利用されている。その一例として，酸素プラズマ処理した配向カーボンナノチューブについて，プラズマ処理時間と表面構造および接触角の関係を図10に示す[16]。

### (3)　イオン注入

イオン注入法とは，原子あるいは分子をイオン化し，高電圧（数 k～数 MV）で加速して試料表面に打ち込み添加する技術である。イオン化さえできればどのような元素でも注入可能であるため，その適用の範囲は非常に広いが，高価なイオン加速器が必要となるため高コストとなるのが欠点である。また，注入されるイオンの表面からの深さは，加速エネルギーや物質の種類に依

図10 配向カーボンナノチューブ表面の接触角と構造に及ぼす酸素プラズマ処理時間の影響[16]
(上から処理前,1分,2分,5分間処理)

存するが,条件さえ定まればその制御は非常に容易であり,かつ再現性が高い。図11は,ソーダライムガラス中にイオン注入したAgについて,注入深さの加速エネルギー依存性を示したものである[17]。例えば,Agをイオン注入したガラス粉末をフィラーとしたコンポジットレジンは,$Ag^+$イオンの抗菌性を活かし,歯修復剤としての応用が期待されている。

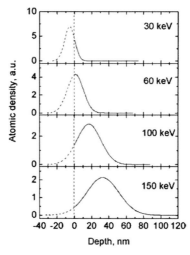

図11 ガラスにAgイオン注入した場合の侵入深さのエネルギー依存性の計算結果[17]

第3章　粉体加工プロセス

(4) 物理気相成長法

　物理気相成長法（PVD法）は，真空容器内で原料固体を物理的な手法で気化させ，その蒸気を再び基板上に凝縮させ被膜を形成する成膜手法の1つである。真空中で成膜する理由は，気化した蒸発粒子の平均自由行程を大きくし，気体分子と衝突することなく基板に到達させるためであり，また，気体分子が不純物として膜中に取り込まれるのを防止するためでもある。なお，成膜中にあえて微量の酸素分子や窒素分子を導入し，蒸発粒子と反応させて酸化物や窒化物として薄膜を得ることも行われている。PVD法には，原料固体を気化させる手法によって，真空蒸着法，スパッタリング法，レーザーアブレーション法等があり，それぞれ，熱，放電プラズマ，レーザー光を蒸発のエネルギー源としている。とりわけスパッタ法は，高いエネルギーを持ったプラズマ粒子で原料固体（ターゲット）を叩き出すため，蒸発粒子が持つエネルギーも大きく，他の手法と比較して膜の基板への付着力が強いという特徴がある。ところで，フィラー粒子の被覆にスパッタリング法を適用しようとすると，真空中で飛来する蒸発粒子は高い指向性をもつため粒子背面に回り込むことができず，このままでは粒子全体を被覆することができない。その問題点を解決するために開発されたのが，バレルスパッタリング法である。バレルスパッタリング法では，図12に示すように，粒子を振とう撹拌させながらスパッタリング成膜を行うことで，粒子全体に均一な被覆を実現している[18]。その一例として，バレルスパッタリング法でNi被覆されたアルミナ粒子の電子顕微鏡写真を示す[19]。

## 2.4　まとめ

　母材とフィラーとの親和性，密着性を向上させることから始まったフィラーの表面改質は，表面改質による新たな機能をフィラーにもたらし，さまざまな機能を持った新規な複合材料が続々と実現されている。また表面改質には，本稿にとりあげた代表な手法以外にも多くの方法が提案

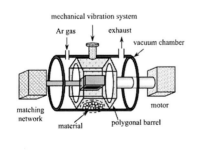
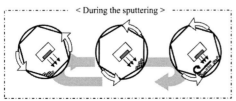
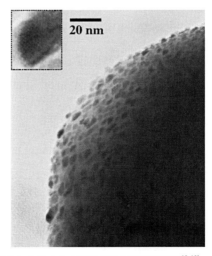

図12　バレルスパッタリング法の原理とNi被覆されたアルミナ微粒子の電子顕微鏡像[18,19]

されており，それぞれの手法は独自の特徴を持っている。よって複合化に際しては，フィラーの選択と同時に，その表面改質にどの手法を採用すべきか，目的と素材に応じてそれらの組合せを考え，使い分けをする必要がある。

文　　　献

1) 桂徹, *Gypsum & Lime*, **228**, 310（1990）
2) 石川泰弘, 国立科学博物館技術の系統化調査報告, **16**, 3（2011）
3) 森冨悟, 渡辺毅, 神崎進, 住友化学技術誌, 2010-I, 4（2010）
4) 照瀬正樹, ハリマ化成テクノロジーレポート, **114**, 12（2013）
5) 小林敏勝, 福井寛, きちんと知りたい粒子表面と分散技術, 日刊工業新聞, p. 7（2014）
6) R.C. Weast, Ed., CRC Handbook of Chemistry and Physics, 50th ed.,（1969）
7) 田中敏宏, ふぇらむ, **8**, 80（2003）
8) S. Nuriel, L. Liu, A.H. Barber, H.D. Wagner, *Chem. Phys. Lett.*, **404**, 263（2005）
9) J.A. Alves Jr., J.B. Baldo, *New J. Glass Ceram.*, **4**, 29（2014）
10) シランカップリング剤, モメンティブ・パフォーマンス・マテリアルズ社製品カタログ（2007）
11) J. Andreska, C. Maurer, J. Bohnet, U. Schulz, *Wear*, **319**, 138（2014）
12) C. Chen, Y. Tang, Y.S. Ye, Z. Xue, Y. Xue, X. Xie, Y.W. Mai, *Compos. Sci. Technol.*, **105**, 80（2014）
13) 関口敦, *J. Vac. Soc. Jpn.*, **59**, 171（2016）
14) C. Vahlas, B. Caussat, P. Serp, G.N. Angelopoulos, *Mater. Sci. Eng. R*, **53**, 1（2006）
15) B. Ramezanzadeh, Z. Haeri, M. Ramezanzadeh, *Chem. Eng. J.*, **303**, 511（2016）
16) A.O. Lobo, S.C. Ramos, E.F. Antunes, F.R. Marciano, V.J. Trva-Airoldi, E.J. Corat, *Mater. Lett.*, **70**, 89（2012）
17) D.E. Hole, A.L. Stepanov, P.D. Townsend, *Nucl. Instr. Meth. Phys. Res. B*, **148**, 1054（1999）
18) 阿部孝之, 井上光浩, 表面技術, **62**, 676（2011）
19) S. Akamaru, M. Inoue, Y. Honda, A. Taguchi, T. Abe, *Jpn. J. Appl. Phys.*, **51**, 065201（2012）

**【第3編　次世代的用途に向けた粉体材料の応用開発】**

# 第1章　電子機器への応用例

## 1　高放熱 AlN 基板の開発

金近幸博*

### 1.1　はじめに

地球規模の環境・エネルギー問題に対する新しい社会インフラ導入や産業構造を革新する新技術導入が始まっている[1]。特に，省エネルギー型機器や IoT（Internet of Things）に利用される無線通信機器の革新が進み，それら機器に使用される電子材料・部品の役割が重要になってきている[2]。例えば，電鉄，ハイブリッド・電気自動車，風力発電，太陽電池などに用いられる IGBT（Insulated Gate Bipolar Transistor）回路基板は，電力制御部品として今後需要が急速に増加していくと考えられる。近年，IGBT の小型化・高出力化が進み，電子機器の熱密度上昇が課題となり放熱対策が喫緊の課題となっている[3]。さらに，照明分野においても省エネルギー化や環境に優しい部材のニーズが高まり，LED（Light Emitting Diode）照明の実用化が進んでいる。LED 照明においても，その発熱密度上昇が課題となっている[4]。これら放熱対策として高熱伝導性を有する窒化アルミニウム（AlN）が注目され高放熱・絶縁基板としての開発と応用が進んでいる。

AlN は，金属アルミニウム並みの高い熱伝導率，高い電気絶縁性，シリコンに近い熱膨張係数[5]，優れた耐食性[6]などを持つことから IGBT 及び LED 用基板や半導体製造装置用部材[7]として広く用いられている。本稿では，AlN の性質と高放熱 AlN 基板の開発について概説する。

### 1.2　AlN の性質

AlN はⅢ-Ⅴ族化合物半導体である。しかしながら，6.2 eV の幅広いバンドギャップを持つため電気絶縁性を示す[8]。結晶構造は，図1に示すような六方晶系（Hexagonal）のウルツ鉱（Wurtzite）型をとる。この結晶構造において，Al と N は共に $SP^3$ 混成軌道を形成して4配位しており，原子間結合は共有結合性とイオン結合性（43%）を有する[9]。このため，AlN は融点を持たず，約2300℃で昇華する難焼結性物質である。AlN の格子定数は a = 3.111Å，c = 4.980Å であるが，AlN 結晶中に酸素や炭素が混入した場合，a = 3.11→3.13Å，c = 4.98→4.93Å と a 軸長は増大し c 軸長は減少する[8]。Slack によれば AlN の理論熱伝導率は 320 W/mK とされている[10]。

AlN 焼結体の物性をその他の代表的ファインセラミックスと比較して表1に示す。AlN の大きな特徴は高い熱伝導性で $Al_2O_3$ の約9倍であり，同じ窒化物である $Si_3N_4$ と比べても2倍程度

---

*　Yukihiro Kanechika　㈱トクヤマ　特殊品部門　特殊品開発グループ　主席

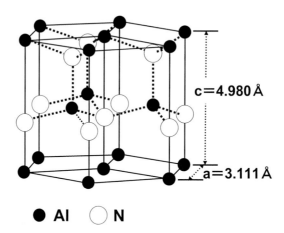

図1　窒化アルミニウム（AlN）の結晶構造

表1　各種セラミックス材料の特性の比較

| 項目 | 単位 | AlN | $Al_2O_3$ | BeO | SiC | $Si_3N_4$ |
|---|---|---|---|---|---|---|
| 熱伝導率 | W/(m·K) | 180 | 20 | 260 | 270 | 70 |
| 電気抵抗 | Ω·cm | $>10^{14}$ | $>10^{14}$ | $>10^{14}$ | $10^2 \sim 10^8$ | $>10^{14}$ |
| 絶縁耐力 | kV/cm | 150 | 100 | 100 | 0.7 | 150 |
| 誘電率 | 室温 25℃, 1MHz | 9.0 | 8.5 | 6.5 | 40 | 9.0 |
| 誘電損失 | $\tan\delta \times 10^{-4}$ | 5 | 3 | 5 | 500 | 8 |
| 熱膨張係数 | $\times 10^{-6}$/℃ | 4.4 | 7.3 | 8 | 3.7 | 3.4 |
| 密度 | g/cm³ | 3.3 | 3.9 | 2.9 | 3.2 | 3.2 |
| ヤング率 | GPa | 320 | 360 | 310 | >470 | 275 |
| 強度 | MPa | 350〜550 | 350 | 160〜230 | 440 | 500〜800 |
| 備考 | — |  |  | 毒性あり | BeO添加ホットプレス | ガス圧焼結 |

高い。また，電気抵抗は $Al_2O_3$ と同程度で高い電気絶縁性を示す。誘電率は9.0，誘電正接は $10^{-4}$ と低く高周波用基板として有用である。

　一般的に高い電気絶縁性を有するセラミックスではフォノンを介した熱伝導が主になり，アダマンタン構造単結晶の熱伝導率 $\kappa$ は理論式(1)で与えられる[10]。構成元素が軽い，原子間結合力が強い，結晶構造が簡単で格子振動の非線形成分が小さいという要件を満たす物質が高熱伝導率を有することがわかる。

$$\kappa = BM\delta\theta^3/T\gamma^2 \tag{1}$$

　　$B$：定数，$M$：単位格子の平均分子量，$\delta$：単位格子中の1原子あたりの占有体積の立方根，
　　$\theta$：デバイ温度，$T$：絶対温度，$\gamma$：グルナイゼン定数

第1章 電子機器への応用例

　AlNにおいても熱伝導はフォノンがキャリアとなっている。AlN焼結体は，酸素がAlN結晶中に置換固溶すること，気孔・粒界の存在や金属不純物の固溶などによりフォノン散乱が起こり，その熱伝導率は大きく低下する。

　近年，焼結技術の改良により272 W/mKという理論値の85％に達する高熱伝導AlN焼結体が報告されている[11]。また，その他物性改良も行われ，AlN基板の可視光領域の光全透過率は75％[5]，筒状のAlN焼結体では98％が報告されている[12,13]。AlNの電気特性制御については粒界部への導電性物質の形成[14]やAlN結晶中への酸素固溶による体積抵抗率低減[15]が報告されている。

## 1.3　AlN粉体の製造方法と特徴

　高熱伝導AlN基板の焼結にとって，出発原料であるAlN粉体の特性は重要である。理想的な焼結用AlN粉体には，純度が高いこと，形状が球状に近く，均一で微細であること，凝集が少ないことなどが求められる。現在，工業化されているAlN粉体の製造方法としては，以下に示すように2種類の製造プロセスがある。それらは金属アルミニウムの直接窒化法[16]，アルミナの還元窒化法[17]でありそれぞれ(2)，(3)式の反応式で表される。

$$2Al + N_2 \rightarrow 2AlN \tag{2}$$

$$Al_2O_3 + 3C + N_2 \rightarrow 2AlN + 3CO \tag{3}$$

　金属アルミニウムの直接窒化法は，発熱反応（328 kJ/AlN・mol，1800 K）であるため，その反応は自己発熱を伴うものであり，反応温度制御が極めて難しい。また，本プロセスは窒化後の粉体の粉砕工程と分級工程を含むため，不純物濃度と粒度制御が困難である。その粒子形態は粉砕粉体であるため角張った形状である。

　アルミナの還元窒化法は，主にアルミナとカーボンの混合工程，窒化工程及び窒化後の粉体中の残存カーボンの除去工程からなる。還元窒化反応は吸熱反応（27 kJ/AlN・mol，1800 K）であるため，反応温度の制御が容易である。また，粉砕・分級工程を必要としないため不純物レベルの制御に有利である[17]。

　表2にそれぞれの製法で合成したAlN粉体の代表的な特性を示す。還元窒化法により製造されたAlN粉体は，酸素濃度，金属不純物濃度が低いことがわかる。また，図2にそれぞれの方法で製造したAlN粉体の形態を示す。還元窒化法AlN粉体は微細であり，ほぼ球状で粒度が揃っていることから高熱伝導AlN基板製造用原料として最適であると考えられる。

## 1.4　高熱伝導AlN基板の製法と高熱伝導化機構

　AlNは難焼結性材料であるため，AlN基板の焼結は工業的にはAlN原料粉体に焼結助剤として$Y_2O_3$などの希土類酸化物やCaOなどのアルカリ土類酸化物を加え，ホットプレス法や常圧焼結法で製造される。その焼結機構は助剤無添加でも焼結が進むことから固相焼結的でもある

表2　窒化アルミニウム粉体の代表的な特性

| | 分析項目 | 還元窒化法 | 直接窒化法 |
|---|---|---|---|
| 純度 | O (wt%) | 0.8 | 1.3 |
| | C (wt%) | 0.03 | 0.04 |
| | Fe (ppm) | <4 | 50 |
| | Si (ppm) | 9 | 100 |
| | Ca (ppm) | 7 | 80 |
| 比表面積 ($m^2/g$) | | 3.4 | 3.7 |
| 平均粒子径 ($\mu m$) | | 1.3 | 2.5 |
| 粗粒量 (ppm) | | 14 | 70 |
| 加圧嵩密度 ($g/cm^3$) 200 kg/$cm^2$ | | 1.50 | 1.92 |

  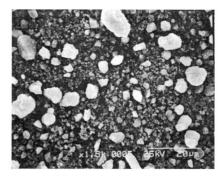

還元窒化法 AlN 粉体（×5000）　　　　直接窒化法 AlN 粉体（×1500）

図2　製法の異なる窒化アルミニウム粉体の粒子形態

が[18]，$Y_2O_3$ を添加した場合 Al-Y-O 系の液相を形成することが知られており液相焼結による緻密化が支配的である[19,20]。

　図3にトクヤマ製 AlN 粉体に焼結助剤としてカルシウムアルミネート（$3CaO \cdot Al_2O_3$，以下 C3A と略す）を2.1 wt％添加して焼結した時の焼結挙動の解析結果を示す[5]。図3から AlN の焼結過程は1800℃までの昇温過程と最高温度での保持過程の2つのステップに分けて考えることができる。まず，1800℃までの昇温過程においては，添加した C3A が AlN 粉体表面の酸素成分と反応して添加種とは異なる組成のカルシウムアルミネートを生成し，液相を生成する。この液相の存在により，物質移動・拡散・粒子の再配列などが進み焼結が促進される。このとき AlN の熱伝導率は90 W/mK まで上昇するが，Ca 含有量は焼結前とほぼ同等であることから，この過程における熱伝導率の上昇は密度の上昇と直接関連する。これに対し，1800℃での保持過程では，Ca の急激な減少と共に熱伝導率は175 W/mK まで上昇している。この間の密度の上昇はわずかであることから，熱伝導率の向上は主に液相成分の系外への排出による AlN 焼結体の高純

第1章 電子機器への応用例

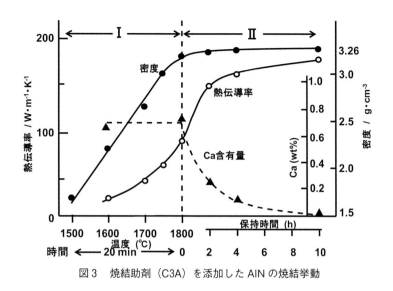

図3 焼結助剤（C3A）を添加したAlNの焼結挙動

度化によってもたらされたものと考えられる。

　AlNの熱伝導率は固溶酸素量の影響を受けやすい。(4)式に示すようにAlN結晶中に導入された酸素はAlNの窒素の位置に置換固溶し，電荷中性の原理からアルミニウム空孔型欠陥（$V_{Al}$）を生成し熱伝導率を低下させる[21]。

$$Al_2O_3 \rightarrow 2Al_{Al} + 3O_{N^+} + V_{Al^{3-}} \tag{4}$$

　図4に焼結助剤としてC3Aを4.8 wt%添加した時の還元焼成雰囲気でのAlN焼結過程における助剤相組成の変化を示す。図4から添加したC3AはAlN粉体表面の酸化物成分と反応し，各温度において$Ca_{12}Al_{14}O_{33}$，$Ca_5Al_6O_{14}$や$CaAl_2O_7$などの種々のカルシウムアルミネートを粒界

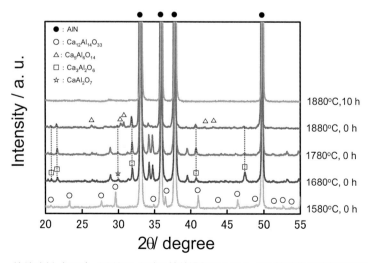

図4 焼結助剤（C3A）を添加した時の焼結過程におけるAlN焼結体の助剤相組成変化

相に形成していることがわかる。さらに，これら粒界相は最高温度に到達10時間後にはAlN焼結体系外へ揮散し消失する。

　また，焼結助剤として$Y_2O_3$を添加した場合においても$Y_2O_3$はAlN粉体表面の$Al_2O_3$と反応して種々の化合物を生成することが知られている[22,23]。それら化合物は添加された$Y_2O_3$量とAlN粉体中の$Al_2O_3$量によって$Al_2O_3$-$Y_2O_3$系の状態図から予想される酸化物が観察される[23]。$Y_2O_3$を5重量％添加したAlN焼結体を還元雰囲気にて熱処理を行うとその粒界相は消失する。また，$Al_2O_3$，$Y_2O_3$の各粉体を窒素中で，カーボン炉を用い1900℃で加熱すると各々の酸化物が，以下の反応式(5)，(6)に示すようにAlNとYNに変化する。

$$2/3Al_2O_3 + 2C + 2/3N_2 \rightarrow 4/3AlN + 2CO \qquad (5)$$
$$2/3Y_2O_3 + 2C + 2/3N_2 \rightarrow 4/3YN + 2CO \qquad (6)$$

　(5)，(6)式の反応は，固相-気相反応であることから，反応はAlN焼結体の表面近傍でのみ起こる。助剤成分は粒界を経由して表面に拡散移動し処理とともにY-Al-O化合物中の$Al_2O_3$が$Y_2O_3$より先に消失する[23]。その粒界相消失の過程で，AlN結晶粒内に固溶した酸素が$Y_2O_3$リッチな粒界相に取り込まれ，固溶酸素を低減させ熱伝導率の向上に寄与する。

　SlackらによるとAlN結晶に酸素が固溶するとAlN結晶のc軸長さが減少し，熱伝導率が低下することが報告されている[10]。図5にC3Aを4.8 wt％添加したAlNを還元雰囲気焼結した時の焼結過程におけるAlN結晶のc軸長さを示す。昇温過程である1680℃，1780℃においてAlN結晶のc軸長さは最も短くなった。さらに，最高温度到達後，時間保持とともにc軸長さは長くなった。この挙動は焼結過程においてAlN結晶中に一旦酸素が固溶し，その後1880℃で保持す

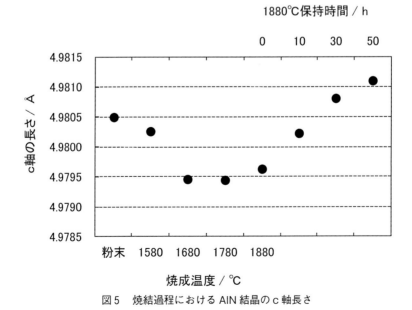

図5　焼結過程におけるAlN結晶のc軸長さ

ることによってAlN結晶が純化することを示唆している。$Y_2O_3$を焼結助剤とした系においても焼成保持時間を長くするに従ってc軸長さが長くなることが報告されている[24]。このようなAlN結晶の純化とAlNの粒成長，粒界相の除去などがAlN焼結体の高熱伝導化に寄与していると考えられる。

### 1.5 高熱伝導AlN基板の評価

AlN結晶中に酸素が固溶した場合，酸素原子は窒素原子の位置に置換しアルミニウム空孔型の格子欠陥を生成させることが知られている[21]。AlN基板の格子欠陥を定量的に調査するために，陽電子寿命測定法を用いて評価した[12,25]。まず，陽電子寿命測定方法の原理を簡単に説明する。陽電子は電子の反粒子であり，電子と出会うと対消滅する。つまり，電子密度が高いほど陽電子の消滅確率は高い。また，陽電子は正の電荷を持っている位置には行き難く，逆に，負の電荷を持っている位置には引きつけられる。AlNの場合，Alの原子位置に原子空孔が形成されたとするとAl原子はもともと正に帯電しているため，この位置からAl原子が除かれたことにより，この原子空孔は見かけ上，負に帯電した位置になり陽電子をクーロン引力でひきつける。これを陽電子トラッピングといい，この原子空孔位置の電子密度は低いので陽電子の消滅確率が低くなり，長寿命成分が現われる。この陽電子寿命成分を陽電子トラッピングモデルで解析することにより，欠陥種の同定と定量を行うことが出来る。

熱伝導率が210 W/mKを下回る試料からは，AlNの完全結晶中で消滅する132 psの陽電子寿命成分（$\tau$-1）以外にアルミニウム空孔型欠陥に帰属される230 ps程度の長寿命成分（$\tau$-2）の2種類の寿命成分が観察された。検出された2種類の成分の強度比から陽電子平均寿命を算出した。図6に陽電子平均寿命とAlN基板の熱伝導率の関係を示す。陽電子平均寿命と熱伝導率に

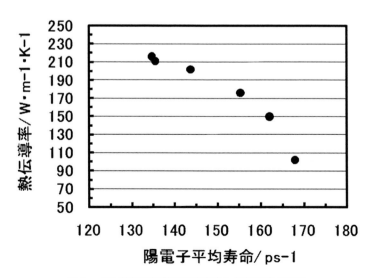

図6　AlN基板の陽電子平均寿命と熱伝導率の関係

は非常に良い相関が見られ，アルミニウム空孔型欠陥の増加と共に AlN 基板の熱伝導率は低下した。陽電子捕獲モデルから，AlN 結晶中の格子欠陥の濃度を見積もることが可能である。得られた陽電子寿命測定結果から欠陥濃度を導いた。その結果，熱伝導率 210 W/mK の AlN 基板中のアルミニウム空孔型欠陥濃度は $10^{-7}$ 程度であった[25]。

次に，カソードルミネッセンス（CL）法により焼結助剤（C3A）の添加量が異なる AlN 基板の発光スペクトル分析を行った結果を図7に示す[26]。C3A の添加量を増加させると共に 3.5 eV 付近の発光ピーク強度が減少した。C3A 添加量が 4.8 wt% の AlN 焼結体からは発光ピークが観察されなかった。Trinkler らによると，3.44 eV に観測される発光は AlN 結晶中への固溶酸素によるものと推測されている[27]。よって，本系における 3.5 eV の発光ピークも AlN 結晶への酸素固溶に起因していると考えられる。

図8に C3A 添加量と CL の 3.5 eV の発光ピーク強度及び AlN 焼結体中の酸素濃度の関係を示す。3.5 eV の発光ピーク強度及び AlN 焼結体中の酸素濃度は C3A 添加量の増加と共に減少することが分かった。この結果は，AlN 焼結体中の酸素濃度と 3.5 eV の発光ピークに対応する格子欠陥に相関があることを示している。さらに，C3A 添加量と AlN 焼結体の熱伝導率の関係

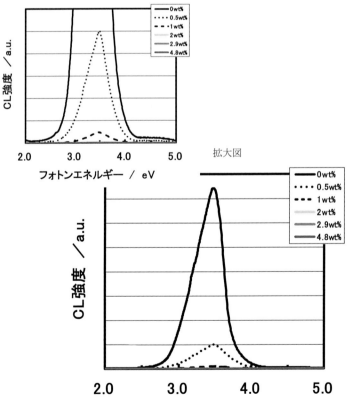

図7　AlN 焼結体のカソードルミネッセンススペクトル
焼結助剤である C3A 添加量を変化させ，AlN 焼結体を作製した。

第1章　電子機器への応用例

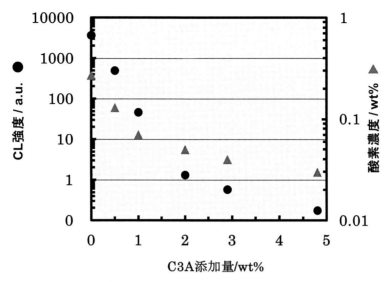

図8　焼結助剤（C3A）添加量と3.5 eVのCL発光強度と焼結体中酸素濃度の関係

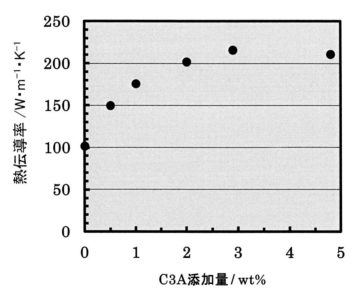

図9　焼結助剤（C3A）添加量とAlN焼結体の熱伝導率の関係

を図9に示す。C3A添加量の増加と共にAlN焼結体の熱伝導率は向上した。

　これらの結果をまとめると，C3A添加量の増加と共にAlN焼結体中の酸素濃度と3.5 eVの発光ピーク強度が減少し，熱伝導率が増加した。つまり，AlN結晶中への酸素の固溶により3.5 eVのエネルギーに相当する不純物準位を形成する格子欠陥が生成するが，焼結助剤添加効果によって格子欠陥が減少しAlN焼結体の熱伝導率が向上することが分かった。

## 1.6 おわりに

AlN基板は高放熱・絶縁材料として研究と技術開発が進められ，種々の用途に用いられている。近年の再生可能エネルギー利用，高効率・省エネルギー技術に対してIGBTに代表される省エネ型デバイス用の高放熱・絶縁基板としてAlN基板はますます重要な部材として注目されている。さらに，LEDなどの固体発光素子の放熱の課題に対する一つのソリューションとして高放熱AlN基板の採用が始まっている。今後，品質とコストとのバランスを重視した高放熱AlN基板の開発と更なる応用展開が期待される。

## 文　　献

1) 井熊均ほか，グリーン・ニューディールで始まるインフラ大転換，日刊工業新聞社（2009）
2) 両角朗ほか，エレクトロニクス実装学会誌，**17**(6)，464-468（2014）
3) 神谷有弘，機能材料，**31**(8)，5-12（2011）
4) 吉田勝，NIKKEI ELECTRONICS，2009.9.21，35-53（2009）
5) N. Kuramoto et al., Ceramics Bulletin, **68**(4), 883-887 (1989)
6) S. Shimura et al., Ceramics Transactions, **102**, 341-349 (1999)
7) 久保田芳宏，電子材料，1996年7月号，p.51-57（1996）
8) 岩田稔ほか，窒化アルミニウムに関する研究，科学技術庁 無機材質研究所研究報告書第4号（1973）
9) 水田進ほか，セラミックス材料科学，東京大学出版会，p.17（1996）
10) G.A. Slack, J. Phys. Chem. Solids, **34**, 321-335 (1973)
11) H. Nakano et al., J. Am. Ceram. Soc., **85**(12), 3093-95 (2002)
12) Y. Kanechika et al., Chinese Sci. Bull., **54**(5), 842-845 (2009)
13) Y. Kanechika et al., Ceramic Transactions, **215**, 49-64 (2010)
14) J. Yoshikawa et al., J. Am. Ceram. Soc., **88**(12), 3501-06 (2005)
15) H. Sakai et al., J. Ceram. Soc. Japan, **116**(4), 566-571 (2008)
16) A.W. Weimer et al., J. Am. Ceram. Soc., **77**(1), 3-18 (1994)
17) 谷口人文，材料科学，**37**(2)，54-58（2000）
18) Horvath S.F. et al., Advances in Ceramics, **26**, 18-21 (1987)
19) 米屋勝利ほか，Yogyo-Kyokai-Shi, **89**(6), 330-336 (1981)
20) 篠崎和夫ほか，FCレポート，**15**(11)，244-249（1997）
21) G.A. Slack et al., J. Phys. Chem. Solids, **48**(7), 641-647 (1987)
22) 八木健ほか，日本セラミックス協会学術論文誌，**97**(11)，1372-78（1989）
23) 上野文雄，材料科学，**31**(4)，150-156（1994）
24) 岡本正英ほか，日本セラミックス協会学術論文誌，**97**(12)，1478-85（1989）
25) Y. Kanechika et al., Trans. Mat. Res. Soc. Japan, **40**(2), 95-98 (2015)

第1章　電子機器への応用例

26) T. Honma *et al.*, *Advanced Materials Research*, **11-12**, 179-182 (2006)
27) L. Trinkler *et al.*, *J. Phys.: Condens. Matter*, **13**, 8931-38 (2001)

## 2 感光性レジストをもちいたセラミックシートの加工方法

高藤美泉[*1]，齊藤　健[*2]，内木場文男[*3]

### 2.1 はじめに

　粉体粉末冶金技術は古くからもちいられてきた技術である。この技術は基本的に粉末を焼き固めることで形成する技術であるが，その活用先や加工方法は多様化している。例えば金属粉末は加圧成形することで金属の融点以下の温度で焼結させることが可能となる。また，金属粉末を溶剤やバインダと混合することで導体ペーストを作製し電子部品などに使われている。近年ではナノスケールの金属粉体を製粉する技術の確立やそれを溶剤中に均一に分散する技術などが発達し，低温で焼成可能なナノペーストとしてLED基板などへの利用が研究されている。

　粉末冶金技術は金属材料だけでなく，セラミック材料でも多様化している。セラミック材料は陶磁器に代表されるいわゆる焼き物として日常生活で利用されている。それに加えて，セラミックは高強度で高温耐性，耐薬品性に優れていることから水回りの製品だけでなく自動車などのエンジン部品への応用も多く研究・実用化された[1,2]。

　機械部品としてもちいられる一方で，セラミックは電子素子としても注目されている。携帯電話やノートPCのような情報通信機器の小型化には，筐体の小型化だけでなく内蔵される制御基板の小型化ももちろん必要である。基板の小型化は省スペース化による機能の増加だけでなく，配線距離の短縮化が可能となり，それは低損失化につながるといえる。この制御基板にもちいられる電子素子として，セラミックは非常に優秀な材料である。セラミック材料のうち機能性セラミックと呼ばれるものには，磁性特性をもつフェライトや強誘電体であるチタン酸バリウム（$BaTiO_3$），圧電体であるチタン酸ジルコン酸鉛（$Pb(ZrTi)O_3$）などがある[3]。このように特性をもつセラミックをもちいることで，インダクタやコンデンサなどの受動素子やフィルタの小型・高効率化を実現する[4~6]。セラミックで作製する電子素子の多くは，ペーストはんだなどで基板表面に直接接続する実装部品であり，リード部品に比べて制御回路の小型化が可能である。セラミック実装部品は，近年急速に普及しているスマートフォンには500個程度実装されており，スマートフォンの小型化・高機能化の一助となっている。

　さらに，基板の小型化技術として挙げられる集積回路（Integrated Circuit：IC）においても，セラミック分野の利用が見られる。IC作製技術はシリコン半導体に写真製版技術と同じフォトリソグラフィ技術をもちいて微細配線や微細素子のパターン形成をおこなう。これによりワンチップに1000から1000万以上の素子を内蔵した小型回路が得られるが，通常だと樹脂パッケージを施した状態でもちいる。そこで，シリコンとの熱膨張率が近いセラミックをパッケージにもちいることで，ICをベアのままでセラミック基板上に直接実装することが可能となる[7]。セラ

---

[*1]　Minami Takato　日本大学　理工学部　精密機械工学科　助手
[*2]　Ken Saito　日本大学　理工学部　精密機械工学科　助教
[*3]　Fumio Uchikoba　日本大学　理工学部　精密機械工学科　教授

ミック基板上にキャビティ構造と呼ばれる空間を形成し，そこにICベアチップを直接実装することで保護と省スペース化をおこなう。これにより小型なセラミックモジュール基板を得る[8]。また，高強度・高耐熱性をもつことから，高温環境のカーエレクトロニクスにももちいられる。これらの例より，セラミック粉体とは日用品から機械構造部品，小型電子素子に至るまで幅広くもちいられていることがわかるが，本稿では特にセラミック電子部品に着目し，その小型化について述べる。

## 2.2 従来技術と加工における課題

　セラミック電子部品の作製には積層セラミック技術が一般的にもちいられる。その中でもシート工法と呼ばれる手法が主にもちいられている[7,8]。焼成後のセラミックは高硬度をもつことから加工が困難であるが，シート工法は焼成前の工程で加工をおこなう手法である。セラミック粉体に有機溶剤やバインダを添加し混合することで泥状のセラミックであるスラリーを得る。セラミックスラリーをドクターブレードとキャリアテープにより一定の厚みをもつシート状に成形する。乾燥後のシートにビアや配線パターンを形成し，積層することでビアにより上下層が導通しセラミック内部に三次元配線が形成される。一般的なシート工法のフローチャートを図1に示す。積層セラミック技術にもそれぞれに細分化された加工技術がある。電子素子は通信機器のさらなる小型化に対応するためにそれぞれの加工法において課題を抱えている。技術の細分化および小型化に対する課題について次項にまとめる。

### 2.2.1 セラミックシート加工技術

　積層セラミックでは上下層の導通をとるためのスルーホールの形成が必要である。スルーホール形成には一般的にレーザーパンチング法がもちいられる。レーザー加工は機械加工に比べて微細化が可能であるが，レーザー光を集光して加工するため回折限界が微細パターンの限界となる。また，レーザー光の減衰によりスルーホールがテーパ形状になる。パターンの小型化が進むとシートを貫通しなくなるため導通不良につながるといえる。貫通させるためにレーザー光を強くすると，キャリアテープの損傷やシート表面への堆積物といった加工面での問題が生じる。図2にレーザーパンチング法の概念図と問題点を示す。

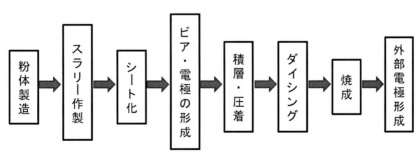

図1　シート工法のフローチャート

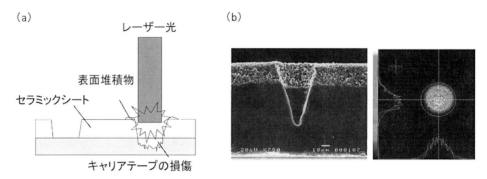

図2　レーザーパンチング法の概念図と問題点
(a)概念図，(b)テーパ形状を示す加工跡

多層基板においてはベアチップICを搭載するためのキャビティ構造が必要となる。キャビティ構造は生産性・再現性が高いことから金型をもちいた打ち抜き法が多く利用される。しかし，ICの開発サイクルと設計変更による金型作製のコストが合わないという問題がある。

### 2.2.2　電極パターン形成技術

積層セラミック技術において，電極パターンの形成には印刷技術であるスクリーン印刷法が独占的にもちいられている。この手法はエマルジョン（樹脂）でパターンを形成したスクリーン膜に導体ペーストを充填し，さらにせん断方向に印圧をかけて印刷をする。印刷工程で配線・電極パターンの形成と同時に導通のためのスルーホールへのペーストの充填もおこなう。小型化においては印刷マスクの開口径や印刷後の配線断面形状が問題となってくる。微細配線化のためにはエマルジョンを支えるメッシュが太くては配線パターンの断線につながるため，細くする必要がある。細いメッシュはエマルジョンの支持部を増やす必要がある。その結果メッシュ間の隙間である開口部分が狭くなり，導体ペーストの充填率が下がるため断線につながる可能性がある。また，スクリーン印刷法はメッシュを介してセラミックシート上に転写するため，印刷されたパターン表面にはメッシュ痕が残る。これを取り除く工程としてレベリングが必要であるが，ペーストの表面張力によりパターン断面がアーチ状に経時変化する（図3）。基板の小型化・微細配線化が進むと線間距離も狭くなるため，ペーストパターンの変形は短絡などの原因になり得る。さらに，印刷されたパターンは支持部がないためアスペクト比の高いパターンになると多数枚数

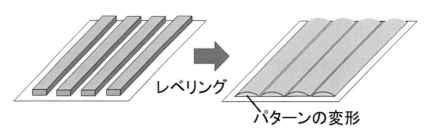

図3　印刷パターンの変形の概念図

第1章　電子機器への応用例

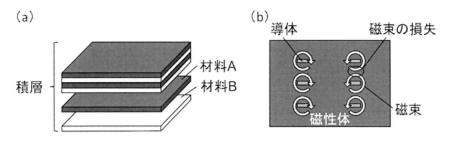

図4　異種材料の導入
(a)異種材料シート導入の概念図，(b)磁束の損失

積層が困難になる。これらの課題から，生産されているものでは導体配線のラインアンドスペースの最小値は$50\,\mu m$，開発段階では$30\,\mu m$がひとつの指標となっている[9]。

### 2.2.3　異種材料導入技術

様々な特性をもつセラミック材料であるので，異種材料の導入も検討されている。異種材料の導入は焼成時の反りを軽減するためなどにしばしばおこなわれるが，それぞれの材料でシートを形成した後，積層工程で導入する[10]。図4(a)に異種材料シート導入の概念図を示す。しかし，異種材料シートを挿入する手法だと同一層に異種材料パターンを形成することが困難である。素子の小型化には低損失化や高効率化が重要である。積層セラミックインダクタは高透磁率材料のフェライト中に導体配線を形成し，大きなインダクタンスを得る。しかし，上下の配線間にもフェライトシート，つまり磁性体層があるため図4(b)のように磁束が相殺されて損失が生じる。これは導体パターン周辺のみに非磁性材料を導入することで解決できると考えられるが，従来のシートレベルでの導入では困難である。より小型で複合的な機能をもつセラミック電子部品を得るためには局所的に異種材料を導入する新たな手法が必要である。

## 2.3　感光性レジストをもちいたセラミックシートの加工方法

従来の積層セラミック技術は細分化され，また小型化に対する課題をもっていた。それぞれの課題についてまとめると，以下のようになる。

・セラミックシート加工技術：レーザー光の限界とキャリアテープへのダメージ，開発サイクルに合わせた低コスト化
・電極パターン形成技術：メッシュ痕による断線と変形，高アスペクト比パターンの形成
・異種材料導入技術：同一層内への異種材料パターン形成

これらの課題を解決する手段として，我々は感光性レジストをもちいたセラミックシートの加工方法を提案している。本手法はIC作製技術にもちいられるフォトリソグラフィ技術を導入する。

図5に提案する手法の模式図を示す。スルーパターンの形成にはまず感光性レジストに露光・現像を施しパターニングをおこなう。形成したパターンはセラミックスラリーを塗布，乾燥した

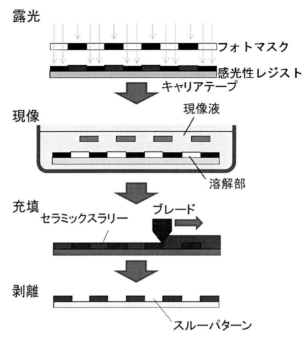

図5 感光性レジストをもちいたスルーパターンの形成方法

のちに剥離されることから犠牲パターンという。セラミックスラリーの塗布にはメタルブレードをもちいるが，剥離工程のために犠牲パターン表面とブレードの隙間をできるだけ小さくし，パターン周辺のみにスラリーが塗布されるように調整をおこなう。

一方，パターニングにおいては感光性レジストに露光・現像を施し，任意形状のスルーパターンを形成する。図6にパターニングの模式図を示す。得られたスルーパターンに導体ペーストを

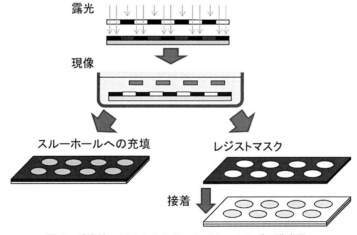

図6 感光性レジストをもちいたパターニングの模式図

充填することで導体パターンの形成をおこなう。感光性レジストをセラミックシートに接着し，ペーストを充填するとシート表面に導体パターンが形成される。形成した導体パターンを覆うようにセラミックスラリーを塗布することで，セラミックシート内部に埋め込んだ導体パターンの形成も可能になる。あるいは同パターンを形成したセラミックシートにパターニングを施したレジストをラミネートすることでセラミックシートにマスクを施した状態とする。セラミックシートとレジストマスクの2層分に異種セラミックスラリーを充填することで同一層内へ局所的な異種材料パターンが形成可能である。導体ペーストやセラミックスラリーの充填にはメタルブレードを利用し，レジストパターンとブレードとの隙間をなくすことでスルーパターンのみに充填される。

感光性レジストのパターニングには微細加工技術であるフォトリソグラフィ技術をもちいることから，スルーホールおよび導体パターンの微細化が可能となる。ビア導体やキャビティの形成には，レジストマスクを介してブレードを移動させるので，キャリアテープへの損傷やテーパ形状による導通不良は解消される。短い開発サイクルに合わせた設計変更も，感光性レジストのマスクパターンを変更するだけなので，金型の設計変更に比べて低コスト，短時間化が可能となる。

また，導体ペーストや異種セラミックスラリーは充填後の乾燥工程で常にレジストパターンに保持されている。このことから，導体ペーストにおいてはスクリーン印刷法にみられるような表面張力による断面の変形は改善される。さらに，導体パターン，異種パターンの双方において高アスペクト比パターンの形成が可能となる。

本手法をもちいて高アスペクト比パターンと異種材料の導入をおこなったので以下に紹介する。

### 2.3.1 感光性レジストをもちいた高アスペクト比パターンの形成

高アスペクト比パターンの形成では，ワイヤレス電力伝送用コイルを例に作製をおこなった。ワイヤレス電力伝送は電磁誘導式が最も多く採用されており，近年では携帯電話などの充電方式としても注目されている。送信コイルと受信コイルのみの単純な構造のため，小型機器への充電方式としても期待され，ミリメートルサイズのマイクロロボットへの導入も研究されている[11]。製品化されているワイヤレス電力伝送システムは金属ワイヤをもちいた巻線コイルに磁性コアやヨークを組み合わせたものである。また，機器の外側に専用のケースをつけることで電力伝送をおこなうためスパイラル形状にワイヤを巻くことで低背化を図っているが，小型化や機器本体への内臓のためには小型化と磁性コアなどの同時形成が必要である。そこで，積層セラミック技術に感光性レジストをもちいた手法を組み合わせてワイヤレス電力伝送用コイルを形成した。また，コイルの線抵抗が高いと伝送電力の低下につながるため，感光性レジストをもちいて高アスペクト比の導体パターンの形成をおこなった。導体パターンの形成にはセラミックシート表面へのパターニングと内部へパターニングした埋め込み型の2種類を検討し，断面形状とコイルの抵抗値について比較をおこなった。セラミック材料には透磁率900程度の低温同時焼成フェライトを，導体ペーストには低抵抗材料である銀を原料としたものをもちいた。コイルは外径5mm，

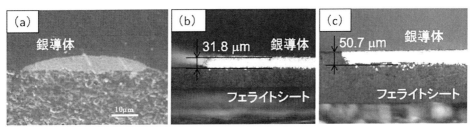

図7 従来法との比較
(a)スクリーン印刷法, (b)感光性レジストをもちいた表面パターン, (c)感光性レジストをもちいた埋め込みパターン

18回巻の円形とした。図7に導体パターンの断面図を示す。(a)は従来法のスクリーン印刷により形成したパターンであり, (b)はセラミックシート表面にレジストを接着しペーストを充填した表面パターン, (c)は導体パターン形成後にセラミックスラリーを塗布した埋め込みパターンである。スクリーン印刷法では断面形状がアーチ状になっていることがわかる。一方, 感光性レジストにより保持されていた(b), (c)は矩形に近い形状になっていることがわかる。埋め込みパターンでは表面が平坦なシートを得ることができた。表1に作製した各試料の内部抵抗値と伝送電圧を示す。また, 図8に伝送実験結果のグラフを示す。伝送実験には18回巻の巻線コイルを送信コイルにもちい, 受信コイルには負荷抵抗50Ωを接続し測定をおこなった。この結果から, 表面パターン・埋め込みパターンともにスクリーン印刷パターンよりも低い内部抵抗値, 高い伝送電圧を示した。これより, 高アスペクト比導体パターンの形成が内部抵抗の低下とそれによる伝送

表1 作製した各試料の内部抵抗値と伝送電圧

|  | 表面パターン | 埋め込みパターン | スクリーン印刷 |
| --- | --- | --- | --- |
| 内部抵抗値 | 0.78 Ω | 0.75 Ω | 0.97 Ω |
| 伝送電圧 | 0.89 V | 0.98 V | 0.80 V |

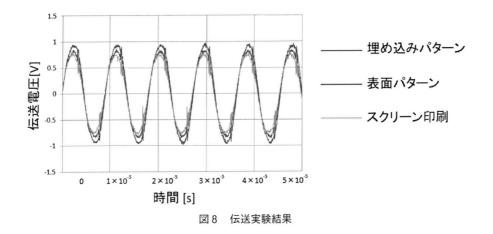

図8 伝送実験結果

電圧値の増加を示すことがわかった。また，埋め込みパターンでは導体パターンが形成された平坦なシートを得られるため，多層枚数積層において有利である。さらに，導体を埋め込むことで導体間のフェライトの厚みが薄くなる。磁性体層が薄くなることで導体間に回り込む磁束が少なくなるため，対向する受信コイルに磁束をより多く送信することが期待できる。

### 2.3.2 感光性レジストをもちいた異種材料パターンの形成

異種材料パターンの形成では積層セラミックインダクタのためのパターニングを例に作製をおこなった。積層セラミックインダクタは一般的に磁性セラミック中にコイルパターンを形成する。小型化のためにはセラミックシートの薄膜化や印刷パターンの細線化がおこなわれている。しかし，セラミックシートには単一材料をもちいるため導体間の磁性体層での損失が考えられる。そこで，感光性レジストをもちいた手法により導体パターン周辺のみに非磁性体を導入したシートを形成し，得られたシートに導体パターンを形成することで積層セラミックインダクタのための異種材料導入セラミックシートを形成した。図9に目的とした積層インダクタの模式図を示す。導体パターンは楕円パターンの半分とし，それを交互に積層することでコイルパターンとした。非磁性材料はコイル層には楕円形のパターン，電極パターンを形成する層にはかぎ型パターンを導体パターン周辺のみに配置した。これにより，磁性体パターンはコイルパターンの内側と外側にのみ配置されることとなる。導体パターンと磁性パターンは前項と同様の銀，低温同時焼成フェライトをもちいた。非磁性材料は磁性体と同程度の温度で焼成できるように，アルミナ－ガラス系の低温同時焼成セラミック（Low Temperature Co-Fired Ceramic：LTCC）をもちいた。異種セラミックの導入には感光性レジストに非磁性パターンの露光・現像をおこない，楕円形の犠牲パターンを形成する。得られたパターンに磁性セラミックスラリーを塗布する。こ

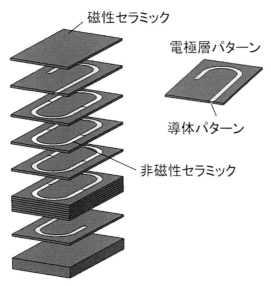

図9　異種材料導入セラミックシートによる積層セラミックインダクタ

のとき，レジストパターンの表面とメタルブレードとの隙間を調整し，パターン周辺のみにスラリーが充填されるようにする。乾燥後，レジストパターンを剥離することで非磁性パターンの形状にスルーパターンが形成されたセラミックシートを得る。次に犠牲パターンとは逆の，非磁性パターンの孔が形成されたレジストマスクを露光・現像により作製する。先ほど作製した磁性セラミックシートにラミネートし，非磁性セラミックスラリーをメタルブレードにより充填する。乾燥，剥離工程を経てフェライトシートにLTCCパターンが形成されたシートを得る。形成したシートに穴あけ加工をおこない，さらにLTCCパターン上に導体パターンを形成することで積層セラミックインダクタのための異種材料導入シートが得られる。図10に作製工程の模式図を示す。

図11にLTCCパターンを形成したフェライトシートを観察した結果を示す。(a)は楕円形のパターンであり，(b)はかぎ型のパターンである。図より，どちらの形状でもLTCCスラリーが充分に充填されており，複雑な形状でも本手法で形成可能なことがわかった。また，図12にフェライトシート，LTCCパターン，導体パターンを形成したシートの断面観察結果を示す。これより，LTCCスラリーがフェライトシートのスルーパターンに十分充填され，銀ペーストがLTCCパターン表面に付着していることがわかる。これより，感光性レジストをもちいることで異種材料パターンの形成が可能であることがわかった。

また，本手法における課題についても考察をおこなった。異種材料パターンは基本材料のシートに比べて薄くなる傾向にあった。異種材料パターンはセラミックシートのスルーパターンに異種材料スラリーを充填することで得られるが，充填後の乾燥工程により乾燥収縮し薄くなることがわかっている。さらに，得られた異種材料パターンのエッジ部分が平坦でなく丸みをおびたバ

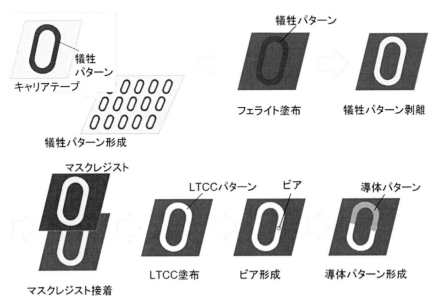

図10 異種材料を導入した積層セラミックインダクタ作製方法

第1章　電子機器への応用例

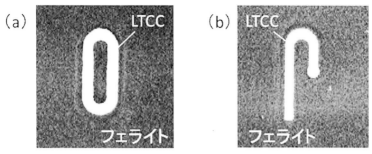

図11　LTCC パターンを形成したフェライトシート
(a)コイルパターン，(b)電極パターン

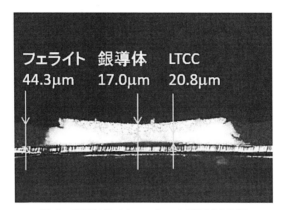

図12　異種材料パターンシート断面観察結果

ンプ形状になっていることがしばしば確認された。これは充填材料のスラリーの表面張力が原因と考えられる。充填されたスラリーは乾燥工程中の収縮によりレジストフィルムから離れる。これによりスラリーのエッジ部分は表面張力により球面状になる。乾燥後レジストフィルムを剥離するとバンプ形状だけシート上に残る。図13に充填時と乾燥工程の様子の概念図を示す。これは，異種材料パターンにもちいる材料の粉体密度やスラリーの粘度によって調整可能である。また，マスクとしてもちいているレジストパターンの厚みを乾燥収縮する厚み分だけ調整することで厚みが均一なパターンを得られる。

　また，異種材料パターンを導入した電子素子の有用性について検討するために，磁性体のみのインダクタと非磁性体パターンを形成したインダクタのそれぞれのモデルで有限要素法により磁場解析をおこなった。図14に解析結果を示す。モデルはどちらも3回巻コイルを内部に形成しており，寸法は同じで材料だけ異なるものである。図から，非磁性材料を導入したモデルは導体間に磁性体がないことから磁束が誘導されず，電極周辺のみに確認できた。この結果から，磁性体中に異種材料である非磁性材料を導入したパターンでは導体間の磁束の打ち消しあいによる損失が生じないといえ，感光性レジストをもちいた本手法が有用であることがわかった。

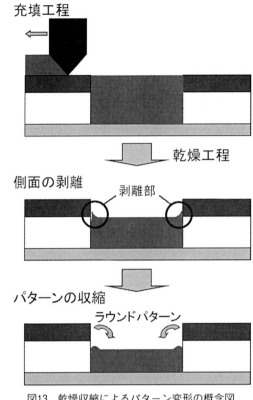

図13 乾燥収縮によるパターン変形の概念図

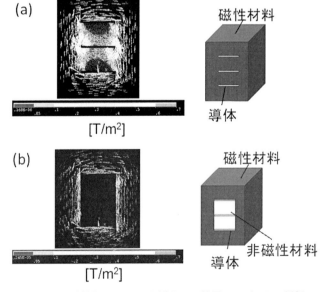

図14 異種材料セラミックを導入した積層インダクタの解析
(a)磁性セラミックのみのモデル，(b)非磁性セラミックでパターニングをおこなったモデル

## 2.4 まとめ

　本稿では電子機器の小型化の一端を担っている積層セラミック技術において，IC作製技術の一つであるフォトリソグラフィ技術を導入した加工技術について述べた。従来の積層セラミック技術ではセラミックシートの加工やパターニングについて様々な課題を抱えている。そこで，感光性レジストをパターニングにもちいることでセラミックシートへの穴あけ加工やキャビティ構造，導体パターン，異種材料パターン形成を可能とした。また，ワイヤレス電力伝送コイルを例に，本手法による高アスペクト比パターンの形成について結果を示した。異種材料パターンの形成では積層セラミックインダクタへの導入を目的に，磁性セラミックシートへの非磁性セラミックパターンの形成をおこなった。これらの実例をとおして，本手法における課題を見出した。

### 文　　献

1) 河村英男ほか，日本機械学会論文集（B編），**59**, 4059 (1993)
2) 河村英男，*The Japan Society for Precision Engineering*, **56**(9), 1617 (1990)
3) 羽多野重信ほか，はじめての粉体技術，p.68，森北出版 (2013)
4) 中野敦之，*Journal of the Japan Society of Powder and Powder Metallurgy*, **49**, 77 (2002)
5) 辺培，*J. Jpn. Soc. Powder Metallurgy*, **53**, 277 (2006)
6) Y. Baba *et al.*, Proc. of Japan IEMT Symposium, Sixth IEEE/CHMT International, p.28 (1989)
7) M. R. Gongora-Rubio *et al.*, *Elsevier Sensors and Actuators*, **A89**, 222 (2001)
8) Y. Shimada *et al.*, *IEEE Transactions on Components, Hybrids, and Manufacturing Technology*, **CHMT-6**, 382 (1984)
9) T. Tamura *et al.*, *Electrocomponent Science and Technology*, **8**, 235 (1981)
10) Jui-Chu Jao *et al.*, *Japanese Journal of Applied Physics*, **46**, 5792 (2007)
11) G. Yan *et al.*, Proc. of 2007 IEEE International Conference on Mechatronics and Automation, p.3577 (2007)

## 3 ガラスまたは LTCC の陽極接合によるウェハレベル MEMS パッケージング

田中秀治*

### 3.1 はじめに

　MEMS 業界では「One device, One process, One package」とよく言われる。これは，デバイスごとに製造プロセスもパッケージも異なるという MEMS の難しさを言い当てたものであるが，それゆえにパッケージングは多くの MEMS に共通する勘所の一つである。デバイスの小形化と低コスト化を進めるためには，パッケージングをウェハ状態で一括して行うことが有効であるため，ウェハレベルパッケージングが益々必要とされている[1]。信頼性の観点からは，ウェハレベルパッケージングによって，ダイシング時にデバイスを水やごみから守ることができる点が重要である。ごみなどによる汚染はデバイスの歩留りを低下させるだけではなく，より悪いことには，デバイスの内部でじっとしていたごみが運悪く検査をくぐり抜け，出荷後に問題を引き起こすこともありうる。また，ごみに加えて湿気や酸素に起因する信頼性の問題を防ぐためには，デバイスはパッケージングによって気密封止され，さらに，パッケージの内部環境が良好でなくてはならない。たとえば，高周波 MEMS スイッチの接点の信頼性は，動作環境に大きく影響する。また，MEMS 共振子は僅かな吸着によっても共振周波数が変化するが，周波数の安定性が重要である応用にとって，これは致命的である。

　ウェハレベル気密パッケージングの方法は大きく 2 つに分類できる。一つは蓋ウェハを接合する方法，もう一つは犠牲層エッチング後にそのための穴を成膜によって塞ぐ方法である。後者の方法も実用に供されているが[2,3]，ここではより汎用性の高い前者の方法を解説する。ウェハ接合による気密パッケージング関して特に考えなくてはならないことは，第一に蓋ウェハの気密接合方法であり，第二に気密封止された空間から電気配線を取り出す方法，つまりフィードスルーの方法である。

### 3.2 蓋ウェハの陽極接合

　気密封止のためには，樹脂を用いた接着は利用できず，陽極接合，薄膜金属接合，共晶接合，フリットガラス接合などが利用される。その中でも，陽極接合は 1960 年代に米国の電池会社 P. R. Mallory で偶然発見されて以来[4]，MEMS に最もよく用いられてきたウェハ接合方法である[5]。これは，陽極接合がウェハ間の静電引力を利用するため，特別な工夫をしなくとも，高い均一性と歩留りをその他の接合方法と比べて容易に実現できるからである。

　陽極接合温度は，典型的な硼珪酸ガラスを用いた場合，一般的には400℃程度である。この温度は多くの MEMS にとって許容できる範囲内であり，しかも，吸着水を完全に焼き出すのに都合がよい。しかし，より低温での接合が必要であることも少なからずある。低温化の一つの方法

---

*　Shuji Tanaka　東北大学　大学院工学研究科　ロボティクス専攻，
　　　　　　　マイクロシステム融合研究開発センター　教授

は，Li イオンを含むガラス（旭ガラスの SW-YY など）を用いることである[6]。ニッコーが開発した Li イオンを含む固相反応セラミックス LMAS（$Li_2O$-$MgO$-$Al_2O_3$-$SiO_2$），その成分である $\beta$-$LiAlSi_2O_6$ が加熱時に可動 Li イオンを供給し，260℃と低い接合温度でダイシングに耐えうる接合強度を実現できる[7]。もう一つの低温化の方法はプラズマ活性化である[7]。Ar，$N_2$，あるいは $O_2$ のプラズマにガラス表面を晒すことで，陽極接合温度を200～300℃程度に下げられることが知られている[8]。プラズマ活性化には，一般的な真空プラズマリアクタ（たとえば，平行平板型）を用いてもよいが，大気圧プラズマトーチを用いてもよい。

接合温度と並んで高電圧による影響も陽極接合では考慮すべきことである。陽極接合のための電圧はウェハ間にかかり，接合のための静電引力を発生させるが，同時に可動 MEMS 構造と蓋ガラスウェハとの間にもかかり，MEMS 構造の貼り付きを引き起こすことがある。これは，図1に示すように，Si ウェハと同電位にされたシールド電極を用いて回避できる。このシールド電極は，デバイス完成後，静電駆動電極または容量検出電極としてしばしば用いられるので，Si ウェハから電気的に切り離さなくてはならない。そのためには，ガラスウェハを通してレーザーによって内部配線をアブレーションすることもできるが[9]，より簡単な方法は，図1に示すように，シールド電極と Si ウェハとを繋ぐ薄膜配線をダイシングラインに形成しておき，ダイシング時にこれを切断する方法である。

陽極接合は，一応，CMOS 回路にも適合性があり，実際，市販の集積化圧力センサ（豊田工機，現 JTEKT）にも適用された実績がある[10]。基本的に MOSFET は陽極接合によって損傷を受けないが，これはゲート電極が pn 接合を介して基板に接続されており，シールドのような働きをするからである[11]。また，図1に示したようなシールド電極も CMOS 回路の保護に有効である[12]。硼珪酸ガラスからの Na は CMOS 回路にとって害になるが，トランジスタは多層配線層によって保護されているため，Na 汚染はピエゾ抵抗にとってより深刻である。ただし，SiN が Na のバリア層として有効である[13]。

## 3.3 真空封止

真空封止は，気体によるダンピング制御，熱絶縁，圧力基準形成などのために行われる。真空封止は陽極接合によっても可能であるが，接合界面でのガラスの電気化学反応によって $O_2$ が発生することに注意しなくてはならない。$O_2$ の発生量は接合界面の大きさによるが，仮にそれが一定だとすると，封止圧力は封止空間の体積が小さくなる程，高くなる。実際，封止空間が非常に小さいと，真空中で陽極接合しても封止圧力が大気圧以上になることもある。図2に一例を示す[14]。ここでは，硼珪酸ガラス（TEMPAX Float, Schott AG）と後述する陽極接合できる LTCC（low temperature cofired ceramics）とが比較されている。これから，封止圧力は封止空間の体積だけではなく陽極接合条件にもよることがわかるが，陽極接合できる LTCC では，高電圧条件（600 V，15分）でより低い封止圧力となっているのは興味深い。

真空封止空間の圧力，あるいはリークレートを評価する方法には，ダイヤフラムを用いる方

# 先端部材への応用に向けた最新粉体プロセス技術

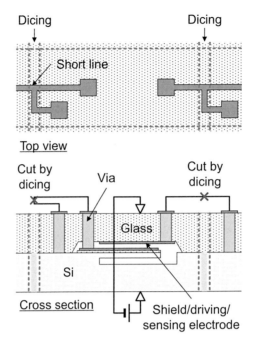

**図1** 陽極接合時,シールド電極によって可動 MEMS 構造の貼り付きを防ぐ方法

シールド電極は薄膜配線によって Si ウェハに電気的に繋げられてるが,ダイシングによってその薄膜配線が切断され,静電駆動電極／容量検出として利用できる。

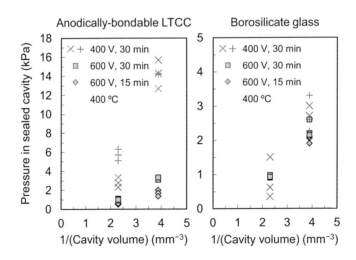

**図2** 陽極接合による封止空間の体積と圧力との関係
(左) 陽極接合できる LTCC ウェハ (BSW), (右) 硼珪酸ガラスウェハ (TEMPAX Float)

法[15]，MEMS共振子のQ値を用いる方法[16]，マイクロヒーター（ピラニゲージ）を用いる方法[17,18]，笑気ガスのFTIR（Fourier transform infrared spectroscopy）による方法[19]などがある。なお，ヘリウムリークディテクタを用いる方法（たとえば，MIL-STD-883E）は$10^{-3}cm^3$以下の封止空間への適用は難しいとされており[20]，ウェハレベルMEMSパッケージングには不適である。

　高い真空度が必要な場合，$O_2$などを吸着するために非蒸発型ゲッタ（NEG, non-evaporable getter）が用いられる[15,21]。NEGは金属リボン上にスクリーン印刷された形態で，あるいは蓋ウェハに薄膜形成された状態で入手可能である。たとえば，キャノンアネルバによって商品化されている真空センサでは，高真空の圧力基準を陽極接合によって形成するために前者のNEGが用いられている[22]。しかし，ウェハレベルパッケージングを行う場合，薄膜形成されたNEGを用いるのが一般的である。SAES Gettersから販売されている薄膜NEG（PageWafer）[21]の他，Ti薄膜も利用できる[14]。

## 3.4　フィードスルー

　前項で陽極接合に関してウェハレベル気密パッケージングの信頼性に影響しうる問題について述べたが，基本的には陽極接合それ自体は確立した技術である。本項では，気密封止された空間からいかにしてMEMSの電気配線を信頼性よく取り出すかを議論する。まず，ウェハ表面に形成された配線を用いて，陽極接合界面を通して電気的接続を得る方法は，一見，簡単そうに思えるが，実際は問題が多い。たとえば，SiウェハにAuの金属薄膜配線を陽極接合によってガラスウェハで踏みつけて配線を取ることもできるが，文献23）に報告されている例では，気密封止のために，厚さ20/2nm，幅20μmのAu/Cr配線が長さ1mmに渡って踏みつけられており，チップ面積や配線抵抗の点から実用的とは言えない。また，金属配線を絶縁層で埋め込み平坦化して，その上SiやAlを成膜し陽極接合面を形成する方法もあるが[24]，このような面倒なプロセスをMEMSの作製と合わせて行うことはしばしば困難である。これまでに多くのフィードスルー技術が研究されてきたが[2]，汎用性，単純さ，および省チップ面積の点で最も有望なのは，貫通ビアを有する蓋ウェハ，つまりフィードスルーウェハを用いる方法である。ただし，フィードスルーウェハが容易に入手できることが前提である。

　陽極接合によるウェハレベルパッケージング用のフィードスルーガラスウェハは，テクニスコから販売されている[25]。このウェハは，機械加工された貫通穴にコバールの細線を挿入し，銀ろうで固定したものである。ガラスと熱膨張率が近いコバールの細線を用いることで，熱サイクルが加わったときに熱膨張率差で金属ビアとガラスとの界面がはがれたり，ガラスに亀裂が進展したりするのを防ぐことができる。一方，サンドブラストで加工した貫通穴をめっきによってNiやCuで埋め込む方法は，一見，簡単そうに見えるが，気密封止の信頼性を保証することができない。サンドブラストをDRIE（deep reactive ion etching）に変更すれば，貫通穴側面にマイクロクラック発生しないため，気密封止の信頼性は向上する[26]。しかし，硼珪酸ガラスのDRIEは，

エッチレート 0.3～0.4μm/min とガラス基板を貫通するには遅過ぎる[27]。

テクニスコのフィードスルーガラスウェハは気密封止の信頼性を満足し，商品化された高周波MEMSスイッチに用いられている。しかし，金属ビアは基板を真直ぐに貫通するしかなく，このことはしばしばデバイス設計の制約となる。また，その製法上，大量生産しても低コスト化に限界があると思われる。最近，ニッコーと我々は共同で，フィードスルーガラスウェハに代わる陽極接合できる LTCC ウェハを開発し，実用化した[28]。この LTCC は BSW と呼ぶが，上述の LMAS セラミックスとは異なり，アルミナ，コージライト，および $Na_2O$-$Al_2O_3$-$B_2O_3$-$SiO_2$ ガラスからなり，ガラスが加熱時に可動 Na イオンを提供して陽極接合を可能にしている。

陽極接合できる LTCC ウェハも，グリーンシートのパンチ加工，導電性ペーストのスクリーン印刷，グリーンシートの積層，焼結，および表面研磨という，一般的な積層セラミック基板と同様の工程で製造するため，大量生産できる。現在，4インチと6インチのウェハが供給可能である。ウェハ大形化のための最大の課題はビアの位置精度の保証であるが，焼結の際，LTCCが収縮するためビアの位置制御が難しい。現状，6インチウェハ全域でビアの位置精度は±50μm に収められており，それを前提にしてほとんどのデバイスを設計しうる範囲内にある。図3に陽極接合できる LTCC ウェハの断面を示すが，ガラスフィラー入り Au のビアと内層配線が確認できる。ビアの直径，ピッチは最小でそれぞれ 50μm，150μm である。図3からわかるように，ビアと内層配線の設計には高い自由度があり，フィードスルーだけではなく受動素子（L，C，R）も作製できる。また，ビアを内層配線で中継して，フィードスルーを折り曲げることによって高い気密封止の信頼性が得られる。

フィードスルーガラスウェハも陽極接合できる LTCC ウェハも，既にウェハレベルパッケージに商用できる状態にある。しかし，これらのビアと MEMS とを簡単にかつ信頼性よく電気的に接続する方法がなければ，実際の利用は進まない。まず思いつく方法は，両ウェハ上に形成した金属薄膜を接合時に機械的に接触させて，両ウェハ間で電気的接続を行う方法である。この方法は一見簡単そうであるが，実際には金属薄膜のウェハ表面からの高さを精密に制御したり，金

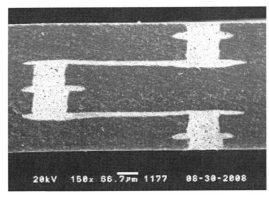

図3　陽極接合できる LTCC ウェハの断面

## 第1章 電気機器への応用例

属薄膜の段差をガラスの変形が吸収するのに十分な広さの接合面積を取ったりしなくてはならない。これに対して，陽極接合できるLTCCウェハでは，図4に示すような単純かつ確実な方法を採ることができる[29]。LTCC基板においてビアのある領域をウェットエッチングすると，ビアはエッチングされずに凹みの中に頭を出すが，これを接続用バンプとして利用する。ビアはガラスフィラーを含むAuでできているため，ウェットエッチングによってガラスフィラーが溶出し，頭を出した部分は変形しやすい多孔質になる。したがって，電極や絶縁層の厚さに代表される寸法のばらつきを吸収して，確実に電気的接続が確立できる。なお，ウェットエッチングしたLTCCウェハの凹みは，MEMSを収める空間としてしばしば有用である。

陽極接合できるLTCCウェハによる気密封止，および多孔質Auバンプによる電気的接続の信頼性を実証するために，図4に示すように，ウェットエッチングしたLTCCウェハを，ダイヤフラムとAu電極を形成したSOIウェハと標準的な条件（400℃，800V，30分）で陽極接合した。ウェハ接合後，多孔質Auバンプ，Au電極，およびLTCCウェハ内のビアと内層配線によって，デイジーチェーン接続が形成される。気密封止性はダイヤフラムの変形を白色干渉法で計測して評価し，電気接続の信頼性はデイジーチェーン接続の電気抵抗を測定して評価した。−40℃×30分/125℃×30分の熱サイクル試験を3000サイクル行った後も，図5，6に示すようにダイヤフラムの変形と電気抵抗とに有意な変化は見られず，気密封止性と電気的接続の高い信頼性が確認できた。

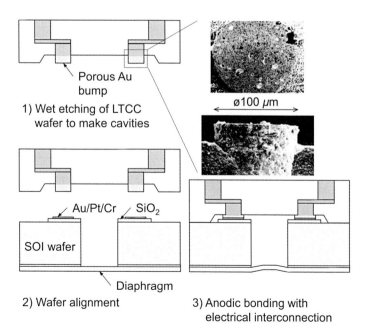

図4　陽極接合できるLTCCウェハのウェットエッチングによって得られる多孔質Auバンプを用いた電気的接続法

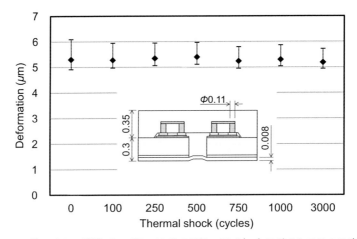

図5 熱サイクル試験（−40℃×30分/125℃×30分）中のダイヤフラムの変

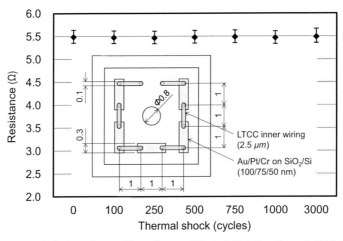

図6 熱サイクル試験（−40℃×30分/125℃×30分）中のデイジーチェーン接続の電気抵抗

### 3.5 プリント基板へのチップ実装

ウェハレベルパッケージングによると，ダイシング後，そのまま実装可能なチップが得られる。このようなチップサイズパッケージをプリント基板にフリップチップ実装すると，チップ（Si，ガラス，LTCC）とプリント基板との熱膨張率の違いによって，実装接続部やチップそのものに亀裂などがしばしば発生する。これを防ぐために，中間的な熱膨張率を有するインターポーザを用いることもできるが，低背化や低コスト化には不利である。ただし，熱膨張やダイボンディングによる歪が問題になる高感度センサでは，インターポーザの利用，あるいは別の応力緩和の方法が必要になる。

プリント基板にフリップチップ半田実装したときのチップサイズパッケージの信頼性を，硼珪

第1章 電気機器への応用例

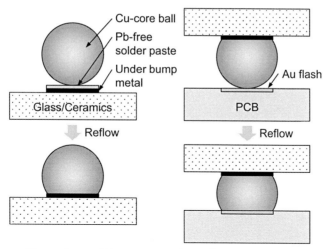

図7 プリント基板へのフリップチップ実装の信頼性評価法

酸ガラス，LMAS，およびBSWについて比較した[7]。図7に示すように，Cr/Cu/Ni/Auの接続パッドを3×3の配列，1.5 mmのピッチで各材料に形成し，その上に750 μm径のCuコアボールを鉛フリー半田で配置した。これらをフリップチップ接続によってBGA（ball grid array）状にプリント基板に実装し，-40℃×30分/125℃×30分の熱サイクル試験に供した。表1にその結果をまとめる。フリップチップ実装直後，LMASとBSWには亀裂は見られなかったものの，硼珪酸ガラスではほとんどの接続パッド下に亀裂が確認された。熱サイクルを重ねると，BSWには亀裂が広がっていったが，1000サイクル後もLMASには損傷は見られなかった。この結果は各材料の破壊靱性の違いによるところが大きいと考えられ，実際，硼珪酸ガラス，LMAS，BSWの破壊靱性はそれぞれ $0.76\,\mathrm{MPa\cdot m^{1/2}}$，$1.6\,\mathrm{MPa\cdot m^{1/2}}$，$0.90\,\mathrm{MPa\cdot m^{1/2}}$ である。プリント基板へのフリップチップ実装の信頼性についてはLMASが最も優れているが，総合的な性能から，既に述べたようにBSWが実用化されている。

表1 プリント基板へのフリップチップ実装の信頼性評価結果

| | Cycles | | | | | |
|---|---|---|---|---|---|---|
| | 0 | 100 | 200 | 300 | 500 | 1000 |
| Borosilicate glass | F F F<br>F O F<br>F F F | F F F<br>F F F<br>F F F | F F F<br>F F F<br>F F F | F F F<br>F F F<br>F F F | F F F<br>F F F<br>F F F | F F F<br>F F F<br>F F F |
| LMAS ceramics | O O O<br>O O O<br>O O O | O O O<br>O O O<br>O O O | O O O<br>O O O<br>O O O | O O O<br>O O O<br>O O O | O O O<br>O O O<br>O O O | O O O<br>O O O<br>O O O |
| BSW LTCC | O O O<br>O O O<br>O O O | F O O<br>O O O<br>F O F | F O O<br>O O F<br>F O F | O O F<br>F O F<br>O F F | F F F<br>F O O<br>O O F | F F F<br>O O F<br>F F F |

O: OK, F: Failure

## 3.6 おわりに

ここでは,陽極接合による MEMS のウェハレベル気密パッケージングについて,主に信頼性の観点から解説した。陽極接合自体は古くからある確立した技術であるが,パッケージングの信頼性のためには,温度,電圧,ガス発生,Na 汚染など,いくつか考慮しなくてはならないことを説明し,具体的な対処法を示した。

次に,陽極接合によって気密封止されたパッケージ内部から配線を取り出す方法,すなわちフィードスルーについて述べた。貫通ビアを有する蓋ガラスウェハ(フィードスルーガラスウェハ)を用いる方法は,その他の方法に比べて汎用性,簡単さ,省チップ面積などの点で優れるが,気密封止信頼性の高いフィードスルーガラスウェハを作製するのは必ずしも容易ではない。従来のフィードスルーガラスウェハに代わるものとして,ここでは陽極接合できる LTCC ウェハを紹介した。LTCC ウェハにはビアと内層配線をあるデザインルールのもと自由に配置できるので,MEMS の設計自由度を高められる。また,ウェットエッチングによって Au ビアの頭を露出させて得られる多孔質 Au バンプを用いて,LTCC ウェハのビアと MEMS とを陽極接合と同時に電気的に接続する方法を紹介した。LTCC ウェハを用いた気密封止性と電気的接続について,3000 サイクルの熱サイクル試験によって高い信頼性を確認した。最後に,チップサイズパッケージのプリント基板へのフリップチップ接続の信頼性について,新たに開発した陽極接合できるセラミック材料である LMAS と BSW が,従来の硼珪酸ガラスより優れていることを述べた。

MEMS の開発を成功させるには,まずパッケージングから考えるべきであるとも言われる。実際に,優れたパッケージングゆえに実用化できた MEMS は少なくない。MEMS 自体の構造,製造プロセス,およびパッケージングは不可分であり,パッケージングを無視した設計は途中で破綻をきたす可能性が高いことを肝に銘じておくべきである。

**謝辞**

陽極接合できるセラミック材料(LMAS, BSW)は,先端融合イノベーション創出拠点の形成プログラムの支援を一部得て,ニッコー株式会社と共同開発したものである。特に同社の毛利護氏に深く感謝する。

## 文　　献

1) Masayoshi Esashi, *J. Micromech. Microeng.*, **18**, 073001 (2008)
2) Kyoichi Ikeda, Hideki Kuwayama, Takashi Kobayashi, Tetsuya Watanabe, Tadashi Nishikawa, Takashi Yoshida, IEEJ 7th Sensors Symposium, Tokyo, Japan, May 30-32, pp. 55-58 (1988)
3) Rob N. Candler, Matthew A. Hopcroft, Bongsang Kim, Woo-Tae Park, Renata Melamud, Manu Agarwal, Gary Yama, Aaron Partridge, Markus Lutz, Thomas W. Kenny, *J.*

*Microelectromech. Syst.*, **15**(6), 1446-1456 (2006)
4) George Wallis, Daniel I. Pomerantz, *J. Appl. Phys.*, **40**(10), 3946-3949 (1969)
5) Shuji Tanaka, *Microelectronics Reliability*, **54**, 875-881 (2014)
6) Shuichi Shoji, Hiroto Kikuchi, Hirotaka Torigoe, *Sens. Actuators A*, **64**, 95-100 (1998)
7) 林里紗, 毛利護, 木谷直樹, 岡田厚志, 中村大輔, 佐伯淳, 江刺正喜, 田中秀治, 第28回「センサ・マイクロマシンと応用システム」シンポジウム, 東京, 9月26-27日, pp. 93-98 (2011)
8) Seung-Woo Choi, Woo-Beom Choi, Yun-Hi Lee, Byeong-Kwon Ju, Man-Young Sung, Byong-Ho Kim, *J. Electrochem. Soc.*, **149**(1), G8-G11 (2002)
9) Sangchoon Ko, Dongyoun Sim, Masayoshi Esashi, *Trans. IEEJ, 119-E*, **7**, 368-373 (1999)
10) Takeshi Kudoh, Shuichi Shoji, Masayoshi Esashi, *Sens. Actuators A*, **29**(3), 185-193 (1991)
11) 白井稔人, 江刺正喜,「陽極接合による回路損傷」, 電気学会センサ技術研究会, 東京, 11月27日, ST-92-7, pp. 9-17 (1992)
12) K. Schjølberg-Henriksen, J. A. Plaza, J. M. Rafi, J. Esteve, F. Campabadal, J. Santander, G. U. Jensen, A. Hanneborg, *J. Micromech. Microeng.*, **12**, 361-367 (2002)
13) K. Schjølberg-Henriksen, G. U. Jensen, A. Hanneborg, H. Jakobsen, *J. Micromech. Microeng.*, **13**, 845-852 (2003)
14) Shuji Tanaka, Hideyuki Fukushi, 18th International Conference on Solid-State Sensors, Actuators and Microsystems, Transducers 2015, Anchorage, Alaska, USA, June 21-25, 468-471 (2015)
15) H. Henmi, S. Shoji, Y. Shoji, K. Yoshimi, M. Esashi, *Sens. Actuators A*, **43**, 243-248 (1994)
16) Rob Legtenberg, Harrie A.C. Tilmans, *Sens. Actuators A*, **45**, 57-66 (1994)
17) M. Waelti, N. Schneeberger, O. Paul, H. Baltes, *Int. J. Microcircuits and Electronic Packaging*, **22**, 49-55 (1999)
18) Brian H. Stark, Yuhai Mei, Chunbo Zhang, Khalil Najafi, 16th IEEE International Conference on Micro Electro Mechanical Systems, Kyoto, Japan, January 19-23, pp. 506-509 (2003)
19) Martin Nese, Ralph W. Bernstein, Ib-Rune Johansen, Rudie Spooren, *Sens. Actuators A*, **53**, 349-352 (1996)
20) Yi Tao, Ajay P. Malshe, *Microelectronics Reliability*, **45**, 559-566 (2005)
21) G. Longoni, M. Moraja, M. Amiotti, IEEE/LEOS International Conference on Optical MEMS and Their Applications, Oulu, Finland, August 1-4, pp. 143-144 (2005)
22) Haruzo Miyashita, Masayoshi Esashi, *J. Vac. Sci. Technol. B*, **18**(6), 2692-2697 (2000)
23) Thierry Corman, Peter Enoksson, Göran Stemme, *Sens. Actuators A*, **66**, 160-166 (1998)
24) M. Esashi, N. Ura, Y. Matsumoto, IEEE Micro Electro Mechanical Systems, Travemünde, Germany, February 4-7, pp. 43-48 (1992)
25) Tecnisco, "Through glass via (TGV)", http://www.tecnisco.co.jp/en/en_product/en_glass/en_tgv/index.html.
26) Xinghua Li, Takashi Abe, Yongxun Liu, Masayoshi Esashi, *J. Microelectromech. Syst.*, **11**(6), 625-630 (2002)
27) Xinghua Li, Takashi Abe, Masayoshi Esashi, *Sens. Actuators A*, **87**, 139-145 (2001)
28) Shuji Tanaka, Sakae Matsuzaki, Mamoru Mohri, Atsushi Okada, Hideyuki Fukushi,

Masayoshi Esashi, 24th IEEE International Conference on Micro Electro Mechanical Systems, Cancun, Mexico, January 23-27, pp. 376-379（2011）
29) Shuji Tanaka, Mamoru Mohri, Atsushi Okada, Hideyuki Fukushi, Masayoshi Esashi, 25th IEEE International Conference on Micro Electro Mechanical Systems, Paris, France, January 29 - February 2, pp. 369-372（2012）

# 第2章　新奇機能性電池への応用例

## 1　電池の性能と品質向上を支える粉体プロセスの役割

井上義之*

### 1.1　はじめに

　リチウムイオン電池（LIB）は近年，産業界や経済界から注目を集めている。しかし現状では様々な問題があり，これを解決するために研究開発が盛んに行われている。その主力と見なされるのは新規材料の開発であり，化学的なアプローチである。しかし，苦労して得られた新材料であっても，その性能を発揮するためには，物理的なアプローチによる改良，例えば粉体特性の制御が不可欠である。それはリチウムイオン電池の主たる材料が粉体から構成されているためである。

　リチウムイオン電池における正負極は，アルミ箔（正極）あるいは銅箔（負極）上に，活物質と呼ばれる粒子と導電助剤であるカーボンブラック，カーボンナノファイバ，微小黒鉛やグラフェンなどの粉体，およびPVDFなどのバインダとの混合物が塗布されたものである。塗布後にプレスして電極の膜厚を調整し，かつ活物質の高密度化が図られている。このように粉体が材料として使われており，粉体特性が電池性能に影響を及ぼす。例えば粒子の大きさや形状は電極層の密度，電池の容量を決める要因となり，混合状態あるいは分散状態はリチウムイオンや電子の移動に影響を及ぼす。そこで本報では，電池の性能と品質向上に粉体プロセスが果たしている役割について紹介する。

### 1.2　高性能・安全性の高い電極を作製するための微粉砕技術

　活物質は緻密で均一な電極層を形成するために，粒子径の調整が必要である。粒子径が大きすぎると電極層の厚みが不均一となり，小さすぎると溶剤中での分散性が低下する，あるいは電池として使用している間に，望まざる電気化学反応が起こりやすくなり，電池寿命の低下を引き起こす要因となる。現在，車載用としての採用が増えているNMC（ニッケル／マンガン／コバルト），NCA（ニッケル／コバルト／アルミ）やLMO（マンガン酸リチウム）はサブミクロン程度の大きさを持つ一次粒子が集合し，二次粒子として焼成された粒子が使用されている。このような二種類のスケールを持つ構造体とすることによって，リチウムイオンの出入りを効率化する（一次粒子径による効果）とともに，良好なハンドリング・分散性（二次粒子径による効果）を両立させている。

---

　*　Yoshiyuki Inoue　ホソカワミクロン㈱　企画管理本部　企画統括部　経営企画部
　　　営業企画課　課長

## 先端部材への応用に向けた最新粉体プロセス技術

　正極活物質を製造する場合，液相中や固相中で合成された後に仮焼，本焼成されて目的組成を持つ活物質とするが，この焼成により粒成長が起こり三次粒子にまで粗粒化してしまう。このままでは粒子内部へのリチウムイオンや電子の出入りが困難，電極層を緻密化しにくい，などの問題が生じ，電池としての性能を発揮することが困難になる。このため，適切なサイズにまで微粉砕する必要がある。

　一方，負極活物質として使用されている黒鉛についても粉砕工程が必要である。鉱山から掘り出してくる天然黒鉛の場合は，元が大きな塊であるため，電極を形成できるだけの大きさにまで粉砕する必要がある。一方，ピッチやコークスといった炭素材料から製造される人造黒鉛は，その製造工程で粒成長を起こし，粗粒化してしまうため，粉砕が必要である。

　これらの粉砕工程において要求される代表的な内容を以下に述べる。

① 粗過ぎず，小さ過ぎない粒子径分布の製品を得る。
② 高い処理能力（特に車載用向け電池材料の生産に要求される）。
③ 負極，特に天然黒鉛の場合は充填密度を高めるために必要な後工程における収率を上げるための粒子径分布の制御。
④ 特に正極材料に対しては装置内の磨耗などによる金属コンタミを，少なくとも ppm，できれば ppb のオーダまで低下させる。

　従来は衝撃式のピンミルやスクリーンタイプのハンマーミルが使用されてきたが，上記の①に対しての対策が非常に取りにくい。これはスクリーンによる粒子径調整が，要求されるレベルにまで到達しにくいこと，摩耗を抑えるために使用されるスクリーンレスの粉砕機では，粒子径の制御そのものが困難なことによる。

　さらに大きな問題が上記項目④である。これは金属元素，例えば鉄・銅・亜鉛などが正極に混入しているとイオン化されて負極に移動し，負極側で析出してデンドライトを形成してしまうためである。このため正極にこれらの金属が混入していると電池内部で短絡が生じ，発火などの大きなトラブルを招くことがある。ところが，これらの元素は一般的な粉砕機や分級機の主なパーツに使用されている。したがって正極活物質の製造工程においては原料への金属混入を防ぐのはもちろんのこと，製造装置からの混入，すなわち摩耗による金属の混入を抑制する必要がある。従来は超鋼製のピンや，超硬製の部材をロウ付けしたパーツや，タングステンカーバイドなどが溶射されたパーツを使うなどの事例があったが，現在要求されているコンタミネーションレベルを満たすことはできない。

　以上の二つの問題点を解決するために分級機を内蔵させ，かつ耐摩耗処理を施した衝撃型微粉砕機が広く使われている。中でもホソカワ／マイクロ ACM パルベライザ®は様々な用途に広く使われていたことから，電池分野でも多くのユーザにご利用いただいており指名買いされるほどの状態になっている。ACM パルベライザは粉砕部の適切なオプションの選定と，分級機による運転調整により上記①②を共に満足することができる。また従来はセラミックスチップなどを粉砕機内に接着することによって，摩耗による金属コンタミを防止してきた。しかし粉砕熱により

## 第2章　新奇機能性電池への応用例

接着の強度が弱くなることがあるため，能力を落とした運転が必要になる場合があること，基本的に小型機（10 kW程度の粉砕動力）しか作れなかったことなど，改善点も存在していた。

そこで粉体が接触する全ての部分をセラミックスで作製すると同時に，粉砕部の構造を最適化し，処理能力を高めたACMパルベライザHC型を2010年に開発した。この装置は従来のACM-A型の性能を超えるACM-H型と同じ性能を持ちつつ，金属コンタミの問題に対応した装置である。金属部分をセラミックスに単純に置き換えるだけでは，強度やメンテナンス性，清掃性などに問題が生じる。これを解決するためには新たな設計が必要となった。さらに2016年12月には二次電池の正極材の粉砕に特化し，かつコストを低減したACM-BC型を開発，販売を開始した。

図1にACM-BCの外観と内部写真，基本的な構造を示した。回転する粉砕ディスクとライナーとの間で原料を効率的に衝突させることによって，効率的な微粉砕を可能としている。また遠心力式分級機が内蔵されているため，分級ロータの回転速度を調整することによって粉砕粒子の粒子径分布を容易に調整することが可能である。図2にACM-BC（粉砕動力7.5 kW）による正極活物質の粉砕例を示す。

さらに微細な粉体，たとえばシングルミクロンの粒子が必要な場合はジェットミルが用いられることが多い。活物質を超微粉砕するとハンドリング性が低下する，あるいは比表面積が大きくなりすぎるため，電解液との望まざる反応が進みやすくなるという欠点があり，ジェットミルは活物質を固相合成するための原料の超微粉砕に用いられることが多い。

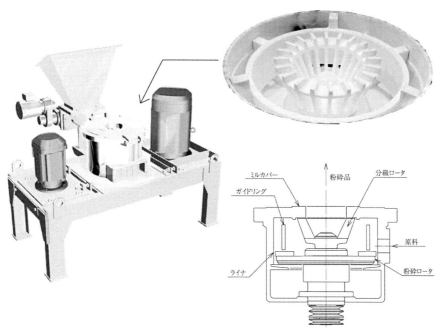

**図1　ACM-BCの外観と内部構造**

# 先端部材への応用に向けた最新粉体プロセス技術

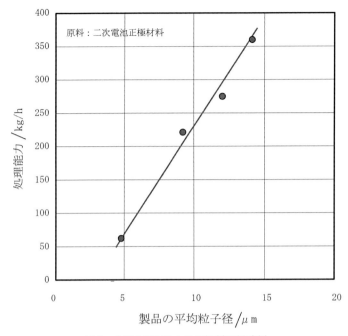

図2　ACM-BC による正極材の粉砕例

　ジェットミルには大きく分けて，旋回流型，ターゲット型，カウンタ型があるが，活物質の超微粉砕に使われているのはカウンタ型が多い。旋回流型は一般に他の二種類よりも粒子が粗く，また粒子径分布が広い。一方，駆動部を持たず，構造がシンプルであるため対磨耗も比較的容易であり，かつ CIP/SIP 対応が容易であることから主に医薬分野で使われることが多い。ターゲット型は名称通り，ターゲットに衝突させて粉砕するため，ジェットミルの中では最も摩耗する可能性が高い。ただしカウンタ型よりも粉砕効率が高く，かつカウンタ型と同じ分級機を内蔵可能であるため，粒子径およびその分布を制御しやすく，超微粉を作りやすい。一方，カウンタジェットミル（図3）は，その粉砕原理から，他の二種類のジェットミルより摩耗が生じにくい。この装置では原料粒子を粉砕室内に滞留させておき，その粉体層内に高速気流を噴流状にして吹き込む。粒子は噴流に巻き込まれて加速する。噴流は対向するように設計されているため，粒子同士が衝突することによって粉砕が進行する。また噴流への巻き込み時にも粒子間衝突により，粉砕される場合もある。なお高速の噴流を形成するために粉砕室にはノズルが設けられている。ノズル内部を通過するのは気体のみであるため，ノズル内部の摩耗は発生しない。このように原料同士を衝突させて粉砕が進行するため，摩耗性原料の粉砕に適しているといわれている。ただし噴流への巻き込みに際し，粒子の慣性によってノズル出口への衝突が起こるため，この部分および分級部には摩耗対策が必要である。

　流動層型カウンタジェットミルの一種である 200AFG/100ATP を用いて，予め ACM パルベライザで粉砕した炭酸リチウム（$d_{50}=15\,\mu m$）を粉砕した結果を図4に示した。このケースでは

第2章　新奇機能性電池への応用例

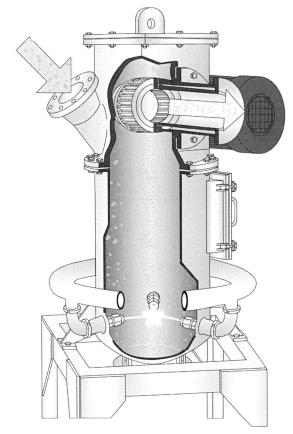

図3　カウンタジェットミルの構造

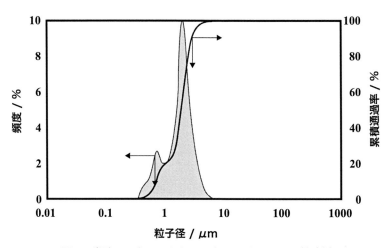

図4　炭酸リチウムのカウンタジェットミルによる粉砕例

表1　粒子に求められる性能

| 対象 | 目的 |
|---|---|
| 正極活物質 | 高レートでの使用を目的として，内部抵抗を下げるために，より高い導電性の付与 |
| | 高電圧下におけるコバルトの溶出防止 |
| | 電解質溶液の分解の抑制 |
| | 結晶変態の抑制 |
| 負極活物質 | 電解質溶液の分解抑制 |
| | リチウムイオンの挿入脱離速度の向上 |
| | 界面抵抗の減少 |
| | 体積変化の抑制 |
| 全固体電池 | 導電性の向上 |
| | 固体電解質と活物質間のリチウムイオンパスの形成 |

0.5 MPaの圧縮空気を180 m$^3$/h（標準状態での値）で噴射し，分級ロータを55 m/sで回転させた。このとき処理能力12 kg/hにおいて$d_{50}=1.8\,\mu$mの粒子が得られている。

## 1.3　電極の高性能化のための乾式粒子複合化技術

粉砕工程によって粒子径を調整された活物質は，そのまま電極作製工程に進むわけではない。それは活物質に更に機能性を付与することが必要なためである。具体的には表1のような機能が求められている。特に車載用ではこれらの要求水準が高い。

上記の機能性付与を実現する方法の一つに，構成元素の一部置換などの方法により化学組成を変更する方法が挙げられるが，電気化学反応を抑制する方向に向かうため，活物質そのものの化学組成を変えると電池特性は低下してしまう。上記の機能性はほとんどの場合，活物質表面が大きな役割を果たしている。そこで活物質の表面のみを改質することにより，活物質そのものの性質を保持しつつ表面における電気化学反応を制御する方法，すなわち粒子の表面改質が注目されている。

表面改質には正負極共に多数の研究例および実用化例が知られており，大別して気相法，液相法，固相法に分けることができる。

気相法はスパッタリングなどのPVDやエアロゾルディポジション[1]あるいはCVDを用いて活物質粒子表面に化学物質を被覆する方法である。非常に精密な制御が可能であるため，基礎的な知見を得るために使われる場合が多い。

液相法は液体状の原料を利用するものを指す。大きく二種類に分けるとすると，一つは液中で活物質表面にゾルゲル法など，様々な方法を用いて化学物質を析出させるものである。もう一つは活物質粒子に原料溶液を噴霧し，コーティングする方法である。装置や試薬が入手しやすく実験しやすいことから，非常に多くの事例が報告されている。

固相法は活物質粒子と被覆する材料粒子を乾燥状態で被覆処理する方法であり，ボールミルや

第2章　新奇機能性電池への応用例

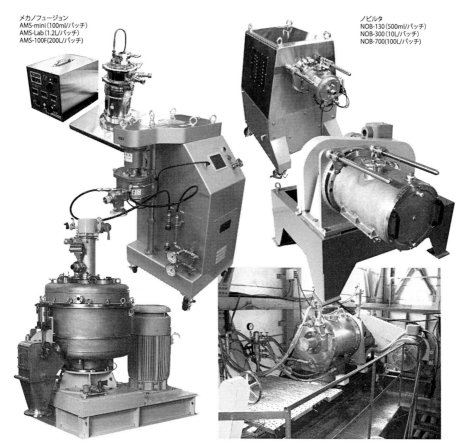

図5　乾式粒子複合化装置メカノフュージョンとノビルタ

専用の複合化装置を使用することにより実用化されている。専用の装置としては数種類が市販されている。例えばホソカワミクロン製のメカノフュージョン®やノビルタ（図5）がリチウムイオン電池やファインセラミックス、トナー、磁性材料、医薬品を処理するため、R＆Dだけでなく生産ラインでも使用されている。これらの装置ではバインダレスで微粒子に、より細かな粒子をコーティングする、あるいは粒子の非晶質化などが実現できる（図6）。

　メカノフュージョンは回転容器に投入した粉体原料を遠心力で容器内壁に固定し、インナーピースによって繰返し強力な圧縮・せん断力を与える（図7）。回転容器壁面に設けられたスリットを通ってロータの外側に出された粉体原料が、ロータに取り付けられた循環用ブレードでロータ上部に搬送され、回転ロータ内に戻ることで再びインナーピースから強力な力を受ける。またノビルタは水平円筒状の混合容器内で、特殊な形状のロータが周速30 m/s以上の高速で回転し、衝撃・圧縮・せん断の力を粒子個々に均一に作用させる構造をとる。どちらの装置も本体ケーシングは水冷ジャケットを備え、弱熱性原料に高いエネルギーを加えても品温の上昇を抑制できる。2016年12月にはノビルタの処理要領を大型化すると同時に設置面積を少なくし、コストパ

先端部材への応用に向けた最新粉体プロセス技術

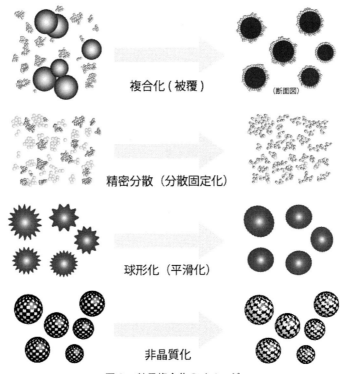

図6　粒子複合化のイメージ

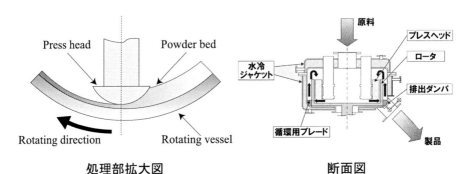

図7　メカノフュージョンの基本原理

フォーマンスも高めたノビルタベルコム NOB-VC（図8）が開発されている。

　本節では固相法の中でも処理時間が短く，かつ無溶媒であるため後処理が不要であり，そのため安全性も高く，低ランニングコストで活物質の表面改質が可能な乾式粒子複合化法について述べる。

### 1.3.1　正極活物質へのナノサイズのカーボンの分散と複合化

　導電率向上のための導電剤であるカーボンブラックなどのナノサイズのカーボン粒子（以下，

## 第2章　新奇機能性電池への応用例

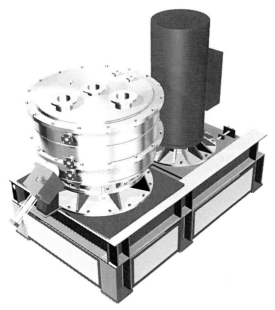

図8　ノビルタ ベルコム NOB-1400VC

ナノカーボンと表記）を正極活物質にコーティングする報告について紹介する。通常ナノカーボンはカサ密度が小さく，ハンドリングが困難である。また非常に強く凝集しているため，従来の混合機では精密混合が非常に難しい。そこで乾式粒子複合化装置の一種である循環型メカノフュージョンを用いて，ナノカーボンの活物質への精密分散と固定化を試みた事例を紹介する。活物質としてコバルト酸リチウム（$d_{50}=10\mu m$）95 wt％と，導電剤としてカーボンブラック（$d_{50}=20$ nm）5 wt％を，高速せん断型混合機とメカノフュージョンにそれぞれ数 kg 投入して混合処理を行った。回転速度は共に約 20 m/s とし，高速せん断型混合機では10分間，メカノフュージョンでは1分間運転した。得られた粒子のSEM像を図9に示す。高速せん断型混合機で処理した場合(b)では写真右上にカーボンブラックの巨大な凝集体（白の破線で示す）が残存していることが観察できる。また活物質表面に固定化されているカーボンブラック粒子がほとんど見られない。このためカーボンブラックの空間分布が不均一である。一方，メカノフュージョンで処理した粉体ⓒでは，カーボンブラックの凝集体がほとんど見られず，また粒子表面を拡大観察したところ，カーボンブラック粒子が緻密に被覆していることがわかった。したがってメカノフュージョン処理粉体では正極活物質に対して，カーボンブラックが均一に存在している。これらの粒子を用いて電極を作るためペーストを作製したところ，粘度に顕著な差異が見られた。図10にスラリー粘度と溶媒（NMP，N-methylpyrrolidone）濃度の関係を示す。メカノフュージョン処理によって粘度が一桁程度減少していることがわかる。この差異が生じる理由としては，従来法ではナノカーボンの凝集体が大量に残存しているためと考えている。凝集体であるため，スラリーにせん断力を作用させると凝集体の変形や分散・再凝集にエネルギーが消費されてしまう。メカ

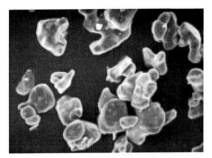

(a) コバルト酸リチウム

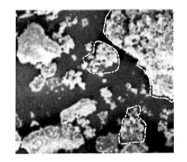

(b) カーボンブラックとの混合

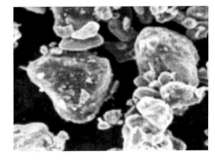

(c) カーボンブラックとの複合化

図9　粒子の SEM 像

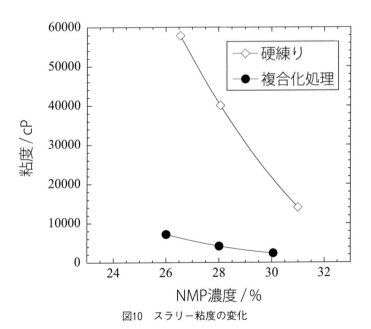

図10　スラリー粘度の変化

第2章　新奇機能性電池への応用例

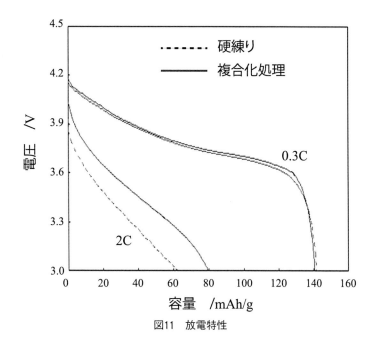

図11　放電特性

ノフュージョン処理品には凝集体がほとんど見られず，マイクロメートルサイズの活物質上にナノ粒子が固定化されているため，余分なエネルギー消費がないことが原因と考えている。図11に放電特性を示す。低速放電では従来法と差は見られなかったが，高速放電では性能が向上することがわかった。このデータは2001年当時のものであるため放電特性自体が低いが，この手法により特性が改善するという現象は現在の材料系でも変化していない。

またリチウムポリマー電池への応用例としては，Pasquier[2]らにより，LMO-LTO電池においてメカノフュージョンによりそれぞれの活物質にカーボンをコーティングし，出力や容量が向上することが報告されている。

### 1.3.2　正極活物質の長寿命化・安全性の向上

正極活物質粒子に被覆処理を施すことによって，電解質溶液との直接接触を防止し安全性が改善できることが知られている。例えば$Al_2O_3$，ZnO，MgOなどの物質を湿式法で正極活物質に被覆する例が報告されている。一方，乾式処理としてはNEDOプロジェクトの一つである革新型蓄電池先端科学基礎研究（RISING）事業の成果の一つとして，荒木ら[3]により乾式粒子複合化装置の一つであるメカノフュージョンAMSを用いてNMCに50 nmのアルミナを3.5または7.0 wt%コーティングした事例が報告されている。コーティングにより粒子の硬度が増加し，充放電サイクルの増加に伴う粒子内部のクラックの発生が抑制され，それが放電特性の劣化を抑制する一因になっていることが報告されている。

またKimら[4]はノビルタにて，約500 nmの$Li[Ni_{0.5}Co_{0.2}Mn_{0.3}]O_2$粒子を$LiFePO_4$サブミクロン粒子（160 nm，1.5 wt%）によって被覆できることを報告している。このとき処理された粒

子はおよそ500 ml，撹拌羽根の先端速度18 m/s，処理時間は3分である。得られた粒子を仮焼後，電池を作製してその評価が行われている。その結果，核粒子上にLiFePO$_4$が約20 nmの厚さでコーティングされたこと，初期容量の大きな低下もなく20 Cという高速放電においても安定であること，高電圧負荷試験においても大きな発熱や短絡が生じず安全性が高いことが報告されている。

### 1.3.3 その他の正極活物質の乾式粒子複合化による高性能化

全固体電池では活物質の導電性の低さに加え，電解質あるいは活物質―固体電解質間のリチウムイオンの移動性の低さが問題になっている。活物質表面に固体電解質の超微粒子を被覆することにより活物質―固体電解質間の内部抵抗を減少させ，充電時の高電圧化，初期容量の向上，サイクル特性の向上が図れることが報告されている[5]。

### 1.3.4 負極活物質の表面改質

粉砕処理された黒鉛粒子は特に高い表面活性を持つため，電解質溶液の分解を引き起こす。その抑制あるいは制御を目的として，黒鉛粒子表面にピッチや他の炭素または炭素源を被覆する方法が実用化されている。

また黒鉛は疎水性が強く，集電体への塗工時のスラリー化に有機溶剤を使う必要がある。しかし水系の溶剤を使用することができれば環境負荷も少なく，取り扱いも容易になる。たとえばシリカやチタニアなどの親水性ナノ粒子を黒鉛粒子表面に複合化し親水化を図ることができる[6]。またこの親水性の評価には，ぬれ性評価装置ペネトアナライザ（図12）を用いる。本装置は粉体

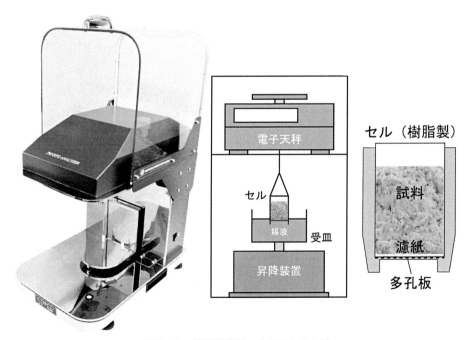

図12　ぬれ性評価装置ペネトアナライザ

層，あるいは電極箔への溶媒の浸透速度を測定する装置であり，溶媒と物質との親和性を評価することができる。

一方，Chuoら[7]は酸化ニッケルや酸化鉄ナノ粒子を人造黒鉛粒子表面にメカノフュージョンにより被覆することにより，不可逆容量を減少させ，充放電容量を増加させた結果を報告している。表面改質の他の事例としては，ナノ粒子を黒鉛粒子に乾式被覆処理し，ポリフッ化ビニリデンPVDF系のバインダ粒子を黒鉛粒子上に付着させて集電体あるいは黒鉛粒子同士の接着強度を高め，放電レートに依存する電気容量変化の抑制を図る場合[8]もある。

## 1.4 粒子球形化技術

電池容量の向上を目的にした粒子の充填率向上には二つの手法がある。一つは主に天然黒鉛に用いる方法で，粒子の角を削り，生じた微粉を除去することにより球形化された粒子を得る方法である。もう一つは人造黒鉛に用いる手法であり，ピッチなどのカーボン系の柔らかい材料を黒鉛粒子表面にコーティングし，その後黒鉛化する方法である。

天然黒鉛粒子は表面に大小さまざまな凹凸を持つ。この凸部を削り取ることで粒子を球形化し，充填密度を上げる装置がファカルティ-S（図13）である。当装置はハンマの高速回転によって目的に適したエネルギーを与える分散部と，微粉除去を行う強制渦型の分級部を有し，ケーシング中央側面部に粗粉製品の排出口を装備する。一定時間（数分単位）衝撃作用を受けた製品は，ケーシング中央側面部の排出口から取り出される。この工程では，摩砕（表面粉砕）作用による球形化を行うと同時に微粉が発生するが，微粉は遠心力型気流式分級機によって装置外に排出される。図14に球形化処理の例を示す。球形化度は処理時間を伸ばすほど向上するが，それは微粉

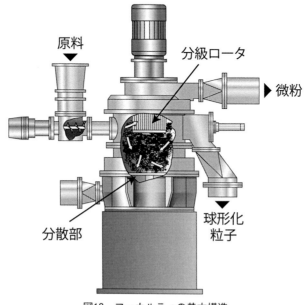

図13 ファカルティの基本構造

図14 ファカルティによる球形化処理例

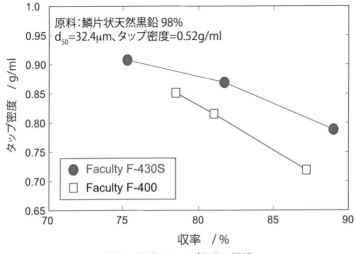

図15 収率とタップ密度の関係

として削っていく粒子量が増えること，すなわち収率の低下を意味する。したがって，適切なバランスによる運転が必須となる。ファカルティSは旧モデルのファカルティに比較して，より高い収率を得ることができる（図15）。

　人造黒鉛も同じ方法により球形化が可能であるが，天然黒鉛に比較して原料コストがはるかに高いため，微粉を廃棄するこの手法ではコストが合わない。よって粒子同士にせん断力を与え，黒鉛超微粒子をマイクロメートルサイズの黒鉛粒子表面に固定化して球形化する，または粒子の塑性的変形によって球形化する手法が取られることが多い。この処理にはメカノフュージョンやノビルタを用いる。大関ら[9]はメカノフュージョンを用いて鱗片状黒鉛の不定形粒子と丸みを帯びた粒子を出発原料にした場合における，ロータ回転速度や処理時間が形状や比表面積の変化に及ぼす影響を調べている。メディアン径および粒度分布の幅は操作条件によってほぼ変化しないが，タッピング密度は原料粒子の種類によって，ロータ回転数および処理時間による影響の度合いが異なること，処理時間の増加に伴って表面の格子欠陥が増えていることなどが報告されている。

第 2 章　新奇機能性電池への応用例

### 1.5　おわりに

　本稿ではリチウムイオン電極材料の製造のための粉砕技術についての最近の傾向と，その対策方法を紹介した。また近年の車載用途に要求される長寿命化や高出力化のための粒子複合化技術について紹介した。このようにリチウムイオン電池の更なる進化のためには材料開発と並行して粉体技術を活用することが重要になると考えている。そのため今後も装置の技術開発を進めて本分野に貢献して行きたいと考えている。

### 文　　献

1) T. Kato, S. Iwasaki, Y. Ishii, M. Motoyama, W. C. West, Y. Yamamoto, Y. Iriyama, *J. Power Sources*, **303**, 65-72 (2016)
2) A. D. Pasquier, C. C. Huang and T. Spitel, *J. Power Sources*, **186**, 508-514 (2009)
3) K. Araki, N. Taguchi, H. Sakaebe, K. Tatsumi, Z. Ogumi, *J. Power Sources*, **269**, 236-243 (2014)
4) W. -S., Kim, S. -B. Kim, I. C. Jang, H. H. Lim and Y. S. Lee, *J. Alloys and Compounds*, 492, L87-L90 (2010)
5) 小林陽，宮代一，関志朗，山中厚志，三田裕一，岩堀徹，電力中央研究所　研究報告書，Q04001 (2005)
6) 江口邦彦，羽田野仁美，井尻真樹子，田島洋一，高木嘉則，リチウム二次電池用負極材料およびその製造方法，特開2009-110972
7) C.-S. Chou, C.-H. Tsuo and C.-I Wang, *Advanced Powder Technol.*, **19**, 383-396 (2008)
8) 丸山浩，リチウム二次電池およびその製造方法，特開2002-42787
9) 大関克知，B. Golman，篠原邦夫，炭素，**217**, 99-103 (2005)

## 2 粉体を用いた二次電池用高容量正極活物質の開発

荻原　隆[*]

### 2.1 はじめに

リチウムイオン電池（LIB）は，ノートPCや携帯電話等のモバイル機器の電源として1990年代に登場した。以来，LIBは，軽量で，且つ，エネルギー密度と出力密度が二次電池の中で最も優れていることから，現在では電気自動車（EV），ハイブリッド車（HEV），産業用機器，太陽光・風力発電の電力貯蔵等の用途へと急速に広がっている。LIBは，リチウム複酸化物の正極と炭素の負極から成る非水溶媒系二次電池である[1]。正極と負極間の基本的な電気化学的反応は，リチウムイオンのインターカレーションであり，正極活物質の結晶構造（エネルギー密度）と粒子特性（出力密度）により大きく影響を受ける。

現在，LIBに使われる正極活物質は，主に，リチウム複酸化物[2,3]あるいはリン酸塩[4]の微粉体である。これらの製造は，主に，セラミックス原料粉体の製造に用いる固相法や液相法が利用される。正極活物質は，電極作製時にバインダー，導電剤等と混合し，スラリーを調製して集電体へ塗工される。スラリー中の活物質粒子の分散・凝集状態，乾燥後の成形体構造，活物質粒子と集電体との密着性がLIBの充放電特性や信頼性に影響を与える。

それ故，粒子特性（粒度，化学組成，比表面積，分散性，内部構造）の制御や電極塗工技術の改善はLIBの充放電特性を向上させる上で重要である。LIBの性能や信頼性を高める上で，正極活物質の粉体特性の改善および粉体製造プロセスはキーテクノロジーであると言える。本稿では，正極活物質の電極特性を改善する上での粉体製造プロセスおよび粉体の粒子特性の重要性について概説する。

### 2.2 ゾル-ゲル法による正極活物質の合成および電池特性

ゾル-ゲル法は，分子または原子レベルでセラミックス前駆体の化学組成を精密に制御するために開発された方法であり，様々な電子材料の微粉体や薄膜の合成に利用されている。しかし，前駆体の焼成時に揮発性の高い原料を用いると，各金属元素が不均一に分布することがある。それを解決するために高分子錯体重合法が開発され，正極活物質の合成に利用されてきた。高分子錯体重合法[5]は，カルボン酸とアルコールの縮合反応を利用して金属イオンをネットワーク中に均一に分布させることで，原子・分子レベルで化学組成を制御することができる。

高分子錯体重合法の概念図を図1に示す。この方法では，ヒドロキシルカルボン酸とエチレングリコールで金属塩を溶解させて金属イオン錯体を形成させ，高温で加熱するとカルボキシル基とエチレングリコールのヒドロキシル基との間で脱水エステル反応が起こり，複数の金属原子を含んだポリエステル高分子が得られる。この高分子の構造的並びを利用して，分子レベルで均一化することができるので結晶構造中の陽イオンの配置を容易に調整することができ，理想的な結

---

[*] Takashi Ogihara　大研化学製造販売㈱　開発部　部長

第2章 新奇機能性電池への応用例

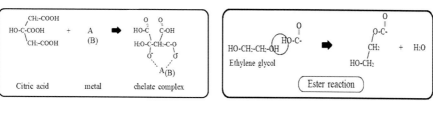

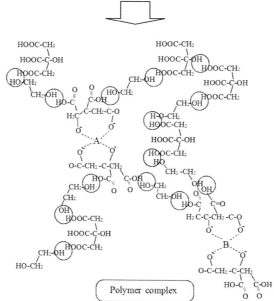

図1 高分子錯体重合法による前駆体の生成過程

晶構造を構築することができる。得られる高分子錯体のネットワークは、エステル共有結合で構築され非常に安定で、金属イオンは身動きのとれない状態になっている。そのため、高温で熱分解後、複合酸化物になる過程で金属元素が元素毎に片寄って析出する程度が低く抑えられ、結果として目的組成の複合酸化物が高純度で得られる。

### 2.2.1 正極活物質の合成および粉体特性

ニッケル酸リチウム（$LiNiO_2$、以下、LNOと略す）の合成例を示す。硝酸ニッケルおよび硝酸リチウムをモル比1：1で混合し、さらに、Al, Mg, V, Ga等の異種金属を数mol%添加して0.1 Mの水溶液を調製した。これにヒドロキシカルボン酸としてリンゴ酸を0.1 Mから0.4 Mの範囲で添加し、エチレングリコールと共に加熱還流しながら160℃で2時間から12時間の範囲で反応させた。ここで、反応溶液中の水とエチレングリコールは重量比で5：95から20：80の範囲になるようにした。冷却後、反応溶液は、テフロンビーカーで大気中200℃に加熱しながら溶媒を揮発させ、褐色のタール状になるまで加熱し続け、さらに、350℃で2時間加熱してLNOの前駆体を得た。LNO前駆体のDTA-TG曲線を図2に示す。DTA曲線において、260℃から450℃に発熱ピークが見られる。これらは、前駆体中に残存するエチレングリコール、リンゴ酸

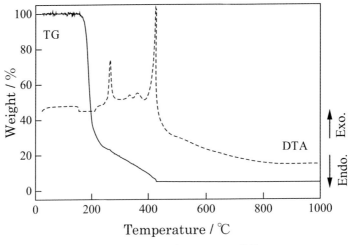

図2　LNO前駆体のDTA-TG曲線

等の有機物が燃焼したことに起因するものである。前駆体から有機物を除去し、LNOを得るには500℃以上で二次焼成を行う必要がある。また、TG曲線から水を含めて90 wt%が500℃までに揮発していることがわかる。

LNOは固相法で合成する場合、$Li_2O$とNiOは反応性が低いために酸素雰囲気中で焼成を行う必要がある。高分子錯体重合法で得られた前駆体も大気雰囲気で焼成した場合、XRDからLNOの他にNiOが生成していることが確認された。そこで、LNO前駆体を酸素雰囲気中、700℃から900℃で2時間焼成した。酸素雰囲気の焼成により均質なLNOが生成した。LNOのICP分析による求めたLi:Niのモル比は49.8:50.2から50.1:49.9であった。また、ドープした金属イオンは目的濃度とほぼ一致して含まれていた。XRDからLNOのI(003)/(104)比は1.4となり、理想的な層状岩塩構造（空間群：$R\bar{3}m$）が生成していた。

### 2.2.2 正極活物質の電気化学的特性

LNOの電気化学的反応を調べるためにCR2032セルを作製し、2.5～4.3 Vの範囲を1Cで充放電を行った。LNOはバインダーと導電剤をそれぞれ10 wt%添加し、電解質に$LiPF_6$、負極にリチウムを用いてセルを作製した。1C（1時間充電）でのLNOおよびAlを添加したLNOの充放電曲線を図3に示す。Alの添加濃度は5 mol%である。図3からLNOの放電容量は180 mAh/gを示す。これは、モバイル機器に使用されている$LiCoO_2$に比べて約30%、放電容量が向上したことになる。一方、Alを5 mol%添加したLNOの放電容量は200 mAh/gを示し、Alイオンのドープにより放電特性は向上することが示された。他の金属イオンでも同様に放電容量は向上することが確認された。1Cで100サイクル充放電を行った結果、100サイクル後の容量維持率は1Cで95%であった。一方、AlイオンをドープしたときLNOの容量維持率は97%であった。AlがNiサイトに置換されたことにより、Liイオンのインターカレーションによる構造安定性は高くなり、LNOの充放電特性は向上することが示された。他の金属イオンでも同様

第2章　新奇機能性電池への応用例

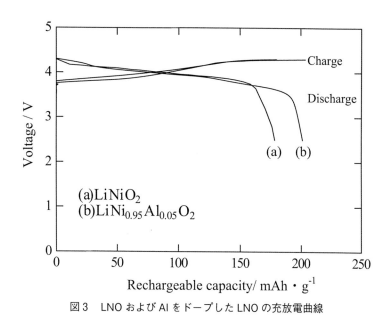

図3　LNOおよびAlをドープしたLNOの充放電曲線

に放電特性の改善効果が見られたが，Gaイオンが最も良い結果を示した。

### 2.3　噴霧熱分解法による正極活物質の合成および電池特性

噴霧熱分解法[6]は，金属成分を含む溶媒を高温で加熱して酸化物や金属の球状微粉体を合成する方法であり，化学組成の均一性や分散性が良いことから正極活物質の原料として適している。噴霧熱分解法は，他の粉体製造方法よりも製造時間が短いために，生産プロセスとして魅力的である（図4）。固相法では，それぞれの金属塩を高温で長時間反応させ，その後，粉砕，分級等の工程を経るが，噴霧熱分解法ではこの工程を数分で完結することができる。また，液相法であ

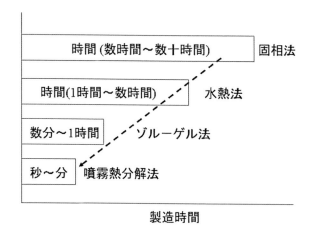

図4　各製法における製造時間の比較

る水熱法やゾル−ゲル法と比較すると，反応時間が短く，溶媒の分離や乾燥工程を必要としない。また，乾燥後の凝集の問題も発生しない。

　一般的な噴霧熱分解法は，超音波[7]や二流体ノズル[8]を用いて溶媒を霧化し，キャリアーガスで数百℃に加熱した電気炉へ送り込んで熱分解を行い，目的の微粉体が得られる。超音波による霧化により生成した水滴の直径は，数$\mu$m 程度であり，二流体ノズルはノズル径が10$\mu$m から20$\mu$m 程度であり，圧力により水滴の直径は変化する。どちらの方法も，個々の水滴中に金属イオンは定比で溶解しており，水滴はマイクロリアクターとして機能する。それ故，微粉体の粒子特性は，マイクロリアクター内部での原料塩の種類と性質，溶質濃度，加熱温度，加熱時間（キャリアーガス流量）により影響を受ける。噴霧熱分解法では，水滴は球状のため，得られる微粒子も球形になるが，二次焼成後，結晶化した際に針状や棒状等の形状に変化する場合もある。

### 2.3.1　正極活物質の合成および粉体特性

　以下に，マンガン酸リチウム（$LiMn_2O_4$，以下，LMO と略す），ニッケルマンガン酸リチウム（$LiNi_{0.5}Mn_{1.5}O_4$，以下，LNM と略す）およびリン酸鉄リチウム（$LiFePO_4$，以下，LFP と略す）の合成について，量産化を考慮したプロセスによる事例を示す。LMO および LNM では，Li と各遷移金属（Ni, Mn）の硝酸塩をそれぞれのモル比に合わせて混合し，水に溶解して1Mから2Mの範囲で原料水溶液を調製した。LFP では，リン酸を Li：Fe：P が1：1：1となるように添加し，さらに，導電性剤として炭素を含有させるために，原料水溶液に多糖類またはヒドロキシカルボン酸等の有機化合物を10 wt%程度添加した。有機化合物は電気炉での数百℃の加熱により容易に熱分解して炭素が生成する。

　正極活物質の合成に用いた電気加熱式の噴霧熱分解装置および模式図を図5にそれぞれ示す。調製した原料水溶液はポンプで二流体ノズルへ送り，10 L/min で霧化した。噴霧された水滴は，キャリアーガスで数百℃に加熱した電気炉内のアルミナ管へ送り込まれて，熱分解させた後，生成した粉体をバグフィルターで捕集した。電気炉内での加熱時間は5から10秒程度である。噴霧熱分解法で設定される加熱温度では，リチウムは揮発が起こり易いと考えられるが，数秒間で乾燥，分解，固相反応を行い，回収するために，リチウムが揮発せずに目的の化合物が得られる。しかし，水滴から揮発する水や硝酸塩の分解時に発生する $NO_x$ 等をバグフィルターで粉体と一緒に吸い込むために，捕集された粉体に吸着する。それ故，それらを除去するために，さらに数百℃で数時間，二次焼成することがある。また，LFP 等のリン酸塩に炭素のような揮発性の導電剤を含ませる場合は，加熱温度の設定に注意が必要である。

　噴霧熱分解法で得られた LMO，LNM および LFP の粒子形態を図6に示す。一般的に，LMO は，充放電特性の安定性と Mn イオンの溶出を制御するために Al イオンがドープされている[9]。また，LFP では電気伝導度を高めるために，導電剤として炭素が重量比で数 wt%から10 wt%程度が含まれている[10]。1M濃度の水溶液を二流体ノズルで噴霧して生成した粒子の形状は，いずれも球状であるが，原料塩の熱分解温度および固相反応過程での粒成長の速度が異なるために表面状態や粒度に違いが見られる。粒度は1$\mu$m から2$\mu$m 程度であった。粒度分布を示す幾何

第2章 新奇機能性電池への応用例

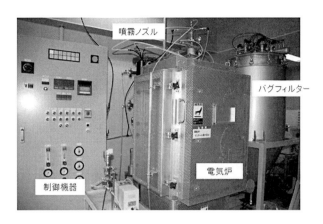

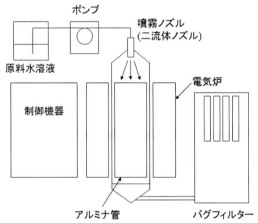

図5 電気炉式噴霧熱分解装置

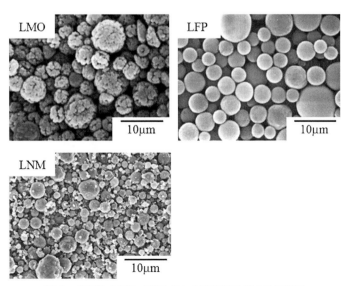

図6 噴霧熱分解法で製造された正極活物質の粒子形態

標準偏差は，1.3〜1.4であった。粒度分布は比較的広く，スラリー中で分散し易い粒子特性を有している。

粒子の微構造を比較すると，LMO は原料塩の熱分解温度が低く，固相反応による一次粒子の成長が速いために多孔質の微構造を有している。一方，LNM は，硝酸ニッケルの熱分解速度が遅いために一次粒子の成長が遅く滑らかな表面構造を有している。同様に LFP もリン酸の反応性が滑らかな表面構造を有している。XRD から LMO および LNM はスピネル構造（空間群：$Fd\bar{3}m$）へ結晶化していたが，LFP は非晶質であった。リン酸の熱分解速度が遅いので，固相反応が起こらず結晶化しなかったものと考えられる。LFP はアルゴン（95％）／水素（5％）雰囲気中，600℃で二次焼成後，オリビン構造（空間群：Pnma）へ結晶化した。DTA-TG により重量減少および未分解原料塩の存在を調べたところ，原料塩は全て分解していたが，水滴からの脱水時に生成した水分が粒子へ1 wt％程度吸着していた。また，LFP では10 wt％の炭素量に対し，0.5 wt％程度減少していた。ICP 分析により測定した正極活物質の化学組成は，いずれも原料水溶液の組成比を維持していた。

### 2.3.2 正極活物質の電気化学的特性

正極活物質はバインダーと導電剤をそれぞれ10 wt％添加し，電解質に $LiPF_6$，負極にリチウムを用いて CR2032セルを作製した。LMO の充放電曲線およびサイクル特性に図7にそれぞれ示す。1 C で3.5 V から4.3 V の範囲で500サイクルまで充放電を行った。LMO への Al イオンは5 mol％および10 mol％ドープした。放電曲線から LMO の放電容量は125 mAh/g であった。放電曲線には4 V 付近に典型的な電圧ジャンプが存在し，LMO には2つの電気化学的反応[11]があり，不均一固相反応であることを示していた。LMO では Mn イオンの価数は3.5であるが，Al のドープにより3.7へ向上し，電圧ジャンプが緩和されて電気化学的反応が均一固相反応へと変化した。Al のドープ濃度が高くなるに従い，10 mol％のとき LMO の放電容量は108 mAh/g まで減少するものの電気化学的反応はより均一固相反応になっていることが示された。サイクル数に伴う放電容量の変化を見ると，500サイクル後，LMO の放電容量は初期容量の73％まで減少した。一方，Al をドープした LMO は500サイクル後，83％であった。このことから，Al のドープにより Mn サイトの価数を高くすることで，充放電時の構造が安定になることが示された。この効果は，Mg，Cr，V 等の金属イオンのドープでも確認された[12]。

放電速度の違いによる LNM の放電曲線を図8に示す。全ての充電速度は1 C とした。LNM は，LMO の Mn サイトの1/3を Ni イオンで置換したものであり，5 V まで充電できることを特徴する。そのため，LMO よりも出力特性の高いリチウムイオン電池を提供することができる。図から各放電速度において4.7 V に典型的なプラトーが存在する。4.7 V のプラトーは，LNM における $Ni^{2+}/Ni^{4+}$ の酸化還元反応[13]によるものである。1 C の放電曲線から放電容量は145 mAh/g を示したが，4.1 V 付近に僅かに第二プラトーが存在する。これは，$Mn^{3+}/Mn^{4+}$ の酸化還元反応[14]によるものである。$Mn^{3+}/Mn^{4+}$ の酸化還元反応は，LNM 中に酸素欠損が生成していることが原因であると考えられている。放電速度が5 C 以上になると放電容量は

## 第2章 新奇機能性電池への応用例

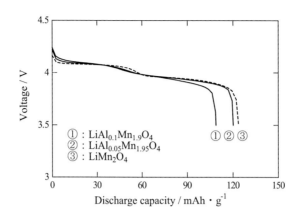

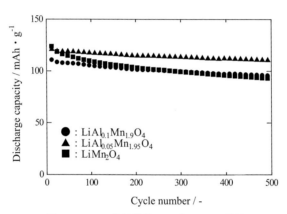

図7 LMOの放電曲線およびサイクル特性

135 mAh/gへ減少し，20 Cでは放電容量は125 mAh/gまで減少した。また，第二プラトーも存在しない。500サイクル後，LNMの放電容量は，初期容量の97％を維持しており，非常に高いサイクル安定性を示していた。20 CのときLNMの放電容量は，初期容量の84％を示し実用的な安定性を示していた。

LFP等のリン酸塩化合物は，比較的高い起電力とリチウムイオンの透過経路を有し，実用可能な放電容量を示す。また，他のリチウム複合酸化物に比べて熱的・化学的安定性に優れており，400℃の高温下でも酸素を放出せず安全性が高い。しかしながら，LFPは結晶構造がポリリン酸塩のため，電気伝導度が$10^{-8}$cm/sと極めて低い[15]。そのため，炭素等の導電剤を付与することにより，電気伝導度を$10^{-4}$から$10^{-3}$cm/s程度まで高めて，充放電特性を発揮させている。従来は，高導電性LFPを得るために，LFPの合成後に表面へ炭素のコーティング[16]や固定化[17]が行われている。そのため，製造効率やコスト等を考慮すると，一段階で炭素を複合化できることが望ましい。噴霧熱分解法では原料の調製段階で有機物を含ませることで，容易に炭素を複合化することができる。

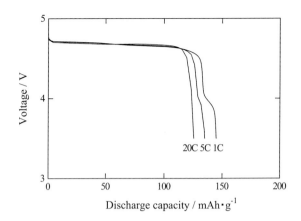

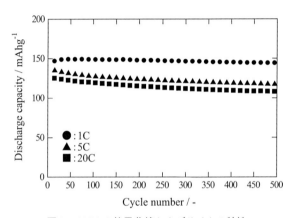

図8 LNMの放電曲線およびサイクル特性

　スクロースを用いて炭素複合化したLFPの炭素濃度の違いによる放電曲線を図9に示す。ここで，充放電速度は1Cである。硝酸塩の十分な熱分解と炭素の生成をバランスした製造条件を見出すことが重要であり，使用した装置では600℃が最適であった。700℃で二次焼成し，結晶化させたLFPの放電曲線には3.5Vに$Fe^{3+}/Fe^{2+}$の酸化還元反応[4]による典型的なプラトーが存在する。LFPのみでは，炭素が存在しないため導電性が極めて低く，放電容量は25 mAh/gであった。炭素添加量が5 wt%のとき，LFPの放電容量は150 mAh/gを示し，炭素複合化による効果が現れていることがわかる。さらに，10 wt%のとき，放電容量は174 mAh/gとなり，ほぼ理論容量近くまで放電できることを示している。DTA-TGによるLFP中の炭素含有量を測定した結果，炭素含有量は原料水溶液中のスクロース濃度とほぼ一致しており，噴霧熱分解過程で水滴からの炭素の揮発は殆ど起きていない。オージェ分光分析によりLFP中の炭素の存在状態を調べた結果，10 wt%のとき，炭素は粒子内部に均一に分散していることが観察された。炭素は，粒子中で高分散し，ナノレベルでのパーコレーションがとれやすい状態になっていることが明らかにされた。

第 2 章　新奇機能性電池への応用例

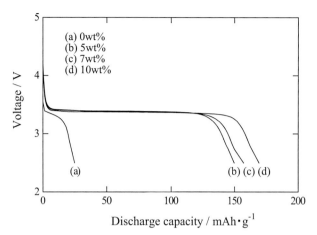

図9　炭素含有の違いによる LFP の放電曲線

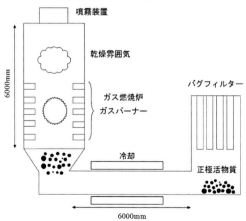

図10　ガス燃焼式噴霧熱分解装置

## 2.4 ガス燃焼噴霧熱分解法による正極活物質の合成および電池特性

噴霧熱分解法は，優れた電池特性を示す正極活物質を提供することができる。この方法で，正極活物質を量産する際の技術課題は大量の水滴を均一に加熱処理する熱分解炉技術の確立にある。従来は，電気加熱による輻射熱を利用して水滴を熱処理するため，消費されるエネルギー量が大きく，且つ，不均一な熱分解による化学組成変動等が量産化の実現を困難にしてきた。そこで，優れた経済性と高い生産効率を兼ね備えた噴霧熱分解装置の実現を目指して，火炎で水滴を熱処理する燃焼炉[18]を開発し，正極活物質の生産性と電気化学的特性を検証してきた。

開発した生産装置および概略図を図10にそれぞれ示す。基本的な噴霧熱分解の仕組みは同じであり，装置は二流体ノズルを備えた噴霧装置，ガス燃焼炉およびバグフィルターで構成される。燃焼炉で利用するガスは，LPガスや都市ガス等である。一般的に，水滴は燃焼した火炎の中を直接通過するとリチウムイオンが急激に揮発して，生成したリチウム複酸化物の化学組成を維持することができない。そこで，燃焼した火炎に空冷ガス（空気，窒素）を送りながら，加熱温度を400℃から900℃の範囲に制御することで，リチウムイオンの揮発を制御して電気加熱と同じ熱分解環境を成立させた。ガス燃焼炉内のガスバーナーは60°間隔で均等に設置され，全ての水滴が均一に熱処理できるように発生量も制御した。噴霧装置から発生した大量の水滴は，減圧されたガス燃焼炉へ送り込まれ，炉内上部で空気により水滴が乾燥された後，空冷ガスと共にガスバーナーの炎で熱処理された。大量の正極活物質と共に分解ガスを含む熱風もバグフィルターへ吸い込むために，水冷しながらバグフィルターで正極活物質を連続捕集した。本装置によりLMO，LNM，LFP等が連続製造された。正極活物質に関係なく，1時間当たりの製造量は5 kg，収率は90％程度であった。

1 M水溶液でLMO（Alドープ量，5 mol％）を240時間連続製造したときの粒度と収率の変化を図11に示す。30時間毎にバグフィルターからLMOを回収して粒度および収率を調べた。240時間までの8回の回収によるLMOの粒度は1.1 μmから1.2 μmの範囲でバラツキは非常に少

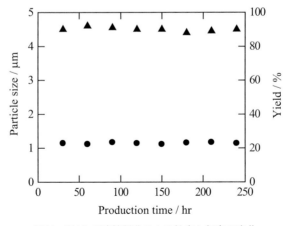

図11　LMOの連続製造による粒度と収率の変化

## 第2章　新奇機能性電池への応用例

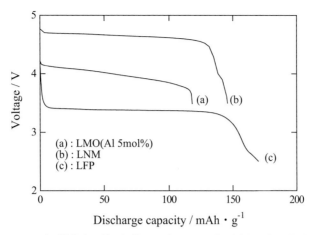

図12　ガス燃焼噴霧熱分解法で製造された正極活物質の放電曲線

なく，収率の変動も2％以内であった。ガス燃焼炉内の燃焼状態は安定しており，水滴は同じ環境で熱分解されていることが示された。XRDからLMOはスピネル構造を示し，LMO中のLi：Mnのモル比は1：1.94であった。また，Alイオンのドープ量は4.9 mol%を示し，火炎によるLMOの化学組成への影響はないことが確認された。LNMおよびLFPについても化学組成，結晶性，炭素含有量等への影響はないことが示された。この装置でLMOを1kg製造するために必要な燃焼炉のエネルギー消費量は260 MJ/hであった。同じ容積を電気炉で加熱した場合，必要な電力量は55 kWであった。そのときのエネルギー量は2500 MJ/hである。LMOを1kg製造した場合，製造時のエネルギー消費量を約1/10に削減できることが示された。

製造された各正極活物質の1Cでの放電特性を図12に示す。充電速度は1Cとした。正極活物質の放電曲線は電気加熱で製造されるものと同じであり，放電容量もほぼ同じ値を示した。冷却ガスの投入によって火炎の温度が制御されたことでリチウムイオンの揮発やLFP中の炭素の揮発が抑制され，正極活物質の均一な化学組成や炭素含有量が維持されていることが明らかとなった。ガス燃焼による噴霧熱分解法は，優れた電池特性を提供すると共に，高い生産性を兼ね備えていることから，生産設備として期待できる。

### 2.5　パルス燃焼噴霧熱分解法による正極活物質ナノ粒子の合成および電池特性

噴霧熱分解法では，数$\mu$mの水滴を外部から加熱しながら熱分解と収縮を行い，微粉体を生成させるため，これまでの研究では100 nm以下に微細化させることは技術的に困難であった。パルス燃焼は，燃焼室と排気ダクトとの容積バランスを利用して間欠燃焼状態を作り出す技術である。燃焼により発生する衝撃波を水滴に照射すると，水滴は分裂してナノサイズに微細化される。パルス燃焼噴霧熱分解装置および模式図を図13にそれぞれ示す。燃焼室で，プロパンガスと空気の混合ガスを着火して爆発させ，そのときの衝撃を水滴に与えた。衝撃の音圧は115 dBである。二流体ノズルから生成した水滴は，衝撃により微細化され，二流体ノズルからの空気と共

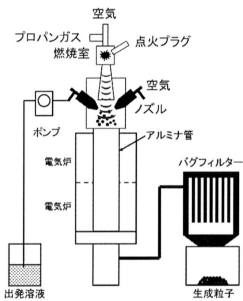

図13　パルス燃焼噴霧熱分解装置

に電気炉へ送り込まれた後。電気炉で水滴は熱処理される。

　これまで，本技術により酸化物負極活物質[19]，チタン酸バリウム[20]，酸化亜鉛[21]等のナノ粒子が合成されている。ここでは，LFPナノ粒子の例について示す。原料には，硝酸リチウム，硝酸鉄およびリン酸を用い，これらをモル比1：1：1で混合し，0.1Mの原料水溶液を調製した。これにヒドロキシカルボン酸を10 wt%添加して原料水溶液を得た。ヒドロキシカルボン酸にはクエン酸を用い，熱分解時での炭素の揮発を制御するために600℃以下の温度で合成した。

　得られたLFPナノ粒子のSEM写真を図14に示す。パルス燃焼により50 nm程度のLFPナノ粒子が得られた。得られたLFPには，球状，楕円状，不規則形状等様々な形状の粒子が含まれていた。パルス燃焼による衝撃波を水滴に与えると，水滴が分裂した際に，微細化した水滴の衝

第2章　新奇機能性電池への応用例

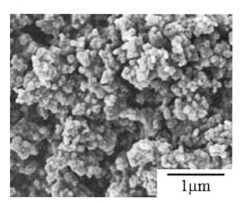

図14　LFPナノ粒子の粒子形態

突や合一が起こることが推測される。LFPの炭素含有量は，パルス燃焼時の水滴から揮発の影響は殆どないことが確認された。ICP分析により求めたLFPナノ粒子のLi：Fe：Pのモル比は，ほぼ1：1：1であった。また，DTA-TGから求めたLFPの炭素含有量は原料水溶液の添加濃度とほぼ一致しており，衝撃波によって化学組成や添加物質の濃度は影響を受けないことが確認された。乳酸，リンゴ酸等を用いても同様の結果が得られた。XRDから，LFPは非晶質であり，600℃の二次焼成によりオリビン構造（空間群：Pnma）へ結晶化した。ナノサイズ化したことにより一次粒子の焼結がより低温で起こるため，従来の噴霧熱分解法で得られるLFPよりも結晶性が良い。

　正極活物質はバインダー20 wt％と導電剤10 wt％を添加し，電解質にLiPF$_6$，負極にリチウムを用いてCR2032セルを作製した。LFPナノ粒子の高速放電特性を確認するために，10 C（6分間充電）から30 C（2分間充電）で充電後，10 Cから30 Cで放電した結果およびサイクル特性を図15にそれぞれ示す。10 CでのLFPの放電容量は150 mAh/gであった。放電レートの増加と共にLFPの放電容量は減少しが，30 Cにおいても95 mAh/gを示した。各放電レートにおいて，サイクル数の増加と共にLFPの放電容量は徐々に低下しており，500サイクル後の容量維持率は，20 Cで87％，30 Cで85％であったが，依然として安定性が良いことを示していた。

## 2.6　まとめ

　本稿では，LIBの性能を向上させる上で，正極活物質の粉体特性が重要であることを概説した。高分子錯体重合法や噴霧熱分解法等について，プロセスの特徴，粒子特性および電気化学的特性について，実験例を示して解説した。粉体における化学組成の均一性，粒度の微細化，形状の均一化，高い分散性等がLIBの充放電性能を高めることを明らかにした。また，LFPにおける炭素等の複合化プロセスとしての有効性，ガス燃焼炉による高い省エネ性と量産プロセスへの可能性が示された。また，パルス燃焼技術により水滴を微細化することでナノ粒子は直接得られることがわかり，LIBの出力特性を向上させる上で効果的であることが見出された。

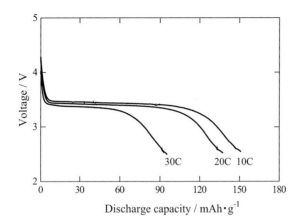

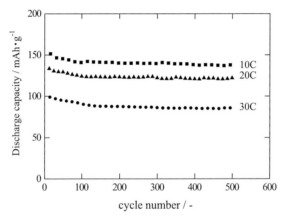

図15　LFP の放電特性およびサイクル特性

## 文　　献

1) M. Mizushima *et al.*, *Mat. Res. Bull.*, **15**, 783 (1980)
2) C. Delmas *et al.*, *Mat. Res. Bull.*, **17**, 117 (1982)
3) T. Ohzuku *et al.*, *Chem. Express*, **7**, 193 (1992)
4) A.K. Padhi *et al.*, *J. Electrochem. Soc.*, **144**, 1188 (1997)
5) M. Kakihana, *Kogyozairyou*, **147**, 109 (1999)
6) G.L. Messing *et al.*, *J. Am. Ceram. Soc.*, **76**, 2707 (1993)
7) O. Sakurai *et al.*, *Yogyo-Kyokai-shi*, **94**, 8 (1986)
8) T. Yano *et al.*, *Yogyo-Kyokai-shi*, **91**, 81 (1983)
9) T. Ogihara *et al.*, *Mater. Sci. Eng. B*, **161**, 109 (2009)
10) M. R. Yang *et al.*, *J. Power Sources*, **159**, 307 (2006)
11) Y. Xia *et al.*, *J. Power Sources*, **56**, 61 (1995)

## 第2章 新奇機能性電池への応用例

12) H. Aikiyo *et al.*, *J. Ceram. Soc. Jpn.*, **109**, 506 (2001)
13) S. H. Park *et al.*, *Electrochimi. Acta*, **50**, 431 (2004)
14) J. H. Kim *et al.*, *Electrochimi. Acta*, **49**, 219 (2004)
15) C. W. Wamg *et al.*, *J. Electrochem. Soc.*, **152**, A1001 (2005)
16) Y. L. Cao *et al.*, *J. Power Sources*, **172**, 913 (2007)
17) J. F. Ni *et al.*, *Mater. Lett.*, **61**, 1260 (2007)
18) M. Yamada *et al.*, *J. Ceram. Soc. Jpn.*, **17**, 1017 (2009)
19) Y. Furukawa *et al.*, *J. Ceram. Soc. Jpn.*, **124**, 613 (2016)
20) K. Myoujin *et al.*, *Key Eng. Mater.*, **582**, 36 (2014)
21) I. M. Joni *et al.*, *Chem. Eng. J.*, **155**, 433 (2009)

# 第3章 軽量複合材料への応用例

## 1 CNF/熱可塑性樹脂

仙波　健[*]

### 1.1 はじめに

　植物は無尽蔵に存在する二酸化炭素，水，そして光エネルギーにより光合成を行い，その主要構成物であるセルロース，ヘミセルロースおよびリグニンなどを生産する。これらの中でセルロースは植物の高い強度特性に最も寄与している。それは高結晶化度のセルロース分子の集合体が，直径4nm且つ高アスペクト比のセルロースナノファイバー（CNF）として植物中に存在するためである。さらにこのCNF，ヘミセルロースおよびリグニンを緻密に配置し，様々な外力に耐えることができる高次構造を植物は形成しているのである。2014年アベノミクス日本再興戦略において，このCNFへの取り組みが記載されたことにより，国を挙げてのバックアップ体制も整い始め，多くの企業，大学および研究機関がその技術開発に取り組んでいる。特に製紙産業においては，その傾向が強い。紙の内需は，2009年のリーマンショックの影響により急減した反動で2010年に増加に転じたものの，その後減少が続いている[1)]。製紙メーカーの収益は市況の回復，事業の多角化により堅調であるが，紙での収益となると今後の予断を許さない状況であると思われる。このような背景により，製紙メーカーは新たな事業の柱としてCNFをはじめとするナノセルロースに期待しているのである。大学では，筆者の知る限りでは京都大学の矢野先生がCNFに着目した研究を21世紀に入る前に開始され，透明な紙，金属並みの強度をもつプラスチック複合材料など様々な成果を世に送り出し，世界にCNFの魅力を発信した。その後，2000年初頭に東京大学磯貝先生，齋藤先生らが，TEMPO（2,2,6,6-tetramethylpiperidine1-oxyl）酸化により世界で初めてシングルナノCNFの製造方法を見出し，昨年には森のノーベル賞といわれるマルクス・ヴァーレンベリ賞を受賞されている。これら大学の地道な基礎研究が今日のナノセルロースの賑わいの火付け役であることは言うまでもなく，現在は様々な大学で研究が進められている。

　一方，プラスチック系ナノコンポジットに目を向けると，日本には世界に誇れる材料がある。特にカーボンナノチューブ（CNT）やクレイナノコンポジットは革命的な素材である。CNTは極少量添加においても劇的な弾性率の向上が発現すると同時に秀でた電気特性なども有する。これは極少量添加でのパーコレーションが得られるためであると考えられている。クレイナノコンポジットは，クレイ層間を有機化処理することにより，ポリマーのクレイ凝集体への含侵力を高め層間剥離させることで大きな補強効果が発現する。これらは日本がその開発を先導してきたナ

---

[*]　Takeshi Senba　（地独)京都市産業技術研究所　高分子系チーム　研究副主幹

第3章 軽量複合材料への応用例

ノコンポジットである。そしてCNT，クレイに続く次世代のナノコンポジットとして，CNFナノコンポジットの開発が昨今活発化している。そのメインのターゲットは生産量の多い熱可塑性樹脂の補強であり，製紙関連メーカーからも熱可塑性樹脂にCNFを分散させたマスターバッチペレット材料のサンプル供給が開始されている。しかしCNFをプラスチックにナノ分散させるのは簡単なことではなく，各社から供給されるCNFやマスターバッチを使っても上手く混ぜられないことが多い。CNFとプラスチックの複合化には，それなりのテクニックが必要であり，さらに根本的に大きなハードルがいくつか存在するのである。本節では，CNF強化熱可塑性樹脂の課題とこれまでに得られている特性を紹介する。

## 1.2 CNFと熱可塑性樹脂混合における課題

汎用プラスチックには，ポリプロピレン，ポリエチレン，ポリスチレン，ポリ塩化ビニルおよびABS樹脂などがある。これらの成形加工温度は200℃程度までであり，自ずと最終成形品の耐熱温度は100℃程度となってしまう。したがってより耐熱性に優れ，高弾性・高強度，その他の機能性が必要な場合は，汎用エンジニアリングプラスチック（以下，エンプラ）であるポリアセタール（POM），ポリアミド（PA），ポリカーボネート（PC），変性ポリフェニレンエーテル（m-PPE）およびポリブチレンテレフタレート（PBT）などが用いられる。その多くの成形加工温度は200℃を超え，その耐熱温度は汎用プラスチックを大きく上回ることから自動車のエンジンルーム内，電気製品の発熱部などに用いられる。また強度特性，耐衝撃性なども汎用プラスチックを大きく凌駕するものとなっている。

これらエンプラの強度，耐熱性などのさらなる向上には通常ガラス繊維や炭素繊維が使用される。しかしながらその製造においては，ガラス繊維では原料を1000℃以上の高温で溶融紡糸，炭素繊維は有機繊維を紡糸後，同じく1000℃以上の高温での脱脂，焼成を行う。つまり化石燃料に大きく依存せねばならない。それに対してCNFは植物を原料とし，ダウンサイジングにより製造される。持続的再生可能な資源を利用し，鋼鉄やガラスに劣らない様々な機械特性，機能性を備え，低コスト化が可能な強化繊維であると考えられる。

しかしながらセルロースには，熱可塑性プラスチックとの複合化において克服しなければならない課題がある。図1にセルロースを主成分とするパルプの窒素雰囲気下における熱重量測定結果の一例を示す。約130℃から減量が開始し，1％重量減少温度は242℃であった。プラスチックの加工においては，スクリューのせん断などによる局所発熱により，材料は設定温度よりも高温に晒されるため，これまでセルロースは汎用プラスチックとの複合化が温度的に限界であった。したがってさらに高温での成形加工が必要となるエンプラとの複合化は不可能であった。また熱可塑性樹脂は，溶融時の粘度が高く，相容性を高めなければセルロース繊維束内への樹脂含侵が難しい。そこで化学変性によりセルロースの耐熱性および樹脂含侵性の向上を試みた。

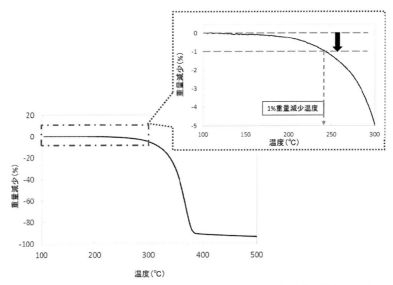

図1　セルロースを主成分とするパルプの窒素雰囲気下における熱重量測定

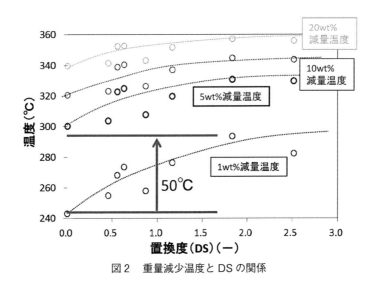

図2　重量減少温度とDSの関係

## 1.3　セルロースの化学変性

　セルロース分子の繰り返しユニットであるグルコースには，3個の水酸基が含まれ，これらは水素結合を起こし，セルロース分子どうし，セルロース繊維どうしを固く結束させる。植物はこれを利用して強固となり，高く，大きく育つことができるが，セルロースを解してCNFを得るには不都合である。そこでこの水酸基を別の官能基に置き換えることにより水素結合を抑制し，セルロース繊維に易解繊性を付与することが可能となる。さらに適切な官能基を選択することにより，耐熱性および樹脂含侵性（相容性）も改善することができる。未処理パルプおよびそれを

第3章 軽量複合材料への応用例

化学変性することにより置換度（DS：セルロース分子の繰り返し単位に含まれる3つの水酸基の置換度，最大DS＝3）の異なる化学変性パルプを準備した。それらの熱重量分析により得られた重量減少温度とDSの関係を図2に示す。1 wt％減量温度は，各DSのパルプサンプルが分解して1 wt％減量する温度をプロットしたものであり，未処理パルプ（DS＝0）の分解温度242℃からDS＝2.0の化学変性により293℃まで向上した。同様に5，10，20 wt％減量温度についても，20℃程度の向上が確認できた。セルロースの熱劣化により生じる分解物は，微量成分でも樹脂中の異物となる。化学変性によるセルロースの耐熱性向上は，複合材料への応力負荷時のセルロース分解物による欠陥発生を抑制するのに重要であり，さらに様々な成形加工方法（押出，射出，プレス，真空・圧空成形など）への展開が可能となる。

## 1.4 セルロースと熱可塑性プラスチックの複合化手法

これまでのセルロースのダウンサイジングによるCNF化には，高圧ホモジナイザー，マイクロフルイダイザーなどの処理能力の限られた装置が用いられており，大きなエネルギーと時間を使っていた。このようなプラスチックとの複合化前のセルロースのCNF化は，高コスト化とナノ化によるハンドリングの悪さ（高含水，粘着性など）からプラスチック構造部材の工業生産には現実的ではない。そこで工業生産を見据えた技術として同時複合解繊技術が開発された。図3に従来のCNF複合材料の製造フローを示す。①では，低濃度のパルプスラリーを大きなエネルギーを使いCNF化する。②得られた高含水CNFとプラスチックを混練機に投入し，溶融混練・複合化する。先に述べたように工程①において大きなコストが発生し，さらに得られたCNFは含水ゲル状（ベタベタ，粘着性あり）であり，ハンドリングが悪いため，②において混練機への供給および混練にも難があった。それに対して図4に示す同時複合解繊は，まず③パルプを化学変性する。これによりパルプを構成するセルロースの水酸基が変性，水素結合が抑制されることによりパルプが外力により解れやすくなる。つまり易解繊性を付与することができる。またセル

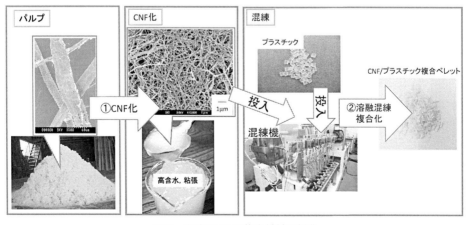

図3　従来のCNF複合材料の製造

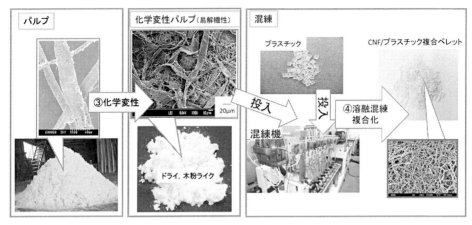

図4　同時複合解繊によるCNF複合材料の製造

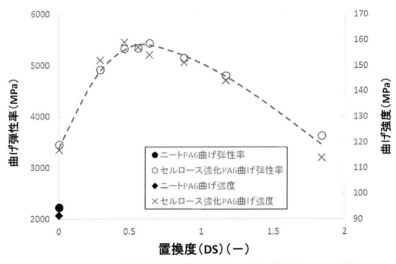

図5　CNF/PA6複合材料の曲げ弾性率および曲げ強度とDSの関係

ロースはこの時点ではまだナノ化されていないため，表面積が小さく容易に脱水・ドライパルプ化することができ，ハンドリングの良いパルプを得ることができる。これを④において混練することにより，混練中のせん断応力によりパルプが解され，プラスチックペレット内部にナノ化したセルロース繊維を分散することができる。

### 1.5　変性CNFの耐熱性樹脂への適用

これまでCNFによる強化の対象樹脂は，加工温度が200℃程度までの樹脂，例えばポリプロピレン，ポリアセタールコポリマーが上限であった。ここでは，高融点樹脂としてエンジニアリングプラスチックであるポリアミド6（PA6：融点220〜225℃）について検討を行った。変性パ

第 3 章　軽量複合材料への応用例

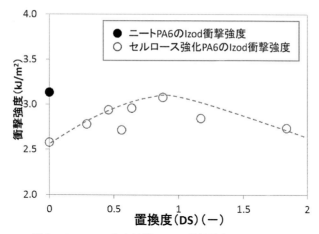

図 6　CNF/PA6複合材料の Izod 衝撃強度と DS の関係

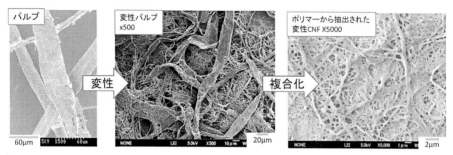

図 7　ポリアミド6/変性セルロース（DS0.46）複合材料の PA6マトリックスを溶媒抽出することで得られた変性セルロース CNF の観察写真

ルプと PA6を二軸押出機にて溶融混練を行いペレットを得た。これを射出成形機により短冊型試験片に加工した。

　図 5 にセルロース/PA6複合材料の曲げ弾性率および曲げ強度と DS の関係を示す。ニート PA6に未処理パルプ（DS＝0）を 10 wt％添加することにより曲げ弾性率が2220→3450 MPa，曲げ強度が91.2→117 MPa に向上した。変性パルプを 10 wt％ 添加した場合は，さらに大きく曲げ特性が向上した。曲げ特性は，DS＝0.4～0.6の領域においてピークとなり，曲げ弾性率および曲げ強度の最大値は，5430 MPa および 159 MPa であった。

　図 6 にセルロース/PA6複合材料の Izod 衝撃強度と DS の関係を示す。ニート PA6に未処理パルプ（DS＝0）を添加することにより Izod 衝撃強度が低下した。それに対して変性パルプを添加することにより，Izod 衝撃強度は改善し，DS＝1 付近ではニートポリマーと同等まで回復した。

　図 7 に原料パルプ，変性パルプおよびセルロース/PA6複合材料の PA6部を溶媒により抽出し，得られた変性セルロースの SEM 観察写真を示す。原料パルプが数十 $\mu$m 以上の直径であるのに

対して，変性パルプは解繊が部分的に進行し，数 $\mu m$ の繊維が増加している。変性パルプを添加した複合材料から得た繊維では，ほとんどが直径数十から数百 nm のナノファイバー化していることが確認できた。これらの CNF は耐熱性が向上しており，混練および射出成形工程において劣化が抑えられ，高い補強効果をもたらすことにより，CNF/PA6 の高い曲げ特性および耐衝撃性の回復に寄与したものと考えられる。

### 1.6 CNF強化樹脂材料のリサイクル特性の評価

変性パルプとポリアセタールコポリマー（POM：Tm166℃）を二軸押出機にて溶融混練を行った。複合材料のリサイクル性を検証するため，押出機パス数を 1～3 回とし，得られたペレットを射出成形機により短冊型試験片に加工した。

図8にPOM複合材料の曲げ試験における応力-ひずみ線図を示す。ニートPOMに対して未処理パルプを添加することにより，応力の立ち上がりおよび最大応力が大きくなった。それに対して変性パルプを添加した材料は，さらに顕著な補強効果が見られた。押出機を 1～3 回パスした変性パルプ強化材料を比較すると，パス数による大きな線図の変化は確認できなかった。

図9に曲げ弾性率および曲げ強度と押出機パス回数の関係を示す。曲げ弾性率および曲げ強度は，ニートPOMの2290，77.7 MPa に対して，未処理パルプ強化材料3220，93.0 MPa，そして変性パルプ強化材料では，5590，129 MPa まで向上した。また押出機のパス回数を重ねても，曲げ弾性率および曲げ強度は，低下しないことがわかった。

次にPOM複合材料の衝撃特性について述べる（図10）。ニートPOMのIzod衝撃強度 5.38 $kJ/m^2$ に対して，未処理パルプ強化材料は 2.54 $kJ/m^2$ まで低下した。それに対して変性パルプ強化材料では，押出機1パスにおいて 4.18 $kJ/m^2$，2パス 4.70 $kJ/m^2$，そして3パスでは 4.95

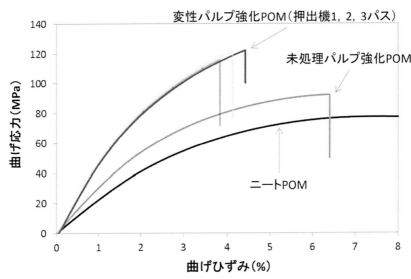

図8　CNF/POM 複合材料の曲げ試験における応力-ひずみ線図

第3章　軽量複合材料への応用例

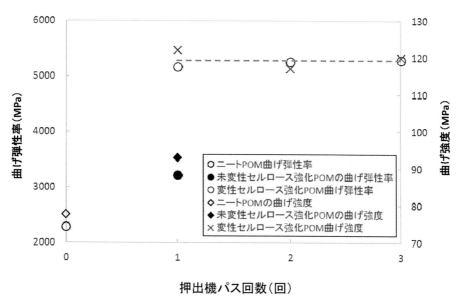

図9　パルプ/POM材料の押出機パス数と曲げ弾性率および曲げ強度の関係

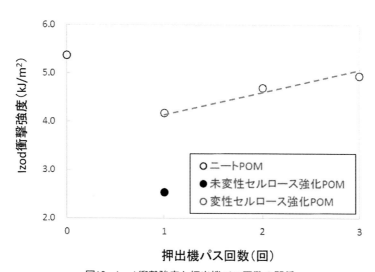

図10　Izod衝撃強度と押出機パス回数の関係

kJ/m²まで向上し，ニートPOMとほぼ同等の衝撃強度を示した。

図11にセルロース/POM複合材料射出成形品（押出機1〜3パス＋射出成形）のPOM部を溶媒により抽出し，得られたセルロースのSEM観察写真を示す。押出機パス数が増えてもセルロースは破断することなく，高いアスペクト比を維持していることが分かった。POMマトリックス内でナノファイバー化したCNFは，高い曲げ特性および耐衝撃性の発現に寄与していると考えられる。また従来の無機繊維においては，繰り返しの成形加工による繊維破断により著しく

223

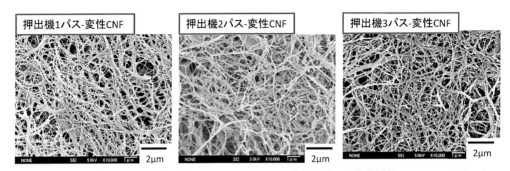

図11 変性パルプ/POM材料を押出機に1～3回パスして溶融混練した複合材料のPOMマトリックスを溶媒抽出することにより得られたセルロース繊維の観察写真済

物性の低下が起こるが，変性CNFは耐熱加工性および柔軟性による繊維の劣化および破断が抑制され，熱履歴4回（押出機3パス＋射出成形）では曲げ特性およびIzod衝撃強度の低下が無いことがわかった。

### 1.7 まとめ

本節では，CNFと熱可塑性樹脂混合における課題とそれを解決するためのセルロースの化学変性の重要性，さらに構造部材として受け入れられる加工プロセスを目指したセルロースと熱可塑性プラスチックの複合化手法の概要を紹介した。そしてこの化学変性および複合化手法により得られた変性CNF強化エンジニアリングプラスチックの力学的特性およびそのリサイクル特性を述べた。その結果曲げ特性では，曲げ弾性率2.5倍，曲げ強度は数十MPaの向上が達成され，それと相反する特性である耐衝撃性においては，ニートポリマーと大きく変わらない性能を発現した。そしてリサイクル特性では，繰返し溶融混練を行っても力学的特性は全く低下しなかった。このように力学的特性，リサイクル性など目を見張る物性が得られているが，成形加工において重要となる流動性，加工による材料の着色，吸湿など解決しなければならない問題も多い。今後研究開発が一層盛んになりこれらが解決されることと，新たなCNF強化材料の魅力が発見されることを期待している。

### 文献

1) ㈱日本政策投資銀行資料

## 2 粉末冶金法を用いた環境配慮型マグネシウム複合材料の開発

川森重弘[*]

### 2.1 マグネシウム複合材料

マグネシム（Mg）合金は，その軽量性やリサイクル性のため，環境配慮型材料として需要が高まっている。さらに比強度および生体適合性が高いため，生体材料としても注目を集めている[1,2]。

Mg合金は，他の合金に比べ，軽量性やリサイクル性のみではなく，比強度，比剛性，切削性，耐くぼみ性，振動吸収性および電磁波シールド性にも優れている。しかしながら，アルミニウム合金やチタン合金よりも化学的性質としての耐食性，熱的および機械的性質に劣る。

Mg合金の機械的性質を改善する一手段として，Mg合金とセラミックス粒子または繊維の複合化が考えられる。

近年，鋳造法や粉末冶金法を用いて，アルミナ（$Al_2O_3$）や炭化ケイ素（SiC）等の粒子，ウィスカーまたは短繊維で強化した純MgまたはMg合金基複合材料の研究[3~9]が盛んに行われており，実用Mg合金以上の高い機械的性質を有する複合材料が得られている。

ここでは，具体的な研究内容の一例として，粉末冶金法を用い，強化材として$Al_2O_3$粒子を純Mg中に均一分散した複合材料の開発を目的とした「$Al_2O_3$粒子分散Mg複合材料の作製とその軽量化」について紹介する。

### 2.2 アルミナ粒子分散マグネシウム複合材料の作製[10~12]

#### 2.2.1 はじめに

粉末冶金法を用いて，純Mgを$Al_2O_3$粒子によって分散強化した複合体の作製および評価に関する研究[13~16]がよくみられる。Unverrichtら[16]は，純Mgの$Al_2O_3$分散強化を改善する方法として，純Mg中に数vol％の$Al_2O_3$ナノ粒子を混合するだけではなく，ボールミルを用いて機械的にミリング処理することで，純Mg中への$Al_2O_3$粒子の均一分散化を図っている。

しかしながら，ボールミル処理により純Mg中に10 vol％以上の$Al_2O_3$粒子を均一分散させた粉末を作製・評価する研究は，あまりみられない。

数vol％の$Al_2O_3$含有率を有する$Al_2O_3$分散強化Mg粉末と比較して，10 vol％以上の$Al_2O_3$含有率を有する$Al_2O_3$粒子分散Mg（$Al_2O_3$/Mg）複合粉末は，硬質な$Al_2O_3$粒子の量が多いことから，より高い硬度や耐摩耗性を有することが期待できる。

よって，$Al_2O_3$/Mg複合粉末をプラズマ溶射や熱間圧延のようなプロセスを用いて，純MgまたはMg合金基質に接合することにより，Mg基質の良好な表面改質が可能となり得る。

さらに，ホットプレス，熱間等方圧プレス，放電プラズマ焼結（SPS）および熱間圧延焼結[17]のような様々な加圧焼結法によって作製した$Al_2O_3$/Mg複合粉末の焼結体は，Mg合金よりも優

---

[*] Shigehiro Kawamori　玉川大学　工学部　エンジニアリングデザイン学科　教授

先端部材への応用に向けた最新粉体プロセス技術

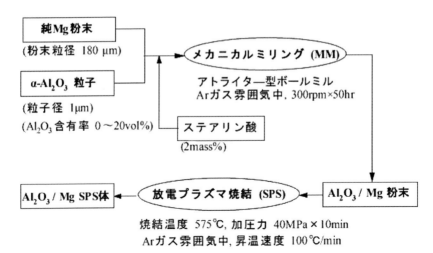

図1　アルミナ粒子分散マグネシウム複合材料の作製プロセス

れた機械的性質を示す可能性が高い。

そこで，ボールミルを用いたメカニカルミリング処理により，純 Mg 粉末中に10および20 vol%の $Al_2O_3$ 粒子が均一分散した $Al_2O_3$/Mg 複合粉末を作製した。さらに，その複合粉末をSPS 処理することにより，$Al_2O_3$/Mg 複合粉末の焼結体（SPS 体）を作製し，その組織と機械的性質について調査した。

### 2.2.2　作製プロセス

図1にアルミナ粒子分散マグネシウム複合材料（$Al_2O_3$/Mg SPS 体）の作製プロセスを示す。純 Mg 粉末と $Al_2O_3$ 粒子を 0〜20 vol% の割合とした全粉末量 200 cm$^3$ を 5 mm$\phi$ $Al_2O_3$ 製ボール 3 dm$^3$ とともに $Al_2O_3$ 製ボールミル容器に入れ，アトライタボールミル装置にて，アルゴンガス（Ar）雰囲気中で，回転数 300 rpm，50 hr メカニカルミリング（MM）処理することで，Mg 粉末中に $Al_2O_3$ 粒子が均一分散した $Al_2O_3$/Mg 複合粉末を得た。ボールミル等への粉末凝着防止のため潤滑剤としてステアリン酸を 2 mass% 添加した。

所定の重量秤量した各 $Al_2O_3$/Mg 複合粉末をカーボンダイスに入れ，SPS 装置に装入し，Ar 雰囲気中，昇温速度100℃/min，SPS 焼結温度575℃，加圧力40 MPa，保持時間 10 min で焼結することで，直径約20 mm および厚さ1.5〜2.0 mm の寸法を有する円板状の 0〜20 vol% $Al_2O_3$/Mg SPS 体を作製した。

### 2.2.3　評価方法

(1)　組織観察および分析

走査型電子顕微鏡（SEM），透過型電子顕微鏡（TEM）およびエネルギー分散 X 線分光装置（EDS）を用いて，$Al_2O_3$/Mg 複合粉末および各 $Al_2O_3$/Mg SPS 体の組織観察および元素分析を行った。X 線回折装置（XRD）を用いて，各 $Al_2O_3$/Mg SPS 体の構成相の同定を行った。

### (2) 密度

Al$_2$O$_3$/Mg SPS 体の両面をバフ研磨した後，アルキメデス法にて比重計を用いて，密度を測定した．

### (3) 機械的性質

各 Al$_2$O$_3$/Mg SPS 体は，ビッカース硬さ試験機を用い，試験力 49 N にて硬さを測定した．また，万能試験機にて引張および 3 点曲げ試験を行い，試験片破断までの最大荷重から引張および曲げ強さを求めた．

### 2.2.4 結果および考察

#### (1) Al$_2$O$_3$/Mg 複合粉末

Al$_2$O$_3$/Mg 複合粉末の形状はほぼ球状であり，レーザー回折法による粒度分布測定結果から，一つの山からなる正規分布に近い粒度分布を示し，平均粒径は約 20 μm であった．

一例として，20 vol% Al$_2$O$_3$/Mg 複合粉末断面の走査型電子顕微鏡（SEM）写真を図2に示す．図2(b)は，図2(a)の高倍率像である．EDS による Mg，Al および O の元素分析結果から，灰色の部分は Mg，細かい白色粒子は Al$_2$O$_3$ 粒子であることを確認した．よって，Al$_2$O$_3$ 粒子が Mg 粉末中に均一分散していることがわかる．他の Al$_2$O$_3$/Mg 粉末においても，同様の傾向が観察された．

#### (2) Al$_2$O$_3$/Mg SPS 体

① 組織

全ての Al$_2$O$_3$/Mg SPS 体表面および断面観察から，Al$_2$O$_3$ 粒子は，Mg 中に均一分散しており，ほとんどボイドが見られなかった．

図3に Al$_2$O$_3$/Mg SPS 体の XRD 結果を示す．すべての Al$_2$O$_3$/Mg SPS 体において，Mg および Al$_2$O$_3$ に加えて，MgO が同定された．また，20 vol% Al$_2$O$_3$/Mg SPS 体で，Mg，Al$_2$O$_3$ および MgO の他に，Al-Mg 金属間化合物である Mg$_{17}$Al$_{12}$ が検出された．

MgO 生成の要因として，ミリング処理によって活性化した Al$_2$O$_3$/Mg 粉末表面の大気酸化および加熱した Al$_2$O$_3$/Mg 圧粉体中のミリング助剤であるステアリン酸揮発による酸化が挙げられ

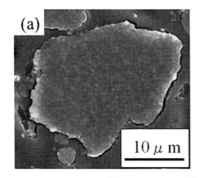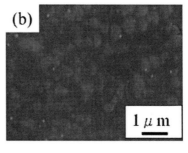

図2　Al$_2$O$_3$/Mg 粉末断面の SEM 写真
(a)全体，(b)高倍率

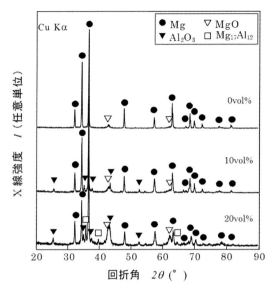

図3 Al$_2$O$_3$/Mg SPS 体の XRD 結果

る。加えて，10 vol％および 20 vol％ Al$_2$O$_3$/Mg SPS 体では，ミリング処理かつ圧粉体加熱により生じる Mg と Al$_2$O$_3$ 粒子の固相反応のため，Al$_2$O$_3$ 含有率の増加に伴い，MgO の生成量も増加すると考えられる。

Mg と Al$_2$O$_3$ 粒子の固相反応は，以下の反応式で表される。

$$35\,\mathrm{Mg} + 6\,\mathrm{Al_2O_3} \rightarrow 18\,\mathrm{MgO} + \mathrm{Mg_{17}Al_{12}} \tag{1}$$

固相反応で MgO が生成することで，分解した Al は，Mg 中に固溶し，固溶限を超えると，(1)式に示すように Mg$_{17}$Al$_{12}$ を生成する。

よって，Al$_2$O$_3$ 含有率が 10 から 20 vol％へ増加することで，Mg$_{17}$Al$_{12}$ が生成したと考えられる。

図4に 20 vol％ Al$_2$O$_3$/Mg SPS 体の TEM 観察および EDS による元素分析結果を示す。前述した XRD 結果を踏まえ，元素分析結果から，Al$_2$O$_3$ 粒子の近傍に，10 nm 程度の微細な MgO 粒子と長さ 100 nm 程度の針状の微細な Mg$_{17}$Al$_{12}$ が同定された。10 vol％ Al$_2$O$_3$/Mg SPS 体の TEM 観察では，微細な MgO 粒子のみで，針状の微細な Mg$_{17}$Al$_{12}$ は見られなかった。

② 密度

図5に Al$_2$O$_3$/Mg SPS 体の密度におよぼす Al$_2$O$_3$ 含有率の影響を示す。Al$_2$O$_3$ 含有率の増加に伴い密度は，上昇しているが，20 vol％ Al$_2$O$_3$/Mg SPS 体で，2.28 Mg・m$^{-3}$ となり，純 Al（2.70 Mg・m$^{-3}$）よりも約 84％軽量であった。

理論値よりも高い要因として，前述した MgO，Mg 固溶体や Mg$_{17}$Al$_{12}$ が生成することによる影響が考えられる。また，全ての Al$_2$O$_3$/Mg SPS 体表面および断面観察から，ほとんどボイドが見られなかったことから，十分緻密化しているといえる。

第3章 軽量複合材料への応用例

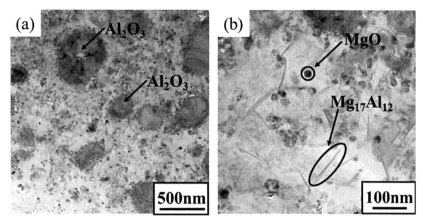

図4 20 vol% $Al_2O_3$/Mg SPS 体の TEM 観察および元素分析結果
(a) $Al_2O_3$ 粒子とその近傍, (b) (a)の高倍率

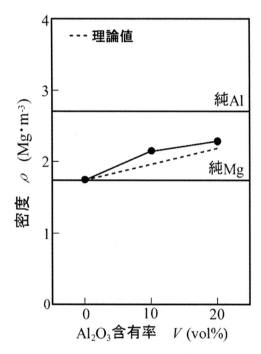

図5 $Al_2O_3$/Mg SPS 体の密度

③ 機械的性質

(a) 硬さ

図6に $Al_2O_3$/Mg SPS 体のビッカース硬さにおよぼす $Al_2O_3$ 含有率の影響を示す。比較材として,実用 Mg 合金である AZ91合金のビッカース硬さ(ブリネル硬さ[18]の換算値)も示す。

硬さの挙動をみると,$Al_2O_3$ 含有率 0 vol% から 10 vol% ではわずかに減少後,20 vol% で急激

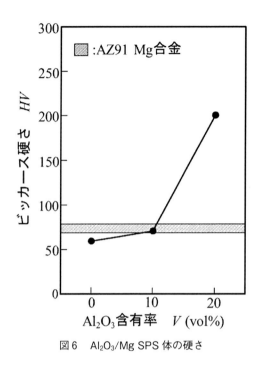

図6　Al$_2$O$_3$/Mg SPS体の硬さ

に増加している．20 vol% Al$_2$O$_3$/Mg円板で，最高値約200 HVとなり，AZ91合金よりも遙かに高い値を示した．

20 vol% Al$_2$O$_3$/Mg円板で硬さが急激に増加する主な要因は，Al$_2$O$_3$含有率の増加により，Al$_2$O$_3$粒子自体の硬さとAl$_2$O$_3$粒子によるMgマトリックスの拘束効果からなる"複合強化"の発現であることが容易に推測できる．しかしながら，20 vol%から硬さの増加が顕著であることから，Al$_2$O$_3$粒子による"複合強化"のみではなく，付加的な強化効果としてMgとAl$_2$O$_3$粒子の固相反応によるMg$_{17}$Al$_{12}$やMgOの生成が大きく影響していると考えられる．

(b)　引張強さ

図7にAl$_2$O$_3$/Mg SPS体の引張強さにおよぼすAl$_2$O$_3$含有率の影響を示す．Al$_2$O$_3$含有率の増加に伴い，引張強さは，ほぼ直線的に増加している．Al$_2$O$_3$含有率10 vol%から，AZ91合金と同等の値となり，20 vol%で約280 MPaとなった．

(c)　曲げ強さ

図8にAl$_2$O$_3$/Mg SPS体の曲げ強さに及ぼすAl$_2$O$_3$含有率の影響を示す．その挙動は，Al$_2$O$_3$含有率0 vol%から10 vol%で増加し，その後20 vol%から減少していく．0および10 vol% Al$_2$O$_3$/Mg SPS体は，両方とも破壊にいたるまでのたわみ量は同等であるが，Al$_2$O$_3$粒子により強化した10 vol% SPS体のほうが0 vol% SPS体よりも高い圧縮力および引張力を有するため曲げ強さが0 vol%から10 vol%で増加したと考えられる．

また，0および10 vol% SPS体では，ビッカース硬さ試験による圧痕にクラックが観察され

第3章 軽量複合材料への応用例

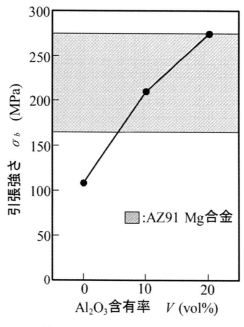

図7　Al$_2$O$_3$/Mg SPS体の引張強さ

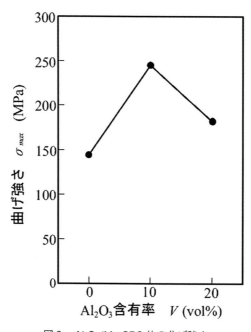

図8　Al$_2$O$_3$/Mg SPS体の曲げ強さ

ないのに対し，20 vol% SPS体では，それが観察された。これらの結果から，$Al_2O_3$含有率が増加することで，急激な試片硬化によるぜい化進行により，試片表面から伝わるクラック伝播速度が増加するため，20 vol%から曲げ強さが減少していくと考えられる。Nobreら[19]は，AZ31展伸Mg合金の4点曲げ試験を行い，2.5％の圧縮ひずみに対して200〜220 MPaの曲げ強さが生じることを報告している。試片寸法や曲げ試験方法が異なるため，一概には比較できないが，報告された値以上の曲げ強さを得ることができた。

### 2.2.5 まとめ

① 密度は$Al_2O_3$含有率の増加に伴い上昇しているが，20 vol% $Al_2O_3$/Mg SPS体であっても純Alよりも約84％軽量であった。
② 硬さは，$Al_2O_3$含有率が10から20 vol%に増加するとき，急激に増加する挙動を示した。
③ $Al_2O_3$含有率20 vol%で硬さが急激に増加するのは，Mgと$Al_2O_3$粒子の固相反応による$Mg_{17}Al_{12}$やMgOの生成が大きく影響していると考えられる。
④ 曲げ強さは，$Al_2O_3$含有率が0から10 vol%で増加し，その後20 vol%から減少していく挙動を示した。
⑤ $Al_2O_3$含有率0から10 vol%で曲げ強度が増加するのは，両板とも破壊にいたるたわみ量は同等であるのに対し，$Al_2O_3$粒子により強化した10 vo%板のほうが0 vol%板よりも高い圧縮力および引張力を有するためと考えられる。

## 2.3 アルミナ粒子分散マグネシウム複合材料の軽量化[20,21]

### 2.3.1 はじめに

前述[10〜12]したように，純Mg粉末と0〜20 vol% $Al_2O_3$粒子をMM処理することで，純Mgに$Al_2O_3$粒子が均一分散した$Al_2O_3$/Mg複合粉末を作製し，それらの複合粉末をSPS処理することで得たSPS体の機械的性質を調査した結果，20 vol% $Al_2O_3$/Mg（20 vol%）SPS体は，高強度実用Mg合金AZ91合金よりもはるかに高い硬さ（約200 HV）を示し，0 vol% $Al_2O_3$/Mg（0 vol%）SPS体よりも高い曲げ強さを示した。しかしながら，$Al_2O_3$の密度（3.9〜4.0×$10^3$kg・$m^{-3}$）は，Mgのそれ（1.74×$10^3$kg・$m^{-3}$）よりも2倍以上高いため，$Al_2O_3$含有率の増加に伴い，密度は高くなるため，軽量性に問題がある。

そこで，高い機械的性質を有する20 vol% SPS体の軽量化のため，20 vol% $Al_2O_3$/Mg（20 vol%）層の間に軽量な0 vol% $Al_2O_3$/Mg（0 vol%）層を挟んだ20/0/20 vol%積層成形SPS体を試作し，その組織と機械的性質について調査した。

### 2.3.2 作製プロセス

図9に$Al_2O_3$/Mg粉末の積層成形法を示す。2.2.2項に示す作製方法を用いて得た0 vol%および20 vol% $Al_2O_3$/Mg複合粉末を所定の重量秤量後，油圧プレス機にて，同じカーボンダイス中20 MPa×10sで各々圧粉処理を行い，SPS装置を用い，Ar雰囲気中，昇温速度100℃/min，焼結温度575℃，加圧力40 MPa，保持時間10 minにて焼結を行った。焼結した直径約20 mmの積

第3章　軽量複合材料への応用例

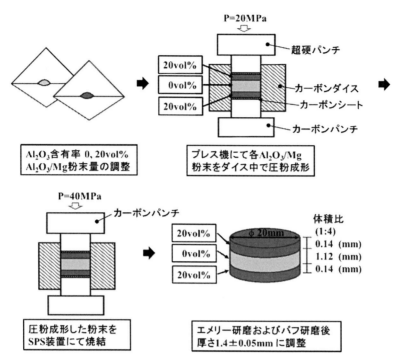

図9　20/0/20 vol% Al₂O₃/Mg 積層成形 SPS 体の作製プロセス

層成形体をエメリーおよびバフ研磨して厚さ1.4±0.05 mmに整え，20および0 vol% Al₂O₃/Mgの体積比が1：4になるように調整した．各積層部の厚さは，理論値に対し±0.05 mmに入るように整えた．

### 2.3.3　評価方法

(1)　組織観察および分析

Al₂O₃/Mg 積層成形 SPS 体の表面および断面の組織観察および分析は，光学顕微鏡，SEM-EDS および XRD を用いて行った．

(2)　密度

Al₂O₃/Mg 積層成形 SPS 体の両面をバフ研磨した後，アルキメデス法にて比重計を用いて，密度を測定した．

(3)　機械的性質

Al₂O₃/Mg 積層成形 SPS 体の表面および断面硬さは，ビッカース硬さ試験機およびマイクロビッカース硬さ試験を用いて測定した．また，放電加工機を用いて所定の寸法・形状に加工後，三点曲げ試験を行い，試験片が破断するまでの最大荷重から，曲げ強さを求めた．

### 2.3.4　結果および考察

(1)　組織

図10に20/0/20 vol% Al₂O₃/Mg 積層成形 SPS 体の光学顕微鏡による断面写真を示す．両端が

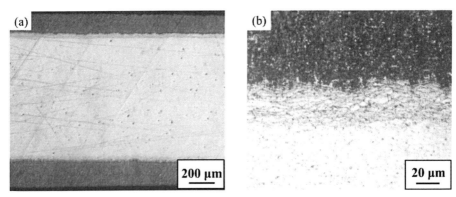

図10　20/0/20 vol%Al$_2$O$_3$/Mg 積層成形 SPS 体断面の
(a)光学顕微鏡写真と(b)その高倍率写真

厚さ約 140 μm の 20 vol%層，中央部が約 0 vol%層で構成されている。また，20 vol%と 0 vol%層の界面にほぼ均一な厚さ（約 40 μm）の新しい相が形成していることがわかる。

(2) 密度

図11に 20/0/20 vol% Al$_2$O$_3$/Mg 積層成形 SPS 体の密度を示す。比較材として，20 vol%および 0 vol% SPS 体の密度も示している。積層成形 SPS 体の密度は，$1.88 \times 10^3$ kg·m$^{-3}$ となり，20 vol%および 0 vol% SPS 体の密度から求めた計算値とほぼ同じ値であることがわかる。その値

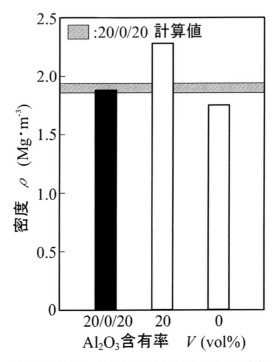

図11　20/0/20 vol%Al$_2$O$_3$/Mg 積層成形 SPS 体の密度

は，20 vol% SPS体の密度（$2.28 \times 10^3 \mathrm{kg \cdot m^{-3}}$）の約80%となった。

(3) 機械的性質

① 比硬度

図12に 20/0/20 vol% $Al_2O_3$/Mg 積層成形 SPS 体の比硬度を示す。比較材として，20 vol%および 0 vol% SPS 体の比硬度も示している。比硬度は，SPS 体表面（20 vol%層）のビッカース硬さを密度で除した値で定義した。AZ91合金の値よりも2倍以上高く，軽量化されたため，20 vol% SPS 体よりも高い値を示している。

② 比強度

図13に 20/0/20 vol% $Al_2O_3$/Mg 積層成形 SPS 体の比強度を示す。比較材として，20 vol%および 0 vol% SPS 体の比強度も示している。比強度は，SPS 体の曲げ強さを密度で除した値で定義した。20 vol% SPS 体よりも高く，さらに 20 vol%および 0 vol% SPS 体の比強度から求めた計算値よりも高い。曲げ試験後の試料破断側面の光学顕微鏡観察から，20 vol%層／新相／0 vol%層の各界面での剥離が見られなかったことから，新相と各層との密着性が良いことがわかった。また，20/0/20 vol% $Al_2O_3$/Mg 積層成形 SPS 体の比強度が計算値よりも高い事から，新相が比強度向上をもたらしていると考えられる。

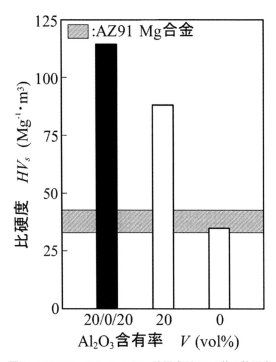

図12　20/0/20 vol% $Al_2O_3$/Mg 積層成形 SPS 体の比硬度

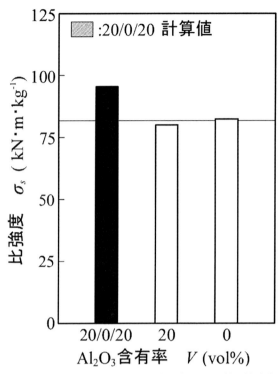

図13 20/0/20 vol% Al$_2$O$_3$/Mg 積層成形 SPS 体の比強度

(4) 20/0/20 vol% Al$_2$O$_3$/Mg 積層界面に生成した新相

生成した新相について調査するため，20/0/20 vol% Al$_2$O$_3$/Mg 積層成形SPS体断面のマイクロビッカース硬さ測定およびSEM-EDSによる元素分析を行った。その結果，断面硬さは，新相を含み，20 vol%層から0 vol%層向かって傾斜的に低下していくことがわかった。また，SEM-EDSによる元素分析結果から，0 vol%層から20 vol%層へ向かって，Mgの検出量が傾斜的に減少していき，新相ではAlとOが検出された。このことから，新相は，$\alpha$ Mg，MgO，および Mg$_{17}$Al$_{12}$ から構成されており，$\alpha$ Mg 中の Al，MgO および Mg$_{17}$Al$_{12}$の濃度が20 vol%層から0 vol%層に向かって傾斜的に減少していると推定でき，このような組織が0および20 vol%層との良好な密着性や積層成形SPS体の比強度向上をもたらしていると考えられる。

### 2.3.5 まとめ

① 20/0/20 vol%積層成形SPS体の密度は，1.88 g/cm$^3$となり，20 vol% SPS体の密度を約80%まで軽量することができた。

② 積層成形SPS体表層は，20 vol% SPS体よりも比硬度が高く，実用Mg合金AZ91よりもはるかに高い値をを示した。

③ 積層成形SPS体の比強度は，20 vol% SPS体よりも高く，20および0 vol% SPS体の比強度から求めた計算値よりも高い値を示した。

## 第3章 軽量複合材料への応用例

④ 20/0/20 vol% $Al_2O_3$/Mg 積層界面に厚さ約 40 $\mu$m の新相が生成しており，20 および 0 vol% 層との密着性は高いことがわかった。さらに，比強度が計算値よりも高いことから，新相が比強度向上をもたらしていると考えられる。

⑤ その新相は，傾斜的な硬さ分布があり，$\alpha$ Mg，MgO，および $Mg_{17}Al_{12}$ から構成されており，$\alpha$ Mg 中の Al，MgO および $Mg_{17}Al_{12}$ の濃度が 20 vol% 層から 0 vol% 層に向かって傾斜的に減少していると考えられる。

⑥ $Al_2O_3$ 含有率の異なる $Al_2O_3$/Mg 粉末を組み合わせて積層成形体を作製することで，機械的性質の高い 20 vol% $Al_2O_3$/Mg 複合粉末のみから作製した成形体以上の比硬度・比強度を有する成形体を得ることができた。

## 文　　献

1) 山本玲子，表面技術，**62**(4), 204 (2011)
2) 廣本祥子，材料と環境，**63**(6), 371 (2014)
3) K. Purazrang *et al.*, *Composites*, **25**(4), 296 (1994)
4) 石雯ほか，軽金属，**49**(7), 291 (1999)
5) 佐々木元ほか，日本金属学会誌，**63**(5), 577 (1999)
6) 柳承均ほか，日本金属学会誌，**61**(11), 1160 (1997)
7) D. M. Lee *et al.*, *Mater. Sci. Tech.*, **13**, 590 (1997)
8) H. Ferkel *et al.*, *Mater. Sci. Eng. A*, **298**, 193 (2001)
9) Z. Drozd *et al.*, *Mater. Sci. Forum*, **567-568**, 189 (2007)
10) S. Kawamori *et al.*, *Steel Res. Int.*, Special ed., 823 (2012)
11) S. Kawamori *et al.*, *Mater. Sci. Forum*, **783-786**, 2433 (2014)
12) H. Fujiwara *et al.*, *Mater. Trans.*, **55**, 543 (2014)
13) S. F. Hassan *et al.*, *J. Mater. Sci. Eng. A*, **392**, 163 (2005)
14) S. F. Hassan *et al.*, *J. Metastable and Nanocrystalline Mater.*, **23**, 151 (2005)
15) X. L. Zhong *et al.*, *J. Metastable and Nanocrystalline Mater.*, **23**, 171 (2005)
16) R. Unverricht *et al.*, Proc. Conf. on Magnesium Alloys and Their Applications, Germany, 327 (1998)
17) H. Fujiwara *et al.*, *Adv. Mater. Res.*, **26-28**, 421 (2007)
18) M. M. Avedesian *et al.*, Magnesium and Magnesium Alloys, p.231, ASM International (1999)
19) J. P. Nobre *et al.*, *Key Eng. Mater.*, **230**, 267 (2002)
20) 川森重弘，工業材料，**64**(6), 14 (2016)
21) S. Kawamori *et al.*, *Mater. Trans.*, **58**, 206 (2017)

## 先端部材への応用に向けた最新粉体プロセス技術

2017年3月27日　第1刷発行

| | | |
|---|---|---|
| 監　　修 | 内藤牧男 | （T1043） |
| 発行者 | 辻　賢司 | |
| 発行所 | 株式会社シーエムシー出版 | |
| | 東京都千代田区神田錦町1-17-1 | |
| | 電話 03(3293)7066 | |
| | 大阪市中央区内平野町1-3-12 | |
| | 電話 06(4794)8234 | |
| | http://www.cmcbooks.co.jp/ | |
| 編集担当 | 福井悠也／門脇孝子 | |

〔印刷　尼崎印刷株式会社〕　　　　　　　　　Ⓒ M. Naito, 2017

落丁・乱丁本はお取替えいたします。

本書の内容の一部あるいは全部を無断で複写（コピー）することは，法律で認められた場合を除き，著作者および出版社の権利の侵害になります。

ISBN978-4-7813-1241-5　　C3053　　¥74000E